FANTAISIES

SCIENTIFIQUES

DE SAM

QUATRIÈME SÉRIE

PARIS — IMP. SIMON RAÇON ET COMP., RUE D'ERFURTH, 1.

FANTAISIES
SCIENTIFIQUES
DE SAM

PAR

S. HENRY BERTHOUD

DEUXIÈME ÉDITION

REVUE PAR L'AUTEUR

QUATRIÈME SÉRIE

ARCHÉOLOGIE
VOYAGEURS — MARTYRS
HISTOIRE

PARIS
GARNIER FRÈRES, LIBRAIRES-ÉDITEURS
6, RUE DES SAINTS-PÈRES, ET PALAIS-ROYAL, 215

1867

ARCHÉOLOGIE

LES COMPAGNONS DE LA HANSE

I

LA PROCESSION

Les habitants des Pays-Bas ont toujours éprouvé un goût vif et prononcé pour les solennités et les processions publiques. Il n'est point d'événement de leur histoire, ni d'anniversaire, ni de jubilé, ni d'entrée de prince ou de roi, ni de dukasse et de fête patronale, qui ne leur serve de prétexte à des représentations où la magnificence le dispute à l'originalité.

La ville de Gand ne se montre pas la moins passionnée pour ce genre de plaisir. Aussi, lorsque Jeanne d'Aragon, femme de l'archiduc Philippe d'Autriche, mit au monde, le 24 février 1500, un fils, dont le baptême devait être célébré à quelque temps de là dans l'église de Saint-Bavon, la cité entière se mit à l'œuvre pour donner à cette fête un éclat dont tous les Pays-Bas pussent parler avec admiration.

Le 5 mars fut le jour assigné au baptême du petit prince, qui avait reçu de son père, en naissant, le nom de Charles, le titre de duc de Luxembourg, et le collier de l'ordre de la Toison-d'Or. On célébra d'abord la cérémonie religieuse, après laquelle Charles de Croï, au milieu des *vivat* de l'assemblée, déposa sur le berceau du nouveau chrétien un casque d'or ; le marquis de Berg lui présenta une épée du même métal ; Marguerite d'Autriche le gratifia d'un bassin rempli de pierres précieuses; la ville de Gand lui fit hommage d'un bateau d'argent massif, qui pesait cinquante livres; enfin les prélats de Saint-Pierre lui offrirent le *Nouveau Testament*, relié en velours, et transcrit sur vélin par le célèbre rubricateur Jehan de Cens. Sur l'étui du chef-d'œuvre de calligraphie on lisait, en lettres de diamants, les mots qui suivent : *Relisez souvent ce livre.*

Au sortir de l'église, la foule se porta sur la place du Vendredi, ou devaient se montrer d'abord la cavalcade et les chars qui formaient la procession, composée d'après le programme rédigé par M. Antoine Crumbbrugghe, l'un des échevins.

Maître Antoine Crumbbrugghe était un petit homme, gros, courtaud, au ventre rebondi, au nez rouge, et que l'on avait estimé, jusque-là, plutôt un habile connaisseur en vins de France et d'Espagne, qu'un savant, capable d'organiser le programme d'une fête. Cependant, telle était la perfection de celle qu'il avait réglée, que des cris d'admiration s'élevèrent de toutes parts quand les cavaliers et les chars se déployèrent, au bruit des fanfares, dans un ordre parfait, et présentèrent un spectacle véritablement d'une pompe sans exemple. Lorsqu'on en vint à examiner les allégories, à détailler les costumes, à lire les devises, l'enthousiasme parut encore plus énergique. Non-seulement les cris du peuple, mais encore les compliments des gens de goût, félicitèrent de toutes parts maître Crumbbrugghe. Celui-ci, monté sur un petit cheval, allait et venait, saluant, remerciant, riant, suant, et se donnant, du reste, dix fois plus de fatigue et de peine qu'il n'était besoin.

Tandis que le triomphant échevin recevait de la sorte les éloges unanimes et bruyants de tous les spectateurs, André Rynghaut, assis au chevet de sa femme, allait de temps à autre vers la fenêtre de sa petite chambre pour prêter l'oreille aux cris de la foule, et revenait, non sans avoir soupiré, reprendre sa place près de la malade assoupie.

André Rynghaut était le secrétaire de maître Crumbbrugghe : il avait inventé et rédigé le programme qui faisait tant d'honneur, en ce moment, à l'échevin. Vous comprenez maintenant la tristesse du pauvre poëte ! Non-seulement il voyait la gloire de son œuvre resplendir sur un autre, mais il ne pouvait même pas assister à l'exécution du projet dont il s'était occupé avec tant de passion depuis le jour où, prévoyant la naissance d'un enfant de son souverain, la ville de Gand avait ordonné les fêtes qui se célébraient en ce moment.

Il se tenait encore là, l'oreille aux aguets, près de la

fenêtre, lorsque sa femme s'éveilla; elle lui fit signe d'approcher. André avança comme un enfant surpris en faute.

« Mon ami, dit Marguerite, je veux que tu me fasses un promesse.

—D'où vient donc cet air solennel, ma mie? demanda Rynghaut.

—L'air solennel convient, reprit-elle, car il ne s'agit rien moins que d'un serment. Jure-moi donc par le saint apôtre, ton patron, de m'octroyer pleinement, sans réserve, sur-le-champ, ce que je vais requérir de toi.

—Depuis quand ma femme bien-aimée a-t-elle besoin de serment pour obtenir de moi ce qu'elle désire?

—Jure sur cet évangile. »

Rynghaut regarda Marguerite: malgré la solennité du serment qu'elle requérait, une douce malice plutôt qu'une pensée grave se révélait dans ses yeux brillants de fièvre, et soulevait le coin de ses lèvres pâles.

« Je fais le serment de t'obéir dans ce que tu vas me demander, dit-il.

—Eh bien! mon cher André, revêts-toi de tes habits de fête, prends par la main notre petite fille Duyvecke[1], qui joue dans la chambre voisine, et va-t'en voir la belle fête dont on te doit la pensée et le programme.

—Qui, moi? s'écria André ému jusqu'aux larmes. Non certes, je ne te quitterai pas, malade comme tu l'es. Qui donc te donnerait à boire quand la soif desséchera ta bouche? qui soutiendrait ta tête au milieu des douleurs

[1] *Duyvecke* signifie en hollandais colombelle, petite colombe.

qui semblent parfois la briser? Non, Marguerite, je ne sortirai point.

— J'ai ton serment, reprit-elle, et tu le tiendras, car pour rien au monde je ne veux t'en délier. Je me sens mieux; ma tête est libre et dégagée; demain je pourrai me lever et vaquer aux soins du ménage. Obéis-moi, André; quand tu rentreras le soir, tu me conteras les choses merveilleuses que tu auras vues, tu me diras l'admiration que la fête a excitée parmi les spectateurs, et j'en aurai un plaisir extrême. Et puis, qu'elle sera la joie de notre petite Duyvecke! Veux-tu que plus tard, quand on lui parlera des fêtes célébrées pour la naissance du fils de notre souverain, elle ait à répondre tristement : « Je ne les ai point « vues! » Non, André, il faut laisser ce grand jour dans la mémoire de notre chère enfant! Va donc! Fais ce que je te demande. »

André résista quelque temps, car ce bon et tendre cœur éprouvait trop le désir de se rendre à la fête pour ne point persister à en faire le sacrifice à sa femme. Il finit néanmoins par céder aux instances de la malade, se para de son pourpoint des grands jours, prit dans ses bras la petite Duyvecke, agée de cinq ans, embrassa Marguerite, et, une fois dans la rue, se mit à suivre le torrent de la foule, qui l'entraîna vers la procession.

Ce n'était point chose facile que d'avancer au milieu de ces flots humains, pressés les uns contre les autres, et presque aussi périlleux et agités que la mer véritable. André Ryngbaut eut plus d'une fois la pensée de rentrer au logis et de ne point exposer sa fille à quelque mésaventure. Il avait commencé à revenir sur ses pas, et cherchait à remonter le cours de ce fleuve humain, quand tout à coup il se trouva face à face avec une vieille femme. Il devint pâle, et se hâta de tourner le dos à celle qui produisait sur lui une si vive impression.

La vieille ne témoigna pas plus de calme et de plaisir à la vue du pauvre clerc. Elle plaça ses mains sur ses hanches, se glissa parmi les curieux, à travers lesquels ses coudes se firent place, et se serra contre Rynghaut de manière à ce qu'il ne pût lui échapper.

Une fois sûre de sa proie, elle se mit à chanter, d'une voix basse et chevrotante, une ballade flamande que la tradition a transmise intacte au dix-neuvième siècle, et que les jeunes filles chantent encore en Flandre, le 24 juin, tandis qu'elles forment des ronds autour des feux de la Saint-Jean. Nous traduisons littéralement et vers par vers :

Au jardin de mon père
Il y avait une jeune fille;
Cette jeune fille avait le visage blanc,
Ses yeux étaient bleus comme le ciel.
Quand elle dénouait ses cheveux,
Elle ressemblait à un saule au bord de l'eau.

— Ohé! la jeune fille,
Comment vous nomme-t-on?
Quand on vous voit si belle
Baigner vos pieds dans la fontaine,
On se sent le cœur brûlant,
Et l'on voudrait vous embrasser.

— Passez votre chemin, jeune homme,
Allez-vous-en. Ma mère
Ne veut pas que je parle
Aux jeunes garçons qui viennent comme vous
Regarder par-dessus la haie,
Quand je lave mes pieds à la fontaine.

— Vous avez tort, ma fille,
Car j'ai au doigt un bel anneau d'or.
Je vous le donnerais, si vous vouliez.
Et je vous conduirais à l'autel,
Où la sainte Vierge et le bon Dieu
Béniraient notre mariage.

— Je ne puis vous épouser,
Ma mère m'a fiancée à Pierre,
Le fils de notre vieux voisin.
Gardez votre anneau d'or.
Je ne puis pas le prendre ;
Je ne veux pas désobéir à ma mère.

Le voyageur dit tant de belles paroles,
Que la jeune fille alla dire à sa mère :
— Je voudrais épouser ce garçon.
La mère leva les yeux au ciel et s'écria :
— Malédiction à ceux qui trahissent la foi jurée.
Malédiction à la fille qui désobéit à sa mère !

La jeune fille pleura ; cependant elle suivit
Le voyageur qui lui avait dit tant de belles paroles.
Mais la vieille l'avait maudite,
Et la misère tomba sur eux,
Avec son compère le regret,
Et sa commère la douleur.

Maintenant ils se repentent;
Ils voudraient obtenir leur pardon,
Mais le diable rit de leurs larmes,
Les anges détournent la tête,
La vieille mère les maudit,
Et la jeune femme pleure quand elle entend chanter :

Au jardin de mon père
Il y avait une jeune fille ;
Cette jeune fille avait le visage blanc,
Ses yeux étaient bleus comme le ciel,
Quand elle dénouait ses cheveux,
Elle ressemblait à un saule au bord de l'eau.

« Au nom du ciel! dame Siegbrit, s'écria Rynghaut, sur lequel cette ballade semblait produire les douloureux symptômes décrits dans les derniers couplets, au nom du ciel ! n'aurez-vous jamais ni tendresse, ni pardon dans votre cœur ! »

La vieille, pour toute réponse, répéta le dernier couplet de la chanson :

Maintenant ils se repentent ;
Ils voudraient obtenir leur pardon,
Mais le diable rit de leurs larmes,
Les anges détournent la tête,
La vieille mère les maudit,
Et la jeune femme pleure quand elle entend chanter.

« Si vous n'avez point de miséricorde pour votre fille et pour moi, du moins vous ne resterez pas dure et insensible pour cette pauvre petite créature innocente. Regardez-la, et vous sentirez mollir votre colère ; regardez-la, et il vous viendra des paroles de pardon sur les lèvres. »

Il se retourna pour montrer la petite Duyvecke à la vieille femme, mais celle-ci s'était jetée au plus épais de la foule et avait disparu. Rynghaut entendit seulement, au loin, le chant de fausset de la vindicative créature ; elle répétait sur les notes les plus aiguës de sa voix perçante :

Le diable rit de leurs larmes,
Les anges détournent la tête,
La vieille mère les maudit.

Il ne fallut rien moins que la vue du cortége qui s'offrit tout à coup à ses regards pour rendre un peu de calme au pauvre Rynghaut, et le distraire de la fâcheuse impression qu'avait produite sur lui cette sinistre rencontre.

Les historiens du temps ont conservé le programme de la fête, renouvelée deux cents ans après, avec très-peu de changements, au mois de juin 1767, pour le jubilé de sept cents ans de saint Macaire[1].

[1] Saint Macaire est mort à Gand, qui l'a pris pour son patron. Voici comment la légende raconte la mort du bienheureux :

« Il régnait dans ce temps une maladie pestilentielle si cruelle, qu'à peine les vivants suffisaient à enterrer les morts. Il fut ordonné qu'on jeûnerait pendant trois jours et qu'on donnerait partout des marques publiques de repentance : il est inexprimable avec quelle dévotion saint Macaire pria Dieu pour le peuple, et combien il assista les mourants dans cette affliction ; mais, pendant qu'il fut si vivement occupé pour leur salut et conservation, il fut visité à son tour par le Seigneur. Doué de l'esprit de prophétie, il assura qu'après lui troisième il ne périrait plus personne de cette maladie contagieuse ; il choisit le lieu de son tombeau dans la chapelle de la Vierge, devant l'autel de saint Paul. Le troisième jour de jeûne et de prière étant arrivé, on porta en procession les reliques des saints ; on soupira et on pria Dieu, afin qu'il voulût détourner sa colère et ne pas exterminer le peuple : Dieu montra sa clémence, ému par les pleurs et les prières continuelles du saint évêque.

« Peu d'heures avant sa mort, il s'est levé (non sans un miracle spécial), et il s'est montré amicalement à table parmi les religieux, et, après leur avoir donné la dernière bénédiction, il s'est retiré à sa cellule, où, les yeux tournés vers le ciel, il recommanda son âme à son Créateur, et dans le moment il expira en leur présence. Sa mort eut encore ceci de remarquable, que, suivant ses prophéties, la peste qui dévorait tout cessa tout d'un coup. Il fut enterré, selon ses désirs, dans l'endroit qu'il avait désigné, en l'an 1012, le 10 d'avril. Ce saint homme éclata tellement après sa mort par divers miracles, que le peuple le considéra dès ce moment pour un grand saint, et l'invoqua comme son patron; par l'intercession duquel il a été plusieurs fois conservé et délivré. L'idée de sa sainteté s'est tellement répandue et conservée parmi les habitants, qu'en l'an 1067, cinquante après sa mort, son tombeau fut ouvert par Baudouin, évêque de Tournai et de Noyon, assisté par Libert, évêque de Cambrai et d'Arras, en présence de Baudouin V, comte de Flandre, son fils Baudouin VI, et de leurs femmes respectives, Adèle de France et Richilde, ainsi que du roi de France Philippe Ier, avec la noblesse, indépendamment des abbés de Saint-Bavon, Seiger, et de Saint-Pierre, Everlin, accompagnés d'une multitude innombrable de peuple.

« Il a plu au Tout-Puissant de faire paraître, pendant cette ou-

Ringhaut se trouvait placé de manière à voir la procession d'abord par sa partie postérieure ; pour l'admirer dans tout son ensemble, il dut la remonter, comme une nacelle remonte un fleuve. Nous suivrons donc, dans notre description, la manière dont chaque objet s'offrit aux yeux du poëte. Des hommes d'armes, leur trompes et leur drapeau en tête, fermaient la marche par un très-brillant groupe. Après quoi on voyait un paon de taille gigantesque, porté par des hommes cachés sous un rideau et qu'on n'apercevait pas, de manière à laisser croire que le piédestal qui les supportait marchait par enchantement. Ce paon, monté par une jeune fille de grande beauté, faisait la roue, jouait du bec et remuait les pattes, comme s'il eût été en vie. Des rouages placés dans l'intérieur lui

verture, par un miracle évident, à la vue des princes, évêques, prélats et autres personnes dénommées, la sainteté de Macaire, qui, depuis cette époque jusqu'à ce jour, est constamment demeuré dans la plus grande vénération, et toujours invoqué comme un protecteur assuré dans les maladies contagieuses, dont on a éprouvé de temps en temps, selon les occurences, des secours efficaces.

« La réputation de sa sainteté et son appui admirable se sont tellement répandus dans la Flandre, que plusieurs villes et villages ont fait toutes les instances possibles afin d'obtenir, par la libéralité des évêques et du chapitre de Saint-Bavon, quelques reliques de ce grand saint ; elles furent généreusement accordées, et elles sont jusqu'à ce jour l'objet de la plus grande dévotion. Ces endroits ont aussi éprouvé quelquefois l'intercession puissante de saint Macaire, et bien particulièrement la ville de Mons, lorsqu'en 1615, sous la domination des archiducs Albert et Isabelle, la peste y causait un ravage terrible ; elle cessa tout d'un coup à l'approche des reliques, que la ville de Gand avait envoyées, et à quel effet le magistrat de Mons lui a fait présent, avec beaucoup de reconnaissance, d'une châsse d'argent (dans laquelle elles reposent actuellement), en y ajoutant un acte solennel qui confirme les bienfaits qu'il a reçus par l'intercession du même saint. (Voyez la *Légende des Saints*, Schatteman, Sanderus, et les *Actes des Saints*, imprimés à Anvers, sur la vie de saint Macaire, etc.)

donnaient ces mouvements. Ensuite on admirait un char qui représentait la *destruction de l'idolâtrie;* la religion se tenait assise à la partie la plus élevée, protégeant un évêque qui priait à ses pieds, tandis qu'un prêtre des faux dieux tombait comme foudroyé. Quatre chevaux traînaient ce char, dû à la libéralité du métier des *charpentiers;* le paon avait été offert par les *étainiers et les plombiers*. Le dieu Jupin, monté sur un aigle, marchait à la suite. Autour du dieu flottait une large draperie rouge brodée d'or. Le vent la déployait dans les airs, et se jouait dans ses plis frémissants. Le colosse du roi des immortels, la tête ceinte de la couronne, symbole de son autorité, fronçait le sourcil et agitait légèrement la tête, pour justifier la belle expression de Virgile :

Totum nutu tremefecit Olympum.

Sa main balançait les foudres célestes et semblait prête à les lancer sur la foule, qui se reculait machinalement et comme si Jupin n'eût point été un mannequin. Quant à l'aigle, il semblait glorieux de sa charge divine. Ses yeux, mus de même que ceux du paon par un mécanisme invisible, roulaient d'un air de menace, et son bec s'ouvrait et se fermait comme s'il eût été impatient de carnage. Le corps de cet oiseau était couvert de vraies plumes d'aigle, que l'on avait fait venir à grands frais des pays du Nord, et particulièrement des montagnes du Caucase. Hébé, couchée près de Jupin, lui présentait une coupe pleine de nectar. Devant Jupiter, Vulcain prenait rang. Le dieu du feu paraissait monté sur le sommet d'une grotte, dans laquelle deux cyclopes battaient le fer à grands coups de marteau. Sa belle épouse Vénus, fille de la mer, se tenait à ses pieds avec le petit dieu Cupidon. Deux colombes vivantes et privées battaient des ailes. Le dieu de la poésie, Apollon, s'élevait au milieu des nuages. Devant Apollon, marchait ou plutôt naviguait à pleines voiles un bâtiment de mer aux trois mâts pavoisés des couleurs des Pays-Bas. A côté se balançaient de petites chaloupes montées chacune par un jeune gars hardi, adroit et jovial. Le char de Jupiter était aux *brasseurs*, celui d'Apollon aux *armuriers*; le navire devait son exécution aux *bateliers*, et le mont de Vulcain aux *maréchaux ferrants*. Un fou, armé d'un bâton terminé par une vessie gonflée d'air, en jouait drument sur toutes les têtes, chaperonnées ou non, et gambadait derrière le crocodile des *blanchisseurs*. Grimpée sur un rocher, la terrible bête égyptienne reconnaissait pour maître un véritable noir d'Afrique qui se trouvait par hasard dans la ville.

Au crocodile, les *fripiers* opposaient un ours. Malgré la nature malfaisante attribuée à cet animal, sa présence n'en était pas moins saluée par les cris joyeux des petits enfants, et il n'était point de mère qui n'étendît son tablier vers les deux hommes placés à côté de la grosse bête velue. Un de ces hommes, monté sur un arbre, une grande épée à la main, prenait dans le tronc de l'arbre des rayons de miel et les distribuait autour de lui. Pour apaiser la soif causée par cette pâte sucrée et rehaussée en goût, Bacchus et ses tonneaux étaient nécessaires. Bacchus marchait donc avec un tigre à ses pieds. On devait ce char aux *marchands de vin*. Devant le dieu du vin, comme pour lui rendre hommage et se déclarer ses sujets, venaient les quatre parties du monde. L'Afrique, le front couronné d'une tête d'éléphant, avec ses larges oreilles et sa trompe étrange, présentait une magnifique corne d'abondance toute remplie de dragées, et ne se faisait point faute de la renverser sur les têtes de l'immense foule qui l'entourait, car cette corne se remplissait d'elle-même. Un lion, accroupi à ses pieds, la regardait fièrement ; deux femmes noires agitaient, à tour de rôle, des éventails de plumes devant l'Afrique. Le populaire s'égayait fort de ce qui lui semblait une bonne plaisanterie, attendu que la saison n'était pas des plus chaudes, et qu'une pelisse de fourrure serait venue plus à propos que de l'air frais pour les épaules demi-nues de l'allégorique personnage. Un nain difforme, originaire d'Afrique, prêté par l'archiduchesse Jeanne, sa maîtresse, marchait un guidon à la main et tournait sous ses petites paupières noires de gros yeux blancs, ce qui lui donnait les apparences d'un démon. L'Amérique, assise sous un palmier, les pieds sur un crocodile, regardait avec calme un loup-cervier vivant qui semblait se débattre pour arriver jusqu'à elle et la dévorer. Deux sauvages, homme et femme, montraient, l'un une masse terrible, l'autre des colliers d'or. Autour de ce char, on parlait avec admiration de la nouvelle partie du monde que Christophe Colomb venait de découvrir, et dans laquelle, disait-on, l'or poussait naturellement comme autre part les gazons, les arbres et les plantes. On ajoutait même que certaines rivières au lieu d'eau faisaient couler de l'or liquide qui se durcissait à l'air et se trouvait aussi pur que possible. L'Asie, vêtue des plus belles et des plus fines étoffes de laine, montait fièrement un dromadaire véritable. Cet animal, que l'on ne voyait guère en Europe au seizième siècle, se levait et s'agenouillait avec une docilité merveilleuse, à la grande satisfaction de ceux qui passaient. Un petit Chinois se tenait appuyé sur une caisse de thé toute bariolée des signes bizarres qui servent de caractères d'écriture en ce pays. A ses pieds, deux fées indiennes puisaient dans un coffre les fleurs les plus belles et les plus rares, qu'elles offraient, avec une grâce parfaite, à chaque halte du cortége. L'Europe, symbolisée à la manière des Grecs, était montée sur un taureau blanc et entourée de nymphes portant la tunique des jeunes filles de la Phénicie. L'Amour la regardait en souriant, et un petit génie caressait un agneau, symbole de la candeur et de l'innocence. Des soldats armés de pied en cap, la hallebarde à la main, veillaient fièrement sur la jeune fille, couronnée d'étoiles. On devait ce char aux *tanneurs*. Les *cordonniers* avaient un éléphant mécanique, et les *chapeliers*, un castor.

On comptait en tout vingt-quatre chars et animaux, tous plus riches, plus curieux, plus dignes d'admiration les uns que les autres. Entre chacune de ces représentations, piaffaient des cavalcades, enseignes déployées, des personnages vêtus de costumes allégoriques et des corps de musiciens de diverses corporations, avec leurs uniformes de couleurs différentes. Un bruit immense et majestueux s'élevait jusqu'au ciel et causait un véritable enivrement aux spectateurs, sans compter que les cloches des diverses églises de la ville mêlaient leurs voix sonores et imposantes à l'agitation et au tumulte général. Les fous de chaque *Serment* ou compagnie allaient et venaient dans la foule, agitaient les sonnettes de leurs marottes, embrassaient les jeunes filles, jetaient de la farine aux passants, échangaient des quolibets, et recevaient, en échange de leurs bonnes grosses plaisanteries, des éclats de rire et de larges verres de bière qu'on leur apportait avec empressement et que leur tendait chaque main. Certes, nos spectacles les plus pompeux resteraient faibles et incomplets devant une pareille splendeur !

On n'avait point dépensé moins d'un million de notre monnaie actuelle pour célébrer dignement cette journée.

André Rynghaut, en face de ses idées si magnifiquement exécutées, et tout entier à sa joie d'auteur, oubliait qu'un autre recueillait la gloire de son œuvre. Perdu dans la foule, il sentait son cœur battre avec impétuosité. Une rougeur généreuse colorait son visage, et il donnait des bravos aux acteurs de la procession qui s'acquittaient le mieux de leur rôle. Tandis qu'il se livrait à son enthousiasme et à ses transports, tout à coup la foule devint si compacte et le pressa tellement, qu'il faillit étouffer. Il résista le mieux qu'il put à ces vagues vivantes, et s'efforça de s'en retirer, car non-seulement un péril réel le menaçait, mais encore pouvait atteindre sa fille. Il joua donc des coudes et des pieds pour sortir de la mêlée ; ses efforts ne lui valurent que les injures et les poussées de ceux qui l'entouraient. Bientôt ses pieds perdirent terre. Haletant, éperdu, il fut rejeté au plus fort des spectateurs. Tout à coup, jugez de son effroi, il sentit la petite Duyvecke, qu'il tenait élevée au-dessus de sa tête, de manière à la garantir des cahots dont il était victime, il sentit, dis-je, l'enfant s'échapper de ses mains. Au désespoir, il voulut la ressaisir, mais la foule l'entraîna à vingt pas de là, puis plus loin, puis à l'autre bout de la place. A la fin, il perdit connaissance et tomba. Quand il sortit de son évanouissement, il se vit entouré de personnes inconnues qui lui donnaient des soins. D'abord il crut faire un mauvais rêve, et ne se rappela rien de ce qui s'était passé; mais bientôt, hélas! la pensée et le souvenir lui furent rendus.

« Ma fille! s'écria-t-il, Duyvecke, mon enfant! »

Personne ne lui répondit, car personne n'avait vu la petite fille.

« Mon enfant! je veux mon enfant! »

Il s'arracha des bras de ceux qui l'entouraient, et, quoiqu'il fût nuit close et que le couvre-feu commençât à sonner, il courut sur la place du Vendredi, à l'endroit où il avait perdu sa fille. La place était aussi déserte que naguère elle regorgeait de foule. Duyvecke ne se trouvait nulle part.

L'infortuné continua à errer dans la ville, visita chacune des rues dans lesquelles il avait passé; s'informa partout de sa fille. Il lui fallut revenir au logis seul, sans l'enfant qu'une mère éperdue allait lui demander!

Marguerite, dont l'inquiétude s'était emparée depuis longtemps, épiait à la fenêtre le retour de son mari et de sa fille. Quand elle le vit seul, elle poussa un cri d'effroi:

« Ma fille! ma fille! »

André cacha son visage dans ses deux mains, et ne répondit que par des sanglots.

« Ma fille ! reprit la pauvre mère. Oh ! ma fille, qu'en as-tu fait ?

— Perdue ! perdue ! balbutia le malheureux père.

— Perdue ! cela n'est pas vrai ! cela ne peut être. Tu l'as mal cherchée ! Tu ne l'as demandée à personne ! Perdue ! mon enfant, ma fille ! Allons, viens, André, il faut aller frapper à toutes les portes ; il faut crier partout : Rendez-nous notre enfant !

— Rentrez chez vous, dame Marguerite, dirent les voisins accourus au bruit de cette triste scène ; rentrez chez vous ; vous êtes malade. Nous autres, qui nous portons bien, nous allons nous mettre à parcourir, chacun de notre côté, les divers quartiers de la ville. Avant peu nous vous ramènerons la petite Duyvecke.

— Malade ! que m'importe la vie sans ma fille ? Ma fille ! il me faut ma fille ! »

Elle saisit son mari par le bras, et l'entraîna en courant. Mais à peine avait-elle fait quelques pas, que les forces lui manquèrent. Elle jeta un cri, tomba lourdement sur le pavé, et y resta sans mouvement. Le sang sortait à grands flots de sa bouche, et ses yeux fixes restèrent ouverts.

« *Requiescat in pace !* dit un des témoins de cette scène. Dieu a pris pitié de ses souffrances ! Son cœur ne bat plus ! Ses lèvres n'ont plus de souffle. Elle est morte ! »

André Rynghaut, assis sur ses talons, regardait en souriant le cadavre de sa femme. Il se passait les mains sur son front chauve et fredonnait un air : enfin il tira de sa poche un crayon et un petit livret de papier.

« Chut ! dit-il, chut ! Voici des vers que récitera le

génie de Gand demain, quand la procession ira saluer de nouveau l'archiduc Philippe. »

Il se leva, mit un pied sur le cadavre de sa femme, prit une attitude oratoire, et déclama d'une voix ampoulé :

« O diva gratum quæ regis Anthium,
Præsens vel imo tollere de gradu
Mortale corpus, vel superbos
Vertere funeribus triumphos !
Jam cuncta Gandæ numina jubilant ;
Fortuna, jungas te quoque gaudiis ;
Urbem visita favore,
Muneribus, stabili vultu.

« Quant à Thomas Simonis, chargé de remplir le personnage de l'Amérique, il s'en est acquitté bien mal. Demain, c'est moi qui le remplirai. Vous verrez comme je danserai, comme je sauterai, comme les plumes de mon bonnet se balanceront avec grâce. »

Le délire d'André était plus effrayant encore que le trépassement de sa femme. Cette joie, ces danses devant la mort, glaçaient d'effroi les spectateurs. Ils voulurent l'emmener, mais il résista.

« Que me voulez-vous ? Ah ! je sais pourquoi vous m'arrêtez, misérables. C'est l'échevin Crumbbrugghe qui vous l'a ordonné. Lâchez-moi, et je vous dirai pourquoi il m'en veut. Chut !..... Il n'est pas l'auteur du programme de la procession. Je l'ai fait tout seul ; il l'a copié, voilà tout. »

En ce moment, des cris se firent entendre ; des torches brillèrent dans le lointain ; on ramenait en triomphe Duyvecke à son père.

« Voici votre fille ! voici votre fille ! » dirent les braves gens.

Et ils placèrent l'enfant dans les bras de son père.

André laissa retomber ses bras sans soutenir le précieux fardeau, qui alla rouler sur le cadavre de sa mère.

Pendant que l'on relevait l'enfant, Rynghau échappa à ceux qui l'entouraient, et s'enfuit précipitamment. Arrivé sur un des ponts qui couvrent la rivière, il se heurta contre le garde-fou, glissa à travers les barreaux de fer, et tomba dans l'eau qui s'ouvrit avec un bruit sourd et se referma.

Tandis que, malgré la profondeur de l'obscurité, quelques témoins de cette scène se jetaient à l'eau, d'autres mettaient à flot une barque amarrée près du pont. Les femmes relevèrent le cadavre de la pauvre Marguerite et le transportèrent au logis de la défunte. Quant à la petite Duyvecke, une vieille femme la prit par la main et déclara s'en charger.

Lorsqu'on entendit l'offre ou plutôt la volonté de dame Siegbrit, ainsi se nommait la vieille, personne n'éleva la voix pour la contredire, quoique personne ne vît sans regret Duyvecke confiée aux soins de cette inconnue. Je dis inconnue, car, en effet, quoique Siegbrit habitât Gand depuis sept ou huit années, on n'avait pu jamais rien découvrir sur elle, malgré la curiosité et l'esprit d'investigation innés et si habiles dans les villes de la Flandre.

Un beau matin, on avait trouvé Siegbrit assise au coin de la rue du Pont Madou, avec un panier de fleurs à ses pieds. Sa haute taille, son teint hâlé, ses longues mains noires, la taciturnité absolue dans laquelle la nouvelle venue restait habituellement plongée, devinrent l'objet de mille conjectures, parmi lesquelles ne manqua pas de se glisser le mot de sorcière. Cependant rien ne justifia jamais cette accusation. Siegbrit vivait paisiblement, allait à l'église, vendait des bouquets pour les jours de fête, façonnait des statuettes de saints et de saintes, enluminait des images, et s'était fait surtout une grande renommée par le talent exquis et l'art consommé avec lequel elle fabriquait des tartes au fromage nommées *goyères* dans le pays.

Le dimanche, seul jour de la semaine où elle vendait de ces sortes de pâtisseries, elle ne pouvait suffire aux demandes des chalands. Sur les meilleures et les plus riches tables de la ville, on ne dédaignait pas de faire servir les goyères de dame Siegbrit. Quatre années après son arrivée à Gand, Siegbrit, grâce à son talent de pâtissière et à son esprit d'économie, put quitter l'échoppe qui lui servait à la fois de boutique et de laboratoire, pour acheter une petite maison, dont elle paya comptant presque tout le prix. Alors elle se livra sans réserve aux lubies de son caractère bizarre, et à la rudesse de son humeur. Si les acheteurs de goyères se plaignaient d'une tourte brûlée, de la qualité moins exquise du fromage, ou de telle autre petite négligence dans la fabrication d'une goyère, Siegbrit ne daignait même pas répondre ; elle prenait l'argent que le plaignant venait de déposer sur le comptoir, le jetait dédaigneusement dans la rue et tournait le dos. Une fois qu'elle s'était livrée à ces mesures de rigueur envers quelqu'un, fût-ce la femme d'un échevin, il ne fallait plus que cette personne comptât jamais manger une goyère fabriquée par Siegbrit. On serait venu la prier, on lui aurait offert de l'or, sans la fléchir.

Tous les ans, au mois de décembre, Siegbrit disparaissait de Gand pendant quinze jours environ. Ce temps écoulé, elle reparaissait, plus triste encore que d'habitude, dans la boutique restée fermée durant l'absence de la pâtissière.

On s'étonnera d'autant plus des attentions de Siegbrit à l'égard de la petite Duyvecke, que la vieille femme d'ordinaire témoignait une aversion insurmontable pour les enfants. Si quelque joli petit acheteur, au minois frais et blanc, venait déposer sur le comptoir de la marchande un peu de monnaie et lui demandait en échange une goyère, Siegbrit se levait brusquement et lui faisait signe de sortir. Il ne fallait pas qu'une bourgeoise entrât dans la boutique en tenant par la main son enfant. Aussi, les petits garçons et les petites filles de Gand hâtaient leur marche en passant devant la maison de Siegbrit, et s'ils la rencontraient dans la rue, ils se pressaient contre leur bonne ou contre leur mère.

L'adoption de Duyvecke par Siegbrit parut donc, dans le quartier, un événement presque aussi lugubre que la mort instantanée de Marguerite et la triste fin d'André. On n'en parla pourtant qu'à voix basse; chacun redoutait la marchande de goyères, quoiqu'elle n'eût jamais causé le moindre tort à personne. Ce fut surtout à la veillée funèbre, en présence des deux cadavres placés l'un à côté de l'autre dans leurs cercueils, que les voisines des défunts s'exprimèrent leurs craintes et leur surprise. L'une d'elles ajouta encore à la terreur générale, en racontant qu'elle avait vu un jour par la porte entr'ouverte de l'arrière-boutique de Siegbrit, où personne ne pénétrait jamais, une tête de mort placée sur une sorte d'autel noir.

« Il est vrai, ajouta-t-elle, que j'ai cru distinguer un

crucifix au-dessus de cette tête effroyable ; mais le crucifix n'était peut-être là que pour donner le change aux curieux qui pouvaient, comme moi, remarquer quelque chose. Et puis, je vous le demande, n'est-ce pas une horreur que de placer un pareil objet dans un lieu qui sert à fabriquer des objets que l'on mange ?

— Oui, interrompit une autre, cela est bien étrange ; mais moins étrange toutefois que la manière dont le corps du pauvre André a été retrouvé. On avait, suivant la coutume, placé sur une planche un morceau de cierge bénit. Plusieurs fois la planche, flottant en liberté sur l'eau, s'était arrêtée, sans que l'on retrouvât pour cela le cadavre, Siegbrit est arrivée :

« Renoncez, dit-elle, à ce moyen qui ne sert de rien. Sans doute le courant de l'eau, fort rapide sous le pont d'où André s'est jeté, aura entraîné le corps vers la vanne du moulin. Allez-y, vous y trouverez, j'en suis sûre, le triste objet que vous cherchez. »

« Les mariniers haussèrent les épaules, et répondirent que jamais un cierge bénit n'avait fait faute, et qu'il s'était toujours arrêté à l'endroit où gisait le noyé. Ils travaillèrent ainsi jusqu'au matin. La planche et le cierge ne s'arrêtaient que pour les tromper. Enfin, quand le grand jour fut venu, las de chercher le corps sans pouvoir le trouver, ils en revinrent à l'avis de Siegbrit, et se rendirent à la vanne. Du premier coup de croc ils ramenèrent à fleur d'eau les restes mortels du malheureux.

— Cela n'est pas naturel, ajouta une des veilleuses. J'ai bien peur que l'on n'ait dit la vérité en parlant de sorcellerie. »

Elle se retourna, et frémit de tous ses membres; car Siegbrit se tenait là, derrière elle, debout et les bras croisés. Sans dire un mot, sans témoigner ni colère ni mécontentement, elle resta quelques instants encore, plongée dans une méditation profonde.

Ensuite elle avança vers les cadavres, s'agenouilla près des cercueils, et se mit à prier avec une ferveur extrême. Plus d'une heure se passa de la sorte.

A la fin, elle se releva, coupa un peu de cheveux sur le front de Marguerite et d'André, y déposa un baiser, prit le rameau de buis déposé sur une table au pied d'un crucifix, et jeta quelques gouttes d'eau bénite sur les fronts qu'elle venait d'effleurer de ses lèvres. Puis, se tournant vers les veilleuses :

« En face de la mort, dit-elle avec sévérité, il faut prier, et non médire. Quoi ! vous ne vous sentez venir à l'esprit que des pensées méchantes, vous ne songez qu'à débiter des calomnies sur une chrétienne, lorsque deux morts ont besoin de vos *De profundis !* Dieu vous pardonne comme le fait celle que vous avez si lâchement traitée ! »

Elle sortit, et laissa les commères dans la consternation.

« Dieu nous garde de mal ! dirent-elles ; car la haine de cette femme équivaut à de grands malheurs.

— Avez-vous vu comme elle a eu soin de jeter de l'eau bénite sur le front des deux morts, après les avoir touchés de ses lèvres ?

— Et puis les cheveux qu'elle a pris ? On fait bien des maléfices avec des cheveux de trépassés !

— Allons, trêve à tous vos discours, voisines, dit le bedeau de la paroisse qui entra. Voici le moment venu de fermer les cercueils ; dans une demi-heure, les prêtres de la paroisse seront ici. »

II

MAITRE CRUMBBRUGGHE

Une demi-heure s'était en effet à peine écoulée, que trois prêtres et un enfant de chœur entraient dans la maison et venaient y chercher les deux bières. Tous les habitants du quartier avaient regardé comme un devoir d'assister aux obsèques de leurs malheureux voisins, et plus de trois cents personnes se tenaient rangées devant la porte, au moment où le cortége funèbre se mit en marche. Dès que les cercueils eurent franchi le seuil de la maison, Siegbrit parut vêtue de noir ; elle tenait dans ses bras la petite Duyvecke, également couverte d'habits de deuil. On ne put se défendre d'un mouvement de compassion et de douleur à la vue de cette orpheline de cinq ans qui suivait, en jouant avec le voile de celle qui la portait, les dépouilles mortelles de son père et de sa mère.

Le lendemain de cette triste journée, Siegbrit, la petite fille assise sur ses genoux, occupait dans son comptoir la place où elle siégeait en véritable reine des tartelettes, lorsqu'elle vit entrer un des domestiques de maître Crumbbrugghe, l'échevin :

« Mon maître, dame Siegbrit, me charge de vous annoncer une bonne nouvelle. Il vous fait dire qu'il vient d'obtenir pour l'orpheline d'André Ryngbaut une place qui se trouvait vacante à l'hospice des Enfants d'Alyns[1].

— Je ne veux point me séparer de l'enfant que j'ai reçue sous mon toit, répondit Siegbrit.

— M. l'échevin m'a donné l'ordre d'emmener l'enfant de Ryngbaut, et je l'emmènerai, » répondit insolemment le valet, qui voulut prendre Duyvecke dans les bras de la marchande.

Celle-ci saisit un grand couteau, et en menaça la poitrine du domestique, qui recula plein de terreur.

« Va-t'en ! lui cria Siegbrit en jetant le couteau loin d'elle, Va-t'en ! tu me ferais commettre quelque crime ! »

En disant cela elle était pâle comme une trépassée ; ses mains tremblaient convulsivement ; ses lèvres blanches pouvaient à peine balbutier quelques paroles.

Le domestique ne se fit pas répéter deux fois l'ordre de sortir. Il s'enfuit à toutes jambes, et il était en train de

[1] L'hospice de Sainte-Catherine ou des Enfants d'Alyns est établi sur le quai de la Grue. Cet établissement doit son origine à une de ces haines violentes qui, à l'exemple des vendette italiennes, des Capuletti et des Montaigu, ensanglantèrent souvent la Flandre Deux des principaux bourgeois de Gand, Henry Alyns et Simon Rym, aimaient la même jeune fille. Les parents et les amis de chacun des rivaux épousèrent leur querelle, et Henry Alyns fut assassiné dans l'église Saint-Jean. Ses meurtriers n'obtinrent leur grâce que huit ans après le meurtre (1362), sous la condition de fonder un hôpital destiné à quinze enfants orphelins, pris, autant que possible, parmi les descendants de la famille Alyns.

raconter à son maître, non sans exagération, l'accueil qu'il avait reçu et le refus que faisait Siegbrit d'obéir, lorsque la vieille femme entra chez l'échevin. Elle portait Duyvecke dans ses bras :

« Maître Crumbbrugghe, dit-elle, je viens vous demander à garder cette enfant près de moi ; je suis seule au monde, et j'avais résolu de rester seule au monde. En voyant cette orpheline, abandonnée de tous sur la terre, mon cœur, depuis si longtemps insensible, s'est ému de compassion et de tendresse; il ma semblé que le ciel me donnait un enfant, et prenait, à la fin, mon abandon en pitié. Laissé-moi Duyvecke; je suis devenue sa mère.

—La chose n'est plus possible: j'ai obtenu des échevins mes collègues l'admission de l'orpheline à l'hospice d'Alyns. Ils ont décidé cette mesure; il n'y a plus à en revenir.

—Mais j'ai des droits sur cette enfant, moi, reprit Siegbrit, et je ne les abandonnerai point. Croyez-vous que je l'aie recueillie dans ma maison, que je me suis résolue à l'aimer, que je l'aime, pour m'en séparer maintenant? Jamais! Vous ne connaissez pas Siegbrit, mon maître.

—Trêve à tous ces discours. Je vous l'ordonne comme magistrat et échevin de la ville de Gand! Remettez-moi sur l'heure, à l'instant même, l'enfant dont vous vous êtes frauduleusement emparée. »

Siegbrit saisit Duyvecke et l'éleva violemment en l'air, comme si elle eût voulu la jeter à ses pieds et l'y briser. Mais elle réprima aussitôt ce mouvement de colère, et ajouta, en s'efforçant de montrer un calme bien loin d'elle :

« Cette enfant, le vous le répète, m'appartient ; je suis sa grand'mère.

— Mensonge que tout cela, Croyez-vous me prendre pour dupe? Jamais, depuis huit ans, vous n'avez échangé une parole avec Marguerite ; jamais son mari n'est entré chez vous.

— C'est que j'avais défendu à ma fille désobéissante de regarder en face sa mère ; c'est que j'avais ordonné au séducteur de ma fille de ne franchir jamais le seuil de ma maison. Oh ! vous ne connaissez pas Siegbrit ! Quand Rynghaud me supplia de venir pardonner et bénir Marguerite mourante, mon cœur est demeuré froid et mon oreille sourde..... Elle-même elle a quitté son lit de souffrance pour se traîner jusqu'à ma porte, pour tomber à mes pieds et tenter de me fléchir. Rien qu'à voir mon regard, elle a passé devant ma maison sans oser s'arrêter. Elle n'a reçu de pardon pour elle et pour son mari qu'au moment où mes lèvres se sont posées sur leurs deux fronts glacés par la mort.

— Par quelle faute avaient-ils mérité une pareille rigueur?

— Par quelle faute ? Ils m'avaient désobéi ! Marguerite aimait Rynghaut, et je lui avais défendu d'aimer le fils d'un ennemi de mon père. Malgré mes ordres, elle vit en secret André..... Une nuit, enfin, elle s'enfuit de la maison maternelle pour épouser son amant, et vint habiter avec lui cette ville. Loin de la Frise, ma patrie, ils se croyaient à l'abri de la colère et de la vengeance de celle qu'ils avaient offensée. On n'échappe jamais à la vengeance de Siegbrit. Moi aussi j'ai quitté la Frise ; moi aussi je suis venue habiter Gand. Pauvre, je me suis assise sur le seuil de leur maison : ils ne pouvaient ouvrir leur fenêtre sans me voir là, terrible et inexorable ! Ils ne pouvaient franchir la porte de leur logis, sans entendre mes malédictions. Lorsque mon travail m'eut acquis un peu d'aisance, j'achetai la maison qui se trouve en face de la leur. Quand Marguerite embrassait son enfant et oubliait, dans ses joies maternelles, sa faute, son repentir et ma colère, je l'appelais; je lui montrais le crâne de son père, mort du chagrin que lui avait causé la désobéissance de sa fille. Voilà pourquoi sa vie s'est écoulée dans une tristesse constante; voilà pourquoi elle est tombée malade et a succombé au désespoir. Si le malheur les a frappés tous les deux, c'est parce que Dieu entend et exauce la malédiction des mères outragées.

« Une fois ma vengeance accomplie, je me suis mise à m'en repentir et à la regretter. Mon cœur s'est ouvert à la pitié; j'ai commencé à aimer cette enfant de ma fille avec toute la tendresse dont j'avais déshérité sa mère. Vous voyez bien que je ne puis pas me séparer de Duyvecke.

— J'aime à croire que vous me dites la vérité. Néanmoins, il faut en donner des preuves légales, avant de pouvoir rentrer en possession de votre petite-fille. On va provisoirement la déposer à l'hospice ; vous ferez valoir ensuite les droits que vous avez à la réclamer.

— Je ne la quitterai pas d'un moment, je vous l'ai déjà dit. Des preuves? des droits? Qu'est-il besoin de tout cela pour qu'une aïeule ne se sépare point de sa petite-fille? Vous êtes échevin, vous êtes riche, vous êtes puissant, maître Crumbbrugghe ; mais n'essayez pas de lutter avec moi, vons ne resteriez pas le vainqueur.

— Encore une fois, je vous ordonne de me remettre cette enfant !

— Essayez de l'arracher de mes bras, s'écria Siegbrit, et dès demain le malheur s'assiéra dans votre logis. Des maladies fatales, mortelles, frapperont votre femme et vos enfants ! Le coq rouge de l'incendie chantera sur vos maisons et sur vos fermes !

— Misérable sorcière !

— Sorcière ! On m'a donné souvent ce nom-là ! Parfois même je me suis demandé si je ne le méritais point en effet. Sorcière ! Oui, peut-être suis-je réellement une sorcière. Satan le veuille ! car je t'écraserais sous mon pouvoir infernal, et j'assouvirais sur toi le besoin de vengeance dont ma fille (Dieu la prenne en aide !) m'avait donné l'habitude. Je souffrais de n'avoir plus personne à haïr : merci d'avoir comblé ce vide de mon âme. Ah ! tu veux mon enfant, et bien ! essaye de venir me l'enlever ! »

Elle prit Duyvecke dans ses bras, et sortit à pas lents, non sans se retourner de temps à autre vers l'échevin, sur lequel elle lancait des regards venimeux.

Le digne magistrat se sentait fort peu à l'aise devant ces témoignages de la haine de Siègbrit. Néanmoins, naturellement entêté et vaniteux, la peur ne le fit point renoncer à son projet de réduire à la raison la marchande de goyères. Il se rendit donc près de ses collègues, qui se trouvaient réunis, ce jour-là, pour décider de quelque affaire publique, et leur raconta la scène dont il venait d'être la victime. Il conclut à ce que Siegbrit fût chassée de la ville comme sorcière, et à ce qu'on lui enlevât, au préalable, la petite Duyvecke, pour la déposer, ainsi que l'Échevinage l'avait décrété la veille, à l'hopice d'Alyns. Les magistrats de Gand approuvèrent à l'unanimité cette double mesure, et ordonnèrent à quatre sergents d'armes de la mettre à exécution.

Quand les agents de la force publique arrivèrent devant la maison de Siegbrit, ils la trouvèrent fermée. Ils se mirent sur-le-champ à l'œuvre pour l'ouvrir, et ne pouvant le faire, ils recoururent à la hache et à la pioche. On trouva une résistance à laquelle on était loin de s'attendre. L'épaisseur des planches de chêne, les larges barreaux de fer qui les renforçaient, demandèrent plus de trois heures avant de céder. A la fin, cependant, une ouverture se fit; mais il s'en échappa aussitôt une odeur tellement pestilentielle, que toute la rue s'en trouva infectée, et qu'il fallut suspendre quelque temps l'attaque. Enfin, on s'introduisit dans la maison; personne ne s'y trouvait : Siegbrit et Duyvecke avait disparu ! Un feu lent et sans flamme achevait de ronger tous les meubles amoncelés au milieu de l'arrière-boutique. De ce foyer s'exalait l'odeur redoutable qui avait forcé les travailleurs à reculer.

La disparition de Siegbrit, l'inutilité des recherches faites pour la retrouver, ne pouvaient au seizième siècle, en Belgique, et à Gand, s'expliquer que par la sorcellerie. Donc la marchande de goyères fut déclarée sorcière, et, comme telle, condamnée au feu.

Huit jours après la fuite de la vieille femme, une foule immense se réunit devant sa maison. Là, les officiers de la justice, en grand costume, sommèrent Siegbrit de comparaître, et l'appelèrent trois fois à haute voix. Alors l'huissier lut l'arrêt qui la déclarait sorcière, maléficiaire, vouée au diable, et ordonnait qu'elle serait soumise à la torture ordinaire et extraordinaire : après quoi, ajoutait la condamnation, elle sera conduite sur la place du Vendredi, brûlée vive, et ses cendres jetées au vent.

Le bourreau répéta trois fois son appel, que suivit un silence profond parmi la foule. Alors un prêtre s'avança et jeta de l'eau bénite sur la maison pour en écarter le diable. Aussitôt des ouvriers, sur l'ordre des magistrats, commencèrent à démolir de fond en comble cette maison, sans y laisser pierre sur pierre. On fouilla jusque dans les fondements, on jeta les démolitions à la rivière, on sema du sel sur le terrain, et l'on chargea la charrette du bourreau de tous les débris qui pouvaient être brûlés.

Ce premier acte terminé, on se rendit sur la place du Vendredi pour assister au second. On forma un bûcher avec les débris de la maison de Siegbrit ; on plaça sur ce bûcher un mannequin de femme ; et le bourreau y mit le feu en appelant de nouveau de sa voix coassante : « Siegbrit, la sorcière Siegbrit ! »

L'échevin Crumbbrugghe avait assisté, comme magistrat, à toutes ces cérémonies lugubres ; sa grosse figure rebondie exprima une joie pleine de triomphe lorsqu'il vit s'écrouler la maison de Siegbrit, et y fut le premier à donner le signal des applaudissements quand la flamme, sortie du bûcher, commença à mordre le mannequin qui figurait la vieille femme. Il revint donc à son logis, satisfait de sa vengeance accomplie, fier d'avoir prouvé où menait la désobéissance à son pouvoir, et surtout en grand appétit, car l'air vif du matin l'avait aidé dans le travail de la digestion, et favorablement disposé à faire honneur au repas de midi. Comme il se mettait à table, on lui remit une lettre que venait d'apporter une femme inconnue; il l'ouvrit négligemment et y jeta les yeux : sa figure devint pâle comme celle d'un trépassé, et il faillit tomber de son fauteuil; il avait lu dans cette lettre :

« Siegbrit somme l'échevin Crumbbrugghe, magistrat injuste et juge inique, à comparaître dans un an devant Dieu. Celui qui condamne sera condamné; celui qui voulait séparer une mère de sa fille, sera séparé de ses enfants. »

— Arrêtez cette femme! arrêtez cette femme! s'écria-t-il quand il fut revenu de sa première surprise. »

Les domestiques coururent pour obéir à l'ordre de l'échevin, mais la femme avait disparu, et l'on ne put la retrouver.

Maître Crumbbrugghe eut beau se répéter qu'il y avait folie à donner qnelque importance aux menaces d'une misérable créature comme Siegbrit, ces menaces lui revenaient sans cesse à la mémoire, et restaient présentes à sa pensée. Le jour, elles le distrayaient de ses plus chères occupations; la nuit, elles troublaient ses rêves et l'éveillaient en sursaut. Trois mois s'écoulèrent sans qu'il pût bannir de son esprit l'effet de la fatale lettre. Aussi le vit-on peu à peu devenir pâle et perdre son embonpoint. Le vin le laissait sans gaieté; la bonne chère le trouvait indifférent, et il fréquentait, avec plus d'assiduité encore, son église paroissiale.

Cependant, au milieu de ces inquiétudes, il ne négligeait en rien ses fonctions municipales. Il assistait avec ponctualité à toutes les réunions des échevins, et semblait presque oublier ses soucis en traitant les affaires de la ville. Jugez donc du chagrin qu'il éprouva lorsqu'il vit, un jour, en entrant à l'hôtel de ville, ses collègues les autres échevins le regarder d'un air mystérieux, et ne point l'accueillir avec l'empressement qu'ils lui témoignaient d'ordinaire. Personne n'avançait vers lui ; personne ne lui tendait la main ; personne ne lui souhaitait la bienvenue.

Triste, embarrassé, inquiet, il s'assit à sa place habituelle. Alors le bourgmestre, après une courte conférence avec ses collègues les échevins, dit avec sévérité :

« Maître Crumbbrugghe, comme échevin et doyen en chef du métier des tisserands, vous avez une des trois clefs *du Secret de la Ville*[1]. Le doyen de la bourgeoisie, maître Lieven Pyn, et le doyen en chef des métiers, ont déposé chacun leur clef dans un coffre de fer fermé par douze clefs, confiées aux douze membres les plus âgés de leur corporation. Vous seul n'avez point suivi ce sage exemple, et êtes resté purement et simplement dépositaire de la clef. Or, il se fait qu'aujourd'hui il manque dans le *Secret* une pièce importante, celle précisément qui oblige votre famille à restituer, dans cent années, à la ville de Gand, quatre maisons situées sur le quai Saint-

[1] Ce qui s'appelait le *Secret de la Ville* était un coffre de bois revêtu de plaques de fer, fermé de trois serrures différentes, et contenant les chartes des Gantois. L'une des clefs était confiée au premier échevin, l'autre au doyen en chef des métiers, et la troisième au doyen des tisserands.

Antoine, et dont l'usufruit vous est laissé jusque-là à vous et aux vôtres, comme il résulte d'un acte passé, en 1323, entre vos ancêtres et les magistrats de cette ville.

— Cette pièce manque dans le *Secret* ? s'écria Crumbbrugghe avec stupéfaction.

— Une lettre m'a donné avis de la soustraction de cet acte ? et vous désignait comme l'auteur d'un pareil crime; j'ai assemblé sur-le-champ les échevins ; le *Secret* a été ouvert, et l'on n'y a point trouvé en effet ladite pièce.

— Et c'est moi qu'on accuse de ce crime !

— Quel autre que vous était dépositaire de la clef? Quel autre que vous avait intérêt à faire disparaître les pièces dérobées ?

— Vous me soupçonnez, moi, votre collègue, moi votre ami !

— Justifiez-vous, et nous proclamerons avec joie votre innocence. Mais tout vous accable, au contraire. Il y a trois mois, vous êtes venu seul à l'hôtel de ville, seul vous avez ouvert le *Secret*, seul vous avez fouillé dans les lettres qu'il renferme, Vous n'aviez d'autre compagnon et d'autre témoin que votre secrétaire André Rynghaut, qui s'est donné la mort, sans doute par regret du crime dont vous l'avez rendu complice. »

Crumbrugghe, atterré, cacha son visage dans ses deux mains, et ne put retenir ses larmes ; il sentait son courage succomber sous tant d'apparences injustes, et qu'il ne pouvait pourtant réfuter.

« Ce n'est point tout, reprit le bourgmestre ; un autre titre, *les franchises de l'achat de Flandre*, le plus important de nos priviléges, celui qui assure de si grandes libertés à la ville de Gand, a disparu également. Celui-ci, on a dû, pour l'anéantir, recevoir des sommes immenses, car nous savons qui peut avoir intérêt à le faire disparaître et à récompenser une si coupable trahison. Or, maître Crumbbrugghe, tout cela fait qu'il est de notre devoir de réclamer votre arrestation et de vous traduire devant la justice. »

Au même instant, les estafiers de la ville entrèrent, la hallebarde au poing, dans la salle des délibérations, saisirent maître Crumbbrugghe, et le conduisirent à la prison de la ville.

Le bruit de cette étrange nouvelle se répandit rapidement parmi les bourgeois, car la richesse et le rang de l'échevin faisaient de lui un des plus hauts personnages de Gand. L'importance du privilége disparu donnait d'ailleurs une gravité extrême à l'accusation qui pesait sur lui ; sa perte autorisait l'archiduc à doubler l'impôt si bon lui semblait, et à méconnaître plusieurs droits importants de la ville. Aussi l'indignation générale éclata dans toutes les classes de la bourgeoisie, et particulièrement dans la corporation des bouchers, qui se trouvait libérée en partie, grâce à l'Achat de Flandre, des exorbitants droits d'entrée que payaient depuis vingt années les bestiaux. Ils se réunirent donc en foule devant leur maison de Corps. Là, les têtes s'échauffèrent ; des menaces et des cris de vengeance s'élevèrent contre Crumbbrugghe ; et l'effervescence populaire devint si violente, que plusieurs centaines de furieux se portèrent vers la prison, en enfoncèrent les portes et s'emparèrent du malheureux échevin. Quatre hommes, le visage barbouillé de sang de bœuf, pour qu'on ne pût les reconnaître, entraînèrent Crumbbrugghe sur la place du Vendredi, et, entourés d'une foule immense, dressèrent un échafaud improvisé, sur lequel ils obligèrent leur prisonnier à monter Alors on l'accabla d'invectives, on lui jeta de la boue, et les pierres sifflaient de toutes parts à ses oreilles, quand une voix aiguë qui fit tressaillir l'infortuné, car il crut reconnaître celle de Siegbrit, domina le tumulte, tant elle était perçante, et cria :

« La torture ! »

Des applaudissements répondirent de toutes parts à cette infernale idée ; on courut chercher le bourreau, on l'obligea à charger sur une charrette ses instruments de supplice ; le poignard sur la gorge, il fallut qu'il appliquât à la torture l'échevin. Malgré la violence des douleurs qu'il subissait, ce dernier ne cessa point un moment de protester de son innocence.

Cependant la populace devenait plus furieuse que jamais, loin de se laisser toucher par la persévérance de Crumbbrugghe à nier le crime dont il était accusé ; aussi, quand la voix aiguë se fit entendre de nouveau et cria :

« Au bucher ! »

Il y eut encore plus de joie et d'acclamations que quand il s'était agi de torture.

Deux minutes suffirent pour improviser le bûcher et y enchaîner Crumbbrugghe. On vit alors une grande créature, enveloppée d'un manteau et le visage caché sous un large chapeau, s'approcher une torche à la main ; elle tira de son sein deux parchemins auxquels pendaient des sceaux, les montra au patient, et même se découvrit, de manière toutefois à ne pouvoir être vue que de l'échevin. Ensuite cette figure à laquelle on n'aurait pu assigner un sexe, et qui semblait plutôt un démon qu'un homme, jeta la torche dans le bûcher, et se replongea dans la foule. Soudain la flamme jaillit, Crumbbrugghe poussa un affreux gémissement, et l'on n'entendit plus que le craquement du bois qui brûlait et le petillement des flammes.

Le lendemain, on trouva déposé sur les cendres éteintes du bûcher un paquet qui renfermait deux parchemins; c'étaient les deux actes disparus du *Secret de la Ville*, et que l'échevin était accusé d'avoir dérobé.

Une fois en fureur, la populace ne s'arrête point facilement, et ne rentre dans l'ordre qu'après avoir assouvi de toutes les manières sa soif de destruction. Quand les Gantois eurent vu s'éteindre le bûcher sur lequel ils avaient fait périr l'échevin, ils mirent au pillage les nombreuses maisons qu'il possédait dans la ville, les démolirent de fond en comble, brûlèrent les marchandises qui se trouvaient dans les magasins et déchirèrent les livres de commerce. Par bonheur, la femme et les quatre enfants du doyen des tisserands avaient pris la fuite, car sans cela, ils eussent été assassinés comme l'infortuné Crumbbrugghe.

Le lendemain, les magistrats de la ville, qui, faute de forces militaires suffisantes pour arrêter de si funestes désordres, n'avaient pu y opposer que d'inutiles remontrances, reçurent un renfort considérable de troupes; mais ces troupes ne trouvèrent plus rien à réprimer. Chacun était retourné chez soi et à son travail ; tous ces forcenés étaient redevenus des pères de famille paisibles et laborieux. On rechercha les principaux coupables ; la justice fit des enquêtes ; comme il arrive d'ordinaire dans les émeutes, il ne se trouvait point de chefs ; chacun avait agi sous une impulsion fiévreuse et spontanée. Quant au personnage mystérieux que l'on avait vu au milieu de cette fatale agitation, personne ne le connaissait; et personne n'avait vu les traits de son visage. Il n'en devint pas moins le bouc expiateur de la révolte ; on le condamna par contumace à la torture et à la mort, et on le somma de comparaître devant la justice. Les sommations, ridiculement adressées à un homme dont on ne savait même pas le nom, restèrent, vous le comprenez, sans effet, et bientôt l'on ne parla plus dans la ville du funeste événement que pour plaindre Crumbbrugghe et sa malheureuse famille.

En effet, le crime imputé à l'échevin se trouvait enveloppé de tant d'inexplicables circonstances, que l'on regardait l'infortuné comme innocent. On s'appitoyait donc sur son sort, et surtout sur celui de sa famille, car les enfants et la veuve de Crumbbrugghe étaient passés tout à coup d'une grande fortune à une affreuse misère. La démolition des maisons qui leur appartenaient, la destruction des marchandises, et la perte du négociant habile qui manquait tout à coup à la direction des nombreuses affaires qu'il avait entreprises, ne leur laissaient aucune ressource.

Comment connaître les débiteurs? puisque les livres de commerce, la correspondance, tous les papiers avaient été anéantis? Comment répondre aux créanciers qui se présentèrent avec des titres en règle et qui s'emparèrent du peu qui restait?

Il fallut que la veuve et les enfants de l'échevin se retirassent dans une petite maison du faubourg de Bruxelles, où les reçut une vieille parente, elle-même presque sans fortune. Dame Crumbbrugghe mit ses enfants en apprentissage chez des ouvriers, car elle n'avait rien voulu accepter des amis qui lui restaient à Gand, et elle avait repoussé avec indignation une rente viagère offerte par les échevins.

« Je ne veux pas le prix du sang de mon mari, avait-elle répondu. Ceux qui l'ont laissé assassiner par faiblesse sont aussi coupables que ceux qui ont commis ce crime par fureur. »

III

IANS CRUMBBRUGGHE

L'aîné des fils de la digne veuve se nommait Ians. Agé de quinze ans, il quitta tout à coup les allures d'un enfant pour devenir un homme sérieux et plein d'amour du travail. Le tisserand chez lequel il était entré comme apprenti se plaisait à rendre une grande justice l'activité, à l'intelligence et au bon sens commercial de son élève : il n'eut point, durant trois années qu'il le garda dans sa maison, un seul reproche à lui adresser. Ce temps écoulé, il lui dit :

« Ians, vous voici devenu un habile ouvrier; il ne vous manque maintenant que l'expérience des affaires. Prenez cette somme d'argent, elle vous servira à gagner les villes hanséatiques. Vous irez à Berghen ; là, vous vous ferez recevoir par l'un des *Serments* d'ouvriers, qui forment dans l'Europe commerciale la vaste association sans laquelle la fortune n'est plus possible aujourd'hui. Au bout de deux années, vous reviendrez à Bruxelles ; j'espère alors pouvoir vous donner des preuves de l'intérêt que je vous porte.

— Mon digne maître, vos offres me touchent, reprit le jeune homme ; mais ma mère, ma sœur et mon frère, dont les faibles ressources se trouvent épuisées, n'ont plus d'autre moyen d'existence que mon travail ; vous le voyez, je ne puis partir.

— Sois sans crainte, Ians : ta mère et ta sœur recevront, chaque semaine, de quoi vivre à l'aise ; quant à ton frère, le voici en âge de te remplacer chez moi ; il deviendra mon apprenti. A son retour, tu m'indemniseras de ce que j'aurai fait pour eux. Si tu ne revenais pas, eh bien, je suis père, et j'aurai fait pour ta famille, ce que je voudrais que le bon Dieu fît faire pour la mienne, si le malheur venait à me frapper. »

Ians alla donc embrasser sa mère, et partit le lendemain pour la ville de Berghen.

Berghen, capitale de la Norvége, servait de comptoir

principal aux hanséates, et comptait dans ses rues tortueuses et enfumées des marchands de tous les pays. Elle formait alors le centre de la vaste association dont il est important, avant d'aller plus loin, d'apprendre en quelques mots l'histoire.

Hanse vient des mots allemands, *anz-set*, ou *bord de la mer*. La Hanse est une association qui remonte, dit-on, au dixième siècle, et qui eut pour but, dans le principe, de protéger la navigation contre les pirates qui désolaient la Baltique.

Elle se composa d'abord de quelques villes situées sur les côtes de la mer, depuis le golfe de Finlande jusqu'à l'embouchure du Rhin. Les villes confédérées prirent le nom de villes *hanséatiques*. Leur nombre s'élevait déjà à soixante-quatre à la fin du quatorzième siècle. La Hanse possédait des flottes, une armée, un trésor, et tout ce qui constitue un gouvernement. Elle se divisait en quatre membres ou quartiers. Le premier avait pour métropole Lubeck, et s'appelait le *Vandale;* il comprenait les villes hanséatiques, depuis Hambourg jusqu'à l'extrémité de la Poméranie; le second, appelé le *Rhin*, avait pour chef-lieu ou métropole Cologne; le troisième, le *Saxon*, métropole Brunswick, renfermait plusieurs villes de la Saxe et de la Wesphalie; le quatrième, le *Prussien;* métropole Dantzig, contenait les villes confédérées de la Prusse et de la Livonie. Chacune de ces métropoles avait une charge et un titre à part. Berghen était le *chef* de la confédération hanséatique; Dantzig, le *chancelier* ou *orateur;* Brunswick, le *maréchal* ou *curateur;* Cologne, le *trésorier*. Les assemblées générales de la ligue se tenaient tous les trois ans à Lubeck. Chaque *quartier* avait son assemblée particulière annuelle dans sa métropole. La Hanse était parvenue, au commencement du quinzième siècle, à son apogée de puissance et de prospérité. Elle exploitait exclusivement le commerce de la Baltique; elle équipait de grandes flottes, et guerroyait avec les princes du Nord qui contrariaient ses spéculations ou prétendaient porter atteinte à ses priviléges.

La Hanse, qui devait sa force et sa richesse à l'association, favorisait donc l'association par tous les moyens possibles et l'encourageait parmi les siens. Il existait dans chacune des villes hanséatiques une sorte de franc-maçonnerie dont les initiés devaient traverser un à un les grades. La fortune et le rang n'exemptaient personne des épreuves à subir. Une fois admis, les compagnons trouvaient aide et secours parmi les hanséates; dans les crises difficiles on leur prêtait les capitaux d'un fonds commun; on prenait soin de leurs veuves, et on mettait en apprentissage leurs orphelins; quand ils tombaient malades et devenaient incapables de diriger leurs affaires, on choisissait parmi les plus habiles de la Hanse quelqu'un pour les remplacer. Du reste, il n'était pas permis au premier venu d'entrer dans cette association; les épreuves que devaient subir les néophytes ne contribuaient pas médiocrement à en restreindre le nombre.

Ians, en arrivant à Berghen, resta d'abord étourdi du tumulte et de l'agitation qui se faisait dans cette ville. Habitué au calme des rues de Bruxelles, il faillit deux ou trois fois se faire écraser par les innombrables voitures chargées de marchandises, qui parcouraient en tous sens les différents quartiers. Aussi l'apprenti se hâta d'entrer dans une petite auberge qui se trouvait à l'entrée du faubourg.

« Pouvez-vous me loger chez vous? » demanda-t-il à l'hôtesse qui trônait dans le comptoir.

A la vuė de lans, la vieille aubergiste parut éprouver une vive émotion. On aurait dit que les regards et les mots pleins de douceur du jeune homme lui causaient une impression douloureuse.

« Passez votre chemin, répliqua-t-elle brusquement, toutes les chambres de ma maison sont occupées.

— Tant pis! répliqua Ians, car je suis étranger dans Berghen ; j'y arrive accablé de fatigue, et je ne sais où trouver un logement, ma bonne femme. Pouvez-vous au moins m'indiquer une auberge voisine?

— D'où venez-vous? reprit l'aubergiste. Je reconnais à l'accent de votre voix que vous êtes Flamand.

— J'arrive tout droit de Bruxelles.

— De Bruxelles? votre prononciation annonce un Gantois.

— Je suis né en effet dans cette ville.

— Et quel est votre nom?

— Ians.

— Le nom de votre famille?

— Ians Crumbbrugghe. »

A ce nom, la vieille laissa échapper le pot d'étain qu'elle venait de remplir de bière.

« Que venez-vous faire à Berghen?

— Je viens pour m'y faire recevoir compagnon de la Hanse.

— Et vous comptez arriver sous peu au grade de maître?

— Non; il n'appartient pas à un pauvre ouvrier comme moi d'aspirer si haut! répliqua Jans en soupirant.

— Vous n'êtes donc pas riche?

— Quand on a perdu depuis longtemps son père, on n'est jamais riche. Que Dieu me donne la force de gagner mon pain et celui de ma mère, c'est tout ce que je demande à sa miséricorde!

— Ce sont là de bons sentiments, dit l'aubergiste visiblement émue, et puisque vous êtes un ouvrier laborieux et un bon fils, vous trouverez asile chez moi; je vous faciliterai les moyens d'être admis au noviciat de la Hanse. Les compagnons tisserands ont choisi mon auberge pour lieu de leurs réunions. Je suis leur Mère. Quittez votre havre-sac, asseyez-vous à cette table, et si votre bourse est vide, la mère Willems vous fera crédit.

— Je n'ai, grâce à Dieu, besoin du crédit de personne, interrompit Jans en tirant de sa poche une bourse de cuir assez rondelette encore.

— Duyvecke! s'écria la vieille, holà, Duyvecke! apportez à déjeuner à ce jeune homme. »

A cet appel, une jeune fille montra sa jolie tête à la porte de l'arrière-boutique, regarda l'aubergiste et Jans, disparut et revint quelques instants après. Ses petites mains blanches, gantées d'une mitaine de laine rouge, qui laissait nus le pouce et les autres doigts, tenaient un immense plat d'étain. Elle le plaça devant le nouveau venu, et tandis que ce dernier commençait à faire honneur à l'excellent rôti qu'on venait de lui servir, elle alla puiser, au robinet d'un tonneau placé dans la boutique même, un pot de bière brune et mousseuse qu'elle mit sur la table à côté du plat.

Tout en apaisant le rude appétit que lui avait donné le voyage, Hans considérait la jeune fille qui venait de le servir, et que l'aubergiste appelait du joli nom de Duyvecke, nom hollandais qui signifie petite colombe.

Elle paraissait âgée de quinze à seize ans tout au plus. Une jupe de laine rouge tombait jusqu'à ses chevilles, et laissait voir deux souliers mignons à talons élevés, et dont une large boucle d'argent couvrait le cou-de-pied cambré. Un corset de velours noir, brodé en or et ouvert sur la poitrine, montrait une chemisette de fine batiste plissée à petits plis. Cette sorte de veste à larges basques laissait nus le cou et la poitrine ; les manches étroites ne descendaient que jusqu'aux coudes.

Cet ajustement coquet de Duyvecke se complétait par une coiffure pleine d'originalité et de grâce. C'était une sorte de grand voile de dentelle qui retombait sur ses épaules, et que pressaient contre le front des plaques d'argent rehaussées de pierreries, telles qu'en portent encore, de nos jours, les femmes de la Frise. Sous ce diadème brillaient deux grands yeux noirs, et s'entr'ouvrait une petite bouche fraîche et rieuse que Hans ne put s'empêcher de comparer à deux cerises.

En voyant l'étranger la regarder avec tant d'attention, la jeune fille, qui semblait habituée aux hommages rendus à sa beauté, remplit de bière jusqu'au bord le gobelet que sa pratique laissait vide, et, suivant la coutume du temps, porta à ses lèvres la mousse du breuvage.

« A votre santé, dit-elle; Dieu vous donne la réussite de vos projets.

— Dieu vous entende! reprit-il. Puissiez-vous être la colombe qui m'apporte, dans son joli bec rose, le rameau d'olivier de l'espérance et du bonheur! »

Il porta le gobelet à ses lèvres et le vida d'un seul trait. L'allusion à son nom fit sourire la jeune fille.

« Buvez à ma santé, dit-elle; je prierai Dieu pour vous, et je ferai une neuvaine à Notre-Dame de Berghen, afin d'obtenir qu'elle vous protége.

— Et maintenant, jeune homme, dit l'aubergiste, il faut vous occuper de votre réception parmi les compagnons de la Hanse. Voici précisément Iacobs, le maître des compagnons tisserands. »

Elle présenta le jeune homme à l'ouvrier. Celui-ci était un vieillard à la mine sévère et aux traits durs

« Vous voulez entrer parmi les compagnons hanséates? demanda-t-il. Voyons d'abord si vous réunissez les qualités requises pour le noviciat. Savez-vous manier la navette et fabriquer les plus fines batistes?

— Je crois, sans vanité, pouvoir défier les plus habiles tisserands.

— Nous verrons bien. Êtes-vous né légitimement de père et mère légitimes?

— Oui.

— Vos père et mère n'ont-ils jamais éprouvé de condamnations infamantes; le fer du bourreau ne les a-t-il point marqués du fer rouge? N'a-t-il point coupé leur nez ou leurs oreilles; enfin la hart ou le bûcher n'ont-ils point mis fin à leurs jours?

— Mon père a péri victime de la fureur populaire; mais aucun arrêt n'avait flétri son honneur.

— Son père était innocent, dit l'aubergiste, j'en donnerai les preuves à la Hanse, maître Iacobs.

— Du moment où vous êtes disposée à prononcer les serments d'usage, dame Willems, je n'ai plus rien à dire, répliqua l'ouvrier.

— Mon père! Vous avez connu mon père? Vous avez les moyens de prouver son innocence! oh! parlez! parlez!

— Jeune homme, Siegbrit Willems a été chassée de Gand par l'ordre de l'échevin votre père. Il l'a fait condamner comme sorcière; il a ordonné de démolir sa maison de fond en comble; et, pourtant, celle qu'il accablait ainsi était innocente. Crumbbrugghe pouvait facilement en acquérir la preuve, il ne l'a point fait... Le talion l'a frappé; innocent, il a été condamné; le bûcher qu'il me destinait l'a dévoré; ses maisons ont été démolies comme la mienne: c'était justice. Mais la vengeance et l'expiation ne doivent pas aller au delà de la tombe. Siegbrit attestera, par serment, devant la Hanse, que votre père était innocent, et elle servira de protectrice au fils de son ancien ennemi. *De Profondis* pour le repos de son âme. »

Elle prit un chapelet à sa ceinture, en plaça le crucifix devant ses yeux et récita les prières des morts, tandis que Ians et le compagnon hanséate, la tête découverte, répétaient à boix basse les versets du psaume.

« *Amen*, dit la vieille en finissant, et que maître Crumbbrugghe me pardonne dans le ciel comme je lui pardonne sur la terre!

— Si mon père a eu des torts envers vous, je vous prie en son nom de les lui pardonner; je suis prêt à vous offrir telle réparation que vous exigerez, dit Ians.

— Taisez-vous, jeune homme! ne rappelez pas les souvenirs du passé, interrompit Siegbrit. Taisez-vous! Ou plutôt, quand vous prierez Dieu, demandez à votre père, qui doit être dans le paradis, car sa mort a été un martyre, demandez-lui qu'il ôte le remords du cœur de ceux qui ont causé son trépas! La vengence est un fruit doux à manger, ajouta-t-elle, mais qui laisse une éternelle amertume aux dents qui l'ont écrasé.

— Auriez-vous pris part à la mort de mon père? s'écria Ians en reculant avec terreur.

— Je viens de prier Dieu pour lui, dit Siegbrit d'un ton solennel; je me porte garante de son innocence; je serai désormais l'appui et la mère de son fils; voilà tout ce que vous devez savoir, et tout ce dont je veux me souvenir moi-même.

— Oui, la mère Willems a raison, jeune homme! Elle a plus d'esprit et de bon sens que les plus capables et les plus riches négociants de la Hanse. Ce qu'elle dit, tous les compagnons l'écoutent et le pratiquent comme parole d'Évangile. Venez donc me trouver ce soir; je vous mettrai à l'épreuve, et si vous savez disposer habilement les fils sur le métier, si vous tissez une toile de batiste bien régulièrement, de manière à rivaliser avec les plus habiles ouvriers, votre noviciat ne sera pas long, car maître Jacobs se fera votre répondant et votre parrain. »

Le lendemain, en effet, Ians, qui avait fabriqué une toile d'une finesse et d'une régularité remarquables, fut présenté aux syndics de la Hanse des tisserands par le vieil ouvrier qu'il avait rencontré chez l'aubergiste.

« Or çà, lui dirent les chefs de l'association, écoutez bien ce qui va vous être dit, Ians Crumbbrugghe, vous qui vous présentez au noviciat de la hanse des tisserands. La hanse ne doit pas se composer seulement d'ouvriers habiles, il faut encore qu'ils puissent apporter en dot, à la société qu'ils épousent, une naissance légitime, un nom pur et sans tache, un corps robuste, un courage éprouvé, un esprit patient et un caractère énergique. Vous sentez-vous capable de donner des preuves de toutes ces conditions et de toutes ces qualités ?

— Je tâcherai d'acquérir celles qui me manquent. Qui veut peut.

— C'est répondre comme il faut. La légitimité de votre naissance et la pureté de votre nom sont affirmées sous serment par dame Siegbrit Willems, Mère de la Hanse des tisserands. Voici une toile fine et belle que vous avez tissée sous les yeux de notre maître Iacobs. Préparez-vous à subir la première épreuve aujourd'hui ; demain viendra la seconde ; la troisième se célèbrera dans quinze jours. »

Le doyen des syndics, après avoir fini de parler, prit Ians par la main et le conduisit dans une vaste cour où se trouvaient réunis tous les compagnons de la hanse des tisserands, c'est-à-dire environ trois cents personnes. Il conduisit le jeune homme sur une chaise disposée au milieu d'un échafaudage de bois à jour, et alla prendre place lui-même au milieu des autres syndics, sur des fauteuils disposés en face.

Tout à coup, il frappa des mains ; la chaise sur laquelle

se trouvait assis Ians s'éleva brusquement à douze ou quinze pieds de terre, par le moyen de cordes et de poulies, que mirent en mouvement six hommes. Au même instant, on alluma à terre, sous le néophyte, un amas de goudron, de plumes, de cornes de bœuf et de pieds de cheval. Une fumée pestilentielle enveloppa tout de ses nuages étouffants, et on se mit à descendre et à monter la chaise, sur laquelle le néophyte devait se tenir cramponné avec force, sous peine de choir dans le feu. Tantôt on le faisait tournoyer sur lui-même, d'autrefois on plongeait ses pieds dans le brasier.

Tandis qu'il subissait ce supplice véritable, les compagnons de la hanse chantaient les couplets suivants, qu'a retracés et publiés le poëte danois Holberg :

Le travail est le bonheur,
L'union fait la force.

La douleur à deux devient légère,
La prospérité à deux est plus douce ;
Les oiseaux vont par bandes dans le ciel ;
Les poissons se réunissent pour traverser les mers.

Le travail est le bonheur,
L'union fait la force.

Si tu veux être bon compagnon,
Si tu veux que la hanse soit fière de toi,
Sois le plus habile ouvrier,
Le camarade le plus loyal et le plus fidèle.

Le travail est le bonheur,
L'union fait la force.

Il faut rire au nez de la fatigue,
Souffleter et chasser la paresse,
Écraser sous le talon les mauvaises pensées,
Élever son âme à Dieu et vider gaiement son verre.

Le travail est le bonheur,
L'union fait la force.

Le commerce est comme la voûte du ciel,
Il couvre et il féconde la terre.
Partout où il laisse tomber sa rosée.
La fécondité naît comme un bel arbre.

Le travail est le bonheur,
L'union fait la force.

Marchons donc la tête levée,
Compagnons, braves compagnons de la hanse,
Car aucune association n'a la force de la hanse,
Nulle part on ne trouve des bras aussi habiles.

Le travail est le bonheur,
L'union fait la force.

Nulle part on ne trouve des cœurs
Aussi purs, aussi braves, aussi loyaux
Qui fait partie de la hanse
Peut marcher la tête levée,
Même en présence des rois ;
Il ne doit s'humilier que devant Dieu!

Le travail est le bonheur,
L'union fait la force.

Quand on vit lans près de suffoquer, on le descendit à terre, et on lui versa sur la tête douze grands pots d'eau puisés à douze tonnes différentes. Après quoi, on le félicita sur le courage avec lequel il avait supporté les épreuves, et on lui permit de rentrer chez lui et d'y prendre du repos.

Le lendemain, au point du jour, les syndics vinrent le chercher au logis de Siegbrit. Ils le firent monter silencieusement dans une barque, et le conduisirent en pleine mer. Là, tout à coup on le poussa dans l'eau, et on le laissa s'y débattre, sans lui porter de secours. Quand il voulut regagner la chaloupe, les syndics déployèrent de larges fouets, et lui en assénèrent des coups, de manière à lui couvrir de larges coutures tous les membres. Après cette flagellation, ils consentirent à le recevoir à bord et à le ramener sur le rivage.

On s'attendait à voir Ians, suivant l'habitude des néophytes, se retirer chez lui et se mettre au lit. Loin de là, il déclara l'intention de travailler, comme s'il n'eût supporté ni fatigues ni douleurs. Cette résolution énergique lui valut les éloges des syndics, et servit sans doute à rendre moins cruelle pour lui la troisième et dernière épreuve, la plus difficile à supporter.

Elle consistait à passer par les verges, et à recevoir, les yeux bandés, un coup de baguette asséné tour à tour par chacun des compagnons de la Hanse. Siegbrit voulut elle-même donner la main à Ians durant ce supplice véritable ; grâce au crédit dont elle jouissait, on ne frappa qu'avec ménagement son protégé. Un seul des compagnons, cependant, montra contre le novice une violence et un acharnement qui excitèrent les murmures. Non-seulement il frappa Ians à tour de bras, mais il dirigea son bâton sur sa poitrine. Le patient tomba sans connaissance aux pieds de son bourreau.

« Christian, s'écria la vieille Siegbrit, tu m'as désobéi ; la vengeance ne tardera point à venir ! Tu le sais, la mère Willems ne pardonne jamais.

— Au diable votre protégé ! au diable vous-même, mère Willems. Depuis que ce jeune blanc-bec est arrivé à Berghen, vous n'avez de soins et d'attentions que pour lui.

— Embrassez ce jeune homme, et demandez-lui pardon, dirent tous les témoins de la scène. L'hanséate qui hait mérite la haine. Embrassez-le, ou la hanse vous chassera de son sein.

— Eh bien ! au diable la hanse avec le reste ! »

On se jeta sur l'imprudent, et Dieu sait quels traitements il eût éprouvés, quoiqu'il tirât son poignard et qu'il se montrât disposé à faire bonne résistance. Mais Ians, revenu tout à fait à lui, se jeta entre les compagnons et celui qui l'avait si indignement traité.

« J'ai le droit, comme nouvel hanséate, de vous requérir une grâce, s'écria-t-il. Pardonnez à Christian. Je le demande comme mon droit. »

Tous les assaillants quittèrent à l'instant le coupable, que le péril n'avait fait ni pâlir ni trembler. Il reçut le témoignage de générosité de Ians avec une sorte de dédain, et sortit de l'assemblée à pas lents, sans adresser un mot de bienveillance à son libérateur.

IV

CHRISTIAN

Le compagnon Christian, qui, lors de la réception de Ians Crumbbrugghe, avait montré tant de haine contre ce dernier, habitait Berghen depuis quatre mois environ. Un des plus riches négociants danois de la hanse l'avait présenté aux *Serments* des diverses corporations d'ouvriers, pour le faire recevoir compagnon dans chacune d'elles ; les personnes riches et destinées à exercer en grand le commerce en agissaient toujours ainsi.

On s'attendait donc à voir Christian franchir avec rapidité le rôle de compagnon, et postuler le grade de Maître. A la surprise générale, une fois admis dans la corporation des tisserands, il s'y établit comme s'il n'eût point voulu aller au delà. Un changement remarquable s'opéra dans ses manières. En arrivant à Berghen, malgré le costume et les allures d'artisan qu'il affectait, il avait prodigué l'or à pleines mains, de façon à se rendre faciles, et pour ainsi dire purement de forme, les épreuves du noviciat. Non-seulement on ne l'avait point obligé à fabriquer sous les yeux des syndics sa toile de réception; mais au lieu de l'enfumer, de le jeter à la mer, et de le battre de verges, on s'était contenté de l'asseoir sur la chaise volante, de lui tremper les pieds dans l'eau, et de poser les baguettes sur ses épaules sans lui causer la moindre douleur. On pensait généralement qu'il allait s'associer avec le négociant danois qui lui avait servi de parrain ; mais il prit le tablier, ouvrit un atelier de tisserand, et alla, comme les autres ouvriers, prendre ses repas chez la Mère de la corporation, dame Siegbrit Willems.

S'il se fabriquait des toiles dans l'atelier de Christian, elles étaient l'ouvrage de ses apprentis, et non le sien, car on le trouvait sans cesse hors de son logis : la seule manière de le rencontrer était de se rendre au cabaret de la vieille aubergiste. A l'exemple de certains de ses compagnons, il ne venait cependant point s'y attabler pour boire et se livrer à des excès. Au contraire, Christian se montrait sobre, et semblait même éviter les occasions de partager les débauches de ses camarades ; on ne pouvait l'accuser que de paresse. Chacun dans la ville s'étonnait de la façon dont il faisait le commerce ; il donnait à ses apprentis un salaire double du prix ordinaire, et vendait toujours ses toiles meilleur marché que ses confrères. Néanmoins, ce qui aurait ruiné tout autre semblait lui réussir ; l'argent ne lui manquait jamais, enfin ses magasins regorgeaient toujours de marchandises, quoique les ouvriers qu'il employait chez lui, n'étant jamais surveillés, en prissent à l'aise et produisissent fort peu de besogne.

Une telle conduite excitait au plus haut point la curiosité de ces braves gens, occupés exclusivement de gagner, à la sueur de leur front et au travail de leurs bras, le lucre le plus considérable possible. Elle déconcertait toutes leurs idées, et faisait regarder Christian comme un fou ou comme un voleur : d'autant plus qu'à cette époque les vols, dont les hanséates étaient en tout temps victimes, semblaient devenir encore plus audacieux et plus considérables. Jusqu'au jour de la réception de Jans, et de l'indigne cruauté de Christian envers le novice, on n'avait parlé de ces soupçons qu'à voix basse, mais alors l'indignation générale les fit éclater hautement et sans réserve.

« D'où vient-il ? et que fait-il parmi nous ?

— Comment la paresse lui réussit-elle mieux qu'à nous autres le travail ?

— Il faut l'obliger à rendre compte de sa conduite, ainsi que les règlements de la Hanse le veulent.

— Il faut le mettre en jugement devant le Maître et les syndics hanséates.

— En jugement !

— En jugement Christian ! » cria-t-on de toutes parts.

Ces cris devenaient tellement énergiques et unanimes. que le Maître de la corporation, le vieux Iacobs éleva en l'air la grande canne blanche, symbole de son grade.

A ce signe chacun se découvrit et se tut.

« Y a-t-il parmi vous quelqu'un qui demande la mise en jugement du compagnon Christian ?

— Tous ! tous ! Nous la demandons tous !

— Douze compagnons demandent-ils la mise en jugement du compagnon Christian, et affirment-ils qu'en leur conscience et sur leur part de paradis, ils la croient une juste, équitable et utile mesure ? »

Douze compagnons des plus âgés sortirent des rangs, s'agenouillèrent, et la main sur la poitrine prononcèrent solennellement la formule suivante :

« Sur notre foi et sur notre part de paradis, nous estimons qu'il y a lieu, pour l'honneur de la corporation hanséate des tisserands, de mettre en jugement le compagnon Christian. »

Le Maître planta en terre son bâton blanc, et dit d'une voix grave et lente :

« Le compagnon Christian est mis en jugement ! Qu'il comparaisse demain à pareille heure ! »

Quand le Maître eut prononcé cet arrêt, un chariot orné de feuillage, et tiré par quatre bœufs, s'avança devant la cour de la corporation des tisserands. Le Maître, suivi de deux syndics, de deux compagnons et de deux apprentis, vint prendre Ians Crumbbrugghe par la main et le conduisit au chariot, sur lequel ils le placèrent debout ; alors des fanfares éclatèrent de tous côtés. Des hourras se firent entendre ; les tisserands s'organisèrent en cortége, et le char se mit en mouvement au milieu des cris de :

« Vivat Ians Crumbbrugghe ! »

Après avoir parcouru, suivant la coutume, les différents quartiers de la ville, la procession se rendit à l'auberge de Siegbrit, où se trouvait servi, sous un immense hangar destiné à cet usage, le banquet de réception. Au moment où les compagnons prenaient place, on vit avec autant de surprise que d'indignation Christian entrer et se mettre à table. Son air était hautain et plein de provocation. Comme le dernier compagnon reçu, il devait se mettre à table près du récipiendaire. Il le fit avec une telle insolence que des cris unanimes s'élevèrent pour lui ordonner de sortir.

« Depuis quand les compagnons de la Hanse des tisserands méconnaissent-ils le privilége qu'ils octroient ? dit-il sans se déconcerter, sans témoigner la moindre émotion. Pour vous, un accusé est-il un condamné ? Vous m'avez appelé en jugement, soit ! mais jusqu'à ce que vous ayez rendu la sentence, je suis un innocent. Holà ! eh ! ma belle Duyvecke, ma charmante colombe au bec rose, versez-moi à boire, et vive la joie ! »

Il tendit son gobelet à la jolie fille, qui obéit en rougissant ; elle remplit jusqu'aux bords la large coupe d'étain, et il la vida d'un seul trait.

« Vive la Hanse des tisserands, dit-il, et vivent les accusations qu'elle porte !... Cela fait boire sec de pérorer ainsi ! »

Une telle conduite n'était point de nature à calmer les

esprits et à faire disparaître le mécontentement ; un murmure sourd et sinistre parcourut la table, et plus d'un regard étincelant de colère se leva sur l'imprudent qui bravait la corporation.

Christian feignit de ne rien remarquer et de ne rien entendre. Pendant tout le repas, il ne cessa ni de manger ni de plaisanter contre son habitude, ni de boire, et beaucoup. Il en résulta que, vers la fin du banquet, le visage du jeune homme s'était empourpré, qu'il parlait très-haut et que tout annonçait en lui une grande exaltation. Quand le Maître frappa trois coups de son couteau sur la table et se leva, imité par chacun des convives, seul Christian resta nonchalamment étendu sur sa chaise ; il fallut, l'ordre exprès du Maître pour qu'il se tînt debout.

« Compagnons, dit le vieillard qui présidait la fête, nous allons boire à la santé de notre nouveau frère Ians Crumbbrugghe ; il a subi les épreuves de notre Hanse et prouvé qu'il était honnête homme, habile tisserand et garçon de cœur. A la santé de notre frère Ians Crumbbrugghe ! »

Au milieu des acclamations générales et des toasts portés à Ians, on entendit un bruit sourd ; c'était un gobelet qui allait frapper la muraille et qui l'avait couverte d'une large tache rouge.

« Je ne bois à la santé que de mes amis ! cria Christian, qui ajoutait cette nouvelle insulte à celle dont il s'était déjà rendu coupable. »

Ians, indigné d'un acharnement que rien de sa part n'avait provoqué, saisit dans ses bras Christian, et par un mouvement qui décelait une force surnaturelle, le jeta sur la table au milieu de la vaisselle, des verres et des hanaps. Des applaudissements, des éclats de rire, des sarcasmes contre Christian accueillirent la chute bouffonne de ce dernier.

Il se releva le visage couvert de vin et ses vêtements souillés. Les plus hardis se sentirent émus à voir l'impression de rage qui décomposait sa figure. Il porta autour de lui des regards menaçants ; puis d'un seul bond, comme un tigre, il se rua sur Ians ; mais Ians l'attendait avec courage, lui saisit le bras, et arracha des mains de Christian le poignard dont celui-ci avait voulu le frapper.

« Merci, camarade, dit-il avec sang-froid, je n'avais pas de cure-dent, voici que tu m'en procures un. »

Sans lâcher de son poignet de fer le bras qu'il étreignait, il allait se porter à quelque violence contre le Danois. Quand tout à coup il vit Duyvecke pâlir et près de tomber évanouie. Aussitôt il lâcha Christian, et lui dit :

« Camarade, le vin nous a trop échauffé la tête, et nos jeux deviennent de mauvais goût. Les jeune filles s'en épouvantent ; nos compagnons les trouvent ridicules ; on pourrait finir par les prendre au sérieux, et croire que nous ne plaisantons pas. »

Christian, sans répondre, sans paraître comprendre la conduite généreuse de Ians, sortit de l'assemblée si justement exaspérée contre lui.

Aussi le lendemain matin chacun des compagnons se rendit-il de bonne heure dans la Hanse des tisserands, où devait être jugé Christian.

Le Maitre et les syndics avaient déjà pris place au milieu du cercle des tisserands, et l'heure indiquée pour l'audience était déjà écoulée depuis longtemps, que Christian n'avait point encore paru. Le maître ordonna que l'on fît les trois appels d'usage.

« Si l'accusé, dit-il, ne se montre pas après la troisième sommation, son nom sera effacé de nos registres, personne de nous n'achètera, ne vendra ni ne fabriquera avec lui ; il restera interdit de l'eau et du feu dans toutes les villes hanséatiques, et il devra en sortir aussitôt, sous peine de la fustigation.

— Christian ! comparaissez devant la Hanse, cria le premier des syndics. »

On ne répondit point,

« Christian ! comparaissez devant la Hanse, appela le second syndic. »

Personne ne vint; le troisième syndic se leva à son tour.

« Christian ! comparaissez devant la Hanse, » fit-il.

Même silence. Le maître se levait déjà pour prononcer l'interdiction, lorsque l'on vit arriver Christian.

« Que me veut-on ? dit-il en souriant avec insolence ; de quoi m'accuse-t-on?

— On vous accuse, répliqua le Maître d'une voix grave, on vous accuse de dépenser plus que vous ne gagnez, et de mener une conduite qui peut jeter de la défaveur sur la Hanse des tisserands à laquelle vous appartenez.

— N'est ce que cela, mes maîtres? il fallait parler plus tôt ; vous auriez évité l'ennui de vous réunir et de perdre une matinée de travail pour si peu de chose. Je vends au prix qu'il me plait, et si je paye généreusement mes apprentis, je ne pensais pas qu'on dût m'en blâmer. Seulement, je ne fais pas le commerce de tisserand en lésineur, mais en homme qui connait toute l'importance du noble métier de tisseur de toiles. Je ne gagne rien, mais je ne perds pas, voilà tout; mes livres de commerce le prouveront au besoin. Je vends au prix coûtant. Il reste à expliquer comment je suffis à mes dépenses : regardez cette lettre de créance, signée par mon souverain Sa Magesté Christiern II, roi de Danemark. Elle m'octroie une pension de mille pièces d'or par mois, tant qu'il me plaira de demeurer en la ville de Berghen pour m'y perfectionner dans ma profession de tisserand. Êtes-vous satisfaits, mes maîtres? Regardez donc, une autre fois, à deux reprises avant de soupçonner un honnête compagnon et de lui faire perdre son temps à de pareilles bagatelles. »

Le Maître se pencha vers les syndics; après un moment de délibération :

« Compagnon Christian, la Hanse accepte votre justification, la déclare bonne et valable, et met à néant l'accusation qui pesait sur vous. Cependant il vous reste encore à recevoir une réprimande et à répondre à des reproches de notre part. Pourquoi vous montrez-vous mauvais frère et compagnon déloyal à l'égard de notre nouveau camarade Ians Crumbbrugghe? quels motifs de haine et d'animosité nourrissez-vous contre lui? »

Au nom de Ians, la figure de Christian devint livide et prit une expression forcenée de haine.

« Ceci est mon secret; vous me permettrez de le garder, répliqua-t-il avec ironie. Je ne sache pas qu'un compagnon hanséate doivent confesser en public et à quiconque les lui demande, les motifs de ses affections et de ses haines.

—Non, mais la Hanse ne veux point qu'un compagnon ait de haine contre un autre compagnon. Notre première loi est la confraternité entre tous. Ne nous devons-nous point protection, aide et dévouement l'un à l'autre? Comment viendrez-vous au secours de Ians, s'il avait besoin de vous puisque son nom seul vous fait pâlir et serrer les poings avec colère? Abjurez donc ces sentiments indignes d'un chrétien et d'un hanséate; embrassez Ians, et devenez pour lui un ami loyal et franc.

—Jamais! »

Ians s'avança au milieu de l'assemblée :

« Peut-être Christian ne me refusera-t-il pas de me dire à moi, en secret, le motif de cette haine; car, j'en fais serment par la mémoire de mon père j'ignore en quoi j'ai pu l'offenser.

—Avance tu l'apprendras, » répondit Christian.

Il se pencha vers Ians, et lui dit quelque mots à l'oreille. Ians, en l'écoutant, devint pâle comme un trépassé. Sans répondre, troublé, les yeux pleins de larmes, il sortit, semblant avoir reçu le coup de la mort.

« Eh bien, mes maîtres, s'écria gaiement Christian, voici vous protégé, celui que vous me préfériez si hautement, qui s'enfuit désespéré, et qui porte maintenant pour moi, dans son cœur, une haine égale à celle que je lui ai vouée! Est-ce tout? avez-vous encore quelque nouvelle épreuve à me faire subir? »

Le Maître se pencha vers les syndics et délibéra quelque temps avec eux à voix basse.

« Christian de Copenhague, écoutez, dit le vieillard, voici ce que moi, maître de la Hanse des tisserands, j'ai décidé, après avoir pris l'avis et reçu l'assentiment des syndics :

« La Hanse ne doit compter parmi ses membres que des amis et des frères. Vous troublez l'amitié et l'harmonie qui règnent entre nous ; vous refusez d'abjurer vos haines ; la Hanse vous a déclaré et vous déclare banni de son sein. »

Christian éclata de rire.

« Vous avez raison, mes maîtres, il est temps d'apporter un terme à la ridicule *sotie* que je joue ici depuis huit mois. J'avais pris au sérieux vos momeries de Hanse ! Tout cela est trop absurbe pour qu'un homme de bon sens y attache désormais quelque importance. Au diable le compagnonnage et les compagnons ! Vous n'avez fait que me prévenir.

— La Hanse vous ordonne de quitter aujourd'hui même la ville de Berghen, et vous enjoint de n'habiter aucune des villes hanséatiques.

— Oui-da, mes compères. Je partirai si je le veux bien !... Mais rassurez-vous, je le veux. Seulement, rappelez-vous mes paroles : avant peu de jours, vous vous repentirez amèrement de ce que vous venez de faire. Oui, oui, effacez de vos registres mon nom, arrachez le feuillet qui mentionne mon admission parmi vous, vous verserez des larmes de désespoir pour n'avoir point respecté ce feuillet. Écoutez-moi bien : je me vengerai avant un mois de vous, comme je vais me venger tout à l'heure de ce Ians Crumbbrugghe qui me vaut vos niais affronts. Adieu, et que le diable vous bénisse ! »

Il arracha les cordons bleus de son tablier de tisserand,

symbole du compagnonnage hanséatique, et les jeta dans la boue. Plusieurs ouvriers voulurent se ruer sur lui pour le punir de cet outrage; mais le Maître les arrêta en s'écriant :

« Le règlement hanséatique ordonne d'accorder au compagnon banni de la corporation douze heures libres, durant lesquelles nul ne touchera ni à son corps, ni à sa maison : laissez aller le banni ! »

Après avoir entendu les paroles que Christian lui avait dites à l'oreille, Ians Crumbbrugghe, vous le savez, était sorti précipitamment de la Hanse ; ce fut vers la maison de la Mère qu'il se dirigea. Siegbrit, assise sur le banc de pierre qui se trouvait dans la rue, à côté de la porte, était plongée en des méditations si profondes, qu'elle n'entendit et ne vit point arriver près d'elle le jeune homme.

« Mère! lui cria-t-il ; Mère! »

Elle se leva précipitamment, comme prête à s'enfuir, puis elle retomba sur le banc, passa ses mains desséchées sur son visage, et dit à Ians :

« J'ai cru voir ton père, jeune homme, ton père à qui je pensais, hélas ! Mais d'où viennent, sainte Vierge ! la pâleur de ton visage et les larmes qui baignent tes joues? Quel malheur t'a frappé, mon fils?

— Siegbrit, vous rappelez-vous les paroles que vous m'avez dites, les promesses que vous m'avez faites, il y a six mois, ici, à la même place où nous nous trouvons. Vous ne l'avez point oublié, n'est-ce pas? Je regardais Duyvecke, et vous m'avez appelé à vos côtés. »

« Ians, m'avez-vous demandé tout bas, ne penses-tu

point que Duyvecke apportera tant de bonheur à son mari, qu'il ne saurait rester ni haine, ni vengeance dans le cœur de ce mari.

« — Pour obtenir l'amour de Duyvecke, vous ai-je répondu, je pardonnerais aux assassins de mon père.

« Alors vous avez pris ma main, et vous m'avez dit :

« — Ians Crumbbrugghe, Dieu entende ta promesse ! Deviens le fiancé de Duyvecke.

« — Merci, Mère, ai-je ajouté ; merci, et que Dieu vous bénisse en ce monde et dans l'autre !

« Puis tout à coup, une pensée de désespoir a traversé mon bonheur.

« — Duyvecke ne m'aime point, ai-je ajouté, le cœur de Duyvecke est peut-être à un autre.

« — Le cœur de Duyvecke n'est à personne ; quand je dirai à cette douce et timide colombe : Aime celui que ta grand'-mère te donne pour fiancé, Duyvecke l'aimera.

« Je vous ai interrompue.

« — Eh bien ! ne lui donnez pas cet ordre, Mère, mais permettez-moi de chercher à obtenir la tendresse de Duyvecke. »

« Ians, tous ces détails sont exacts; où veux-tu en venir ?

— Où je veux en venir, Siegbrit? vous le demandez avec ce calme et cette sérénité, vous qui m'avez cruellement trompé ! Duyvecke en aime un autre.

— Cela n'est pas possible ! je lis dans les pensées de ma fille, comme Dieu dans le cœur de tous les hommes ; ce que tu dis est un mensonge.

— Démentez donc celui qui, tout à l'heure, m'a dit :

« Je suis aimé de Duyvecke, » démentez donc Christian.

— Si Duyvecke m'avait désobéi, s'écria Siegbrit! Si jamais... mais non, cela n'est pas possible. »

En ce moment Duyvecke parut sur le seuil de l'auberge.

« Ce que vous dit le compagnon Ians est vrai, ma mère ; j'ai échangé un anneau de fiançailles avec Christian ; il est mon promis.

— Malheureuse! tu m'as désobéi!

— Je ne vous ai point désobéi, mère; car si vous m'aviez parlé de vos projets et de l'amour de Ians, je vous aurais répondu : Mon cœur est à un autre.

— Jamais tu ne seras la femme de Christian.

— Je n'ai jamais désobéi à ma grand'mère, mais je ne saurais non plus manquer à ma promesse. Si vous refusez de me donner pour femme à Christian, je resterai sa fiancée jusqu'au jour de ma mort ; nous ne nous épouserons que dans le ciel.

— Comme sa mère ! Elle veut me désobéir comme sa mère ! Eh bien ! malheur sur elle comme sur Marguerite ! Oh ! mon Dieu, que votre justice est sévère ! J'ai perdu mon âme pour cette enfant, et voici qu'elle me désobéit.

— Mère Siegbrit, interrompit Crumbbrugghe, je vous avais pardonné pour l'amour de Duyvecke, la part que vous aviez prise à la ruine de mon père ; je vous répète encore ce pardon, fussiez-vous celle qui a ouvert l'abîme fatal dans lequel il a péri. Je suis chrétien, et je dois pardonner les offenses, pour que Dieu me pardonne un jour. Je le sens, je ne tarderai point à paraître devant lui ; j'ai besoin d'oublier les ressentiments terrestres afin de trouver une place à côté de mon père dans le paradis. Quant à Duyvecke, mon cœur n'a point pour elle un sentiment d'amertume. Qu'elle soit heureuse ! Qu'elle devienne la femme de Christian ! Je ne lui demande qu'une seule grâce, c'est de porter à son doigt, en souvenir du pauvre Ians, et de ne jamais le quitter, cet anneau d'or que m'a donné ma mère ! Et maintenant, adieu pour toujours ! Je vais partir à l'instant même pour les Pays-Bas, où m'attend ma mère. »

Duyvecke, émue, lui tendit la main. Ians la portait à ses lèvres, quand soudain, il tomba sanglant aux pieds de la pauvre fille. Un coup de poignard de Christian avait percé le bras du compagnon flamand.

Siegbrit, plus prompte que l'éclair, avait renversé à son tour Christian, désarmé.

« Mort à l'assassin ! » s'écria-t-elle en ramassant le poignard resté dans la blessure d'Ians.

Ians se releva, saisit la main de la Mère, et l'empêcha de frapper Christian.

« Assez de sang comme cela, dit-il. Je n'ai reçu qu'une égratignure. Relevez-vous, Christian, et demandez pardon à Duyvecke, que vous avez insultée. Duyvecke vous aime ; pour vous, elle a bravé la colère de son aïeule ; si je lui baise la main, c'est que je vais me séparer d'elle à jamais. Je pars pour les Pays-Bas.

— Il n'est point nécessaire que tu quittes Berghen pour que nous nous séparions, Ians. C'est moi qui vais partir avec ma fiancée et Siegbrit.

— Je ne veux pas suivre un aventurier, et quitter pour lui la fortune que je me suis conquise ici par mon travail.

— Si vous appelez fortune la possession de cette misérable bicoque, et le privilége de vendre à boire et à manger à tous ces grossiers tisserands, vous n'êtes point difficile à contenter. Siegbrit, écoutez-moi, car le temps presse; la corporation des tisserands vient de me mettre au ban de la Hanse, et ces brutaux sont capables de se livrer sur moi à des excès dont tout leur sang ferait plus tard justice. Épargnez-leur ce malheur, et suivez-moi. Un petit bâtiment que j'ai donné ordre depuis huit jours de tenir prêt à mettre à la voile, nous attend. Venez, accompagnez-moi ; dans peu de jours, au lieu d'une auberge vous habiterez un palais, et Duyvecke en sera la reine. Quant à toi, jeune homme, prends cette auberge, je te la donne ; voici encore qui te consolera de ta blessure. »

Il jeta une bourse pleine d'or aux pieds de Ians, qui la repoussa.

« Tu fais le fier, tant pis pour toi. Allons, Duyvecke, allons, Siegbrit, il faut partir.

— Je ne vous suivrai point! Je ne livrerai pas Duyvecke à la merci d'un homme qui n'est peut-être qu'un brigand.

— Ah ! c'est ainsi que vous faites l'enfant. Je vais vous mettre à la raison. »

Il prit un sifflet d'or à sa ceinture et en tira trois sons aigus qui retentirent au loin. Aussitôt une chaloupe se détacha d'un petit bâtiment à l'ancre dans le port. L'embarcation aborda le rivage ; six hommes en descendirent; malgré les efforts de Ians, malgré la résistance de Siegbrit, ils s'emparèrent par force de la vieille femme, qu'ils emmenèrent dans le canot, tandis que Christian emportait Duyvecke dans ses bras.

Ians vit bientôt la chaloupe rejoindre le bâtiment, qui mit à la voile et disparut à l'horizon.

V

A COPENHAGUE

Ians était encore là sur le rivage, debout et consterné, quand les compagnons tisserands arrivèrent, suivant l'habitude, pour faire le repas de midi. Le Gantois leur raconta la scène dont il venait d'être à la fois le témoin et l'un des acteurs. En apprennant l'enlèvement de Siegbrit et de Duyvecke, les tisserands indignés résolurent d'aller demander justice au grand-maître de la Hanse, et ils se rendirent en corps chez lui. Là, le vieux Iacobs, comme chef du *Serment*, porta plainte contre Christian, et réclama la justice de la Hanse, si honteusement outragée.

Le maître de la Hanse, riche négociant, dont la puissance égalait presque celle d'un souverain, et qui se montrait d'ordinaire rigoureux mainteneur des droits et des privilèges qui faisait sa puissance, parut plus soucieux qu'indigné en apprenant ce qui venait de se passer. Il interrogea Ians, chercha à diminuer la gravité des faits, et finit par conclure que tout cela était la faute de Siegbrit et de Duyvecke.

« Où les femmes se mêlent, dit-il par une conclusion peu galante, le désordre ne tarde point à paraître. Si vous m'en croyez, vous retournerez à vos métiers, et vous ne vous occuperez plus d'une vieille sorcière et d'une jeune folle.

— Siegbrit est notre Mère, Duyvecke est l'enfant d'adoption de la Hanse des tisserands. Nous manquerions à notre devoir si nous ne réclamions pas votre protection pour eux; vous ne tiendriez pas vos serments, si vous nous refusiez votre aide quand nous la réclamons.

— Mes maîtres, reprit celui qu'ils pressaient de la sorte, d'ordinaire je ne recule pas devant de pareilles offenses, vous le savez. Mais à vous dire le vrai, en cette occasion, j'aimerais autant que les choses en restassent là. J'ai peur que les doigts de la Hanse ne se brûlent en touchant à cette affaire.

— Justice! il nous faut justice! crièrent d'une voix unanime les tisserands.

— Eh bien, puisque vous l'exigez, je vais rassembler les maîtres des cinquante-deux corporations qui forment la Hanse, et les consulter sur ce qui convient de faire. Maître Iacobs, votre chef, prendra naturellement part à cette délibération; vous entendrez ensuite son avis. »

La délibération eut lieu en effet. Lorsque maître Iacobs en sortit, il tenait la tête basse, et paraissait triste et inquiet.

« Mes enfants, dit-il aux tisserands qui se pressaient autour de lui, l'avis unanime du conseil a été de ne point pousser plus avant cette affaire, qui n'a déjà été que trop loin; il y a un mystère caché qui rend difficile la position de la Hanse. Tenons-nous cois, faisons le moindre de bruit possible, et que Dieu nous protége. »

Ians Cumbbrugghe se leva :

« Eh bien! s'écria-t-il, puisque chacun abandonne Duyvecke et Siegbrit; puisque les tisserands, sur une parole de leur Maître, perdent l'ardeur qu'ils montraient pour le maintien de leurs droits, et qu'ils paraissent disposés à souffrir paisiblement le soufflet donné sur leur joue; puisqu'ils trouvent bon enfin qu'on enlève leurs femmes et leurs filles, je ne suis qu'un pauvre ouvrier, mais je jure par l'évangeliste mon patron, par le nom de mon père et le salut de mon âme, de ne prendre ni trêve ni repos avant d'avoir tiré satisfaction de l'outrage fait à celles que nous devons protéger. Que Dieu, la Vierge et les saints me soient en aide !

— Il a raison, ajoutèrent les plus jeunes de la Hanse; il a raison. Il ne faut point, par crainte ou par intérêt, forfaire à nos devoirs. Si les quarante-neuf Hanses nous refusent leur aide, eh bien, il y a assez d'or dans la bourse des tisserands, et assez de courage dans leur cœur, pour venger une insulte. »

Un violent tumulte s'éleva dans l'assemblée, et le couvre-feu put seul mettre fin au désordre de la discussion.

Le lendemain matin, on proclama, à son de trompe, dans tous les carrefours de Berghen, un édit du roi de Danemark, qui frappait d'un droit considérable l'entrée, dans son royaume, de toutes les toiles de fil, quelles que fussent leur qualité et leur nature.

Cet édit ruinait le commerce des tisserands. On peut se figurer l'agitation qu'il produisit parmi la corporation dont maître Iacobs était le maître.

« Mes enfants, je vous ai engagés hier à la modération, dit ce dernier quand il vit tous les ouvriers venus à lui;

je ne puis vous répéter aujourd'hui que les mêmes paroles. Au lieu de nous révolter contre la main qui nous frappe, il faut tâcher de la fléchir.

— La fléchir? murmurèrent quelques-uns de ceux qui l'écoutaient.

— Si vous connaissez un autre moyen de sortir d'embarras, dites-le-moi, mes maîtres. Tout ce que je puis ajouter, c'est que nous voilà réduits à la misère. Les Pays-Bas et la France produisent plus de toile qu'ils n'en peuvent consommer, et ils ont le privilége presque exclusif d'en fournir l'Allemagne. Il ne reste guère aux tisserands de la Hanse que la Norvége, et surtout le Danemark. Si le dernier de ces pays nous manque, si son gouvernement favorise à notre détriment les fabricants de la France et des Pays-Bas, que voulez-vous faire? Je vous le répète, il faut fléchir le roi de Danemark, que nous avons offensé sans le vouloir. Peut-être une députation de notre Hanse obtiendra-t-elle de lui des conditions moins dures, et même la révocation du funeste édit. »

Après bien des discussions, la majorité décida qu'on suivrait l'avis de maître Iacobs, et qu'une députation serait envoyée au roi de Danemark.

On tira au sort le nom des membres qui composeraient cette députation. Le premier billet désigna Ians Crumbrügghe.

Le maître le prit à part.

« Si étais sage et prudent, lui dit-il tout bas, tu renoncerais à une mission qui peut être dangereuse pour toi et fatale à notre corporation. Prends-y garde, Ians! Crois-en la vieille expérience et l'amitié de ton supérieur,

— J'ai fait serment de me dévouer au salut de Siegbrit et de Duyvecke, répliqua, Ians ; si, comme je le soupçonne, ces deux femmes se trouvent en Danemark, c'est un motif de plus pour que je désire, pour que je persiste à m'y rendre. Il y a trop de mystères dans tout ceci ; je veux les éclaircir. Malheur à Christian s'il n'a pas tenu ses serments envers Duyvecke ! ma vengeance l'atteindra, fût-il assis sur les marches du trône de Danemark ?

— Je t'ai prévenu ; tu veux courir à ta perte ; que Dieu te protége ! Tu as besoin de son aide pour sortir sain et sauf de ta folle entreprise. »

Le lendemain matin, la députation de la Hanse des tisserands, composée de huit membres, se mit en route pour Copenhague.

En arrivant, après un long et pénible voyage, dans la capitale du Danemark, le premier soin des députés fut d'aller demander l'hospitalité aux membres de la Hanse des tisserands qui habitaient Copenhague. Chacun d'eux fut reçu et hébergé chez un de ces confrères ; Ians Crumbbrugghe échut en partage à un riche marchand de toiles.

Le premier soin du jeune homme fut de questionner son hôte sur le tisserand Christian ; personne ne le connaissait, et aucun ouvrier qui maniait la navette ne portait ce nom. Ians pensa être plus heureux dans les faubourgs et dans les villages voisins de la ville. Sans s'inquiéter de la démarche que devaient tenter le lendemain les députés près du roi, il fit serment de ne point abandonner les recherches qu'il allait commencer, avant d'avoir découvert Duyvecke.

Malgré ses efforts, malgré ses interrogations aux habitants de chaque quartier, il rentra triste et découragé au logis de son hôte, lorsque sonnait le couvre-feu.

« Jeune homme, lui dit ce dernier, vous commenciez à me causer de vives inquiétudes. Prenez-y garde; la police de Copenhague ne ressemble point à celle des villes hanséatiques. A Berghen, chaque ouvrier est un peu roi. Ici, les bourgeois les plus riches et les seigneurs les plus haut placés doivent s'agenouiller et trembler devant la volonté royale. Tout étranger et tout envoyé hanséate que vous êtes, si l'on vous surprenait dans la rue après l'heure du couvre-feu, il vous adviendrait malheur. La flagellation, le carcan et la prison puniraient votre infraction aux règlements du bourgmestre et aux ordres du roi. Hâtez donc le pas, désormais, dès que vous entendrez les premiers sons de la cloche qui tinte le signal de la retraite. »

Le lendemain matin, au point du jour, Ians recommença ses recherches inutiles. Debout au bord de la mer, et le cœur douloureusement serré, il déplorait le malheur de Duyvecke, et se livrait aux appréhensions les plus vives sur le sort de la pauvre fille, lorsque tout à coup une barque passa rapidement devant lui, et disparut avec la promptitude d'une flèche, grâce aux quatre rameurs qui la menaient. Ians jeta un cri de joie, car il avait reconnu Siegbrit et Duyvecke dans l'embarcation.

Il suivit du regard le canot, et le vit se diriger vers la petite île d'Amak [1], qui se trouve en face de la ville. Aussitôt il se jeta dans une barque de pêcheur, amarrée sur le rivage, et se fit conduire dans l'île.

[1] Aujourd'hui l'île d'Amak est réunie à la ville par un pont.

A peine débarqué, il chercha la demeure des deux femmes. A sa grande surprise, l'île, de peu d'étendue d'ailleurs, n'avait qu'une seule maison entourée de magnifiques jardins; cette demeure était presque un palais. Interdit et déconcerté, Ians restait sur le seuil sans oser entrer; car il ne pouvait croire que Duyvecke habitât un pareil séjour, et il craignait de commettre quelque méprise. Mais bientôt il n'hésita plus, car il entendit la voix de Duyvecke; elle chantait un de ces airs naïfs et doux que le tisserand avait entendus si souvent et avec tant de bonheur à Berghen. Aussitôt il agita le marteau de cuivre de la porte. Un domestique vint ouvrir. Sans répondre aux questions de cet homme, il le repoussa, s'élança dans l'intérieur de la maison, et se trouva devant Duyvecke et Siegbrit, assises près d'une fenêtre, et qui se livraient paisiblement à des travaux de broderie.

Elles parurent plus surprises que charmées de l'arrivée imprévue du jeune homme, et lui firent un accueil assez froid.

« Ians Crumbbrugghe, dit Siegbrit, avant de s'introduire chez une jeune femme, il faut du moins s'enquérir si pareille démarche ne saurait déplaire à son mari. »

Quant à Duyvecke, elle se leva pour sortir.

« Restez, s'écria Ians. Restez, madame! Vous êtes heureuse; vous n'avez pas besoin de l'aide que je venais vous offrir, même au péril de ma vie, s'il l'eût fallu... C'est à moi de quitter la place.

— Christian a épousé Duyvecke le jour même de notre arrivée en Danemark. Il se conduit envers elle comme un mari bon, loyal, et éperdument amoureux. Il prodigue son immense fortune à satisfaire nos moindres caprices. Merci, Ians, de vos intentions dévouées; vous le voyez, elles sont inutiles; comme vous venez de le dire. La fille de ma pauvre Marguerite a maintenant sur la terre un protecteur. »

Ians, sans répondre, sortit de la maison de Duyvecke, se jeta dans la barque qui l'avait amené, et regagna Copenhague, où il trouva ses compagnons prêts à se rendre à l'audience du roi de Danemark. Il les suivit machinalement, la mort dans le cœur, et presque sans savoir ce qu'il faisait. Le bonheur de Duyvecke causait plus de tristesse encore au Gantois, que ne lui en donnait auparavant le malheur dont il la croyait victime.

Arrivé au palais du roi, on fit traverser aux députés de longues files de soldats, la hallebarde au poing. Après quoi, on les introduisit dans une salle immense, où des officiers du palais demandèrent les pouvoirs en vertu desquels les hanséates sollicitaient une audience du roi. Cette vérification terminée, un huissier, après avoir recommandé aux huit tisserands le plus profond silence, marcha devant eux, jusqu'au moment où il fut arrivé devant une petite porte basse. Là, il leur recommanda tout bas de s'agenouiller et de se prosterner dès qu'ils se trouveraient en présence du monarque, et il gratta doucement à la porte, qui tourna sans bruit sur ses gonds. Il fit signe de le suivre. Tout à coup les ouvriers se trouvèrent en présence du roi, assis sur son trône, revêtu d'un costume éblouissant, et entouré des grands de sa cour.

Les hanséates n'eurent pas besoin, pour se prosterner, de se rappeler les leçons de l'huissier.

« Que veulent les gens de la Hanse de Berghen à Sa Majesté Christiern, roi de Danemark et de Norwège ? » demanda une voix.

Maître Iacobs, comme le doyen de la députation, chercha à s'armer de toute sa présence d'esprit, leva la tête pour répondre à cette question et exposer la requête dont il était chargé. A peine eut-il porté ses regards vers le monarque, qu'il ne put retenir un cri de surprise, étouffé aussitôt par le respect.

Ses compagnons, qui l'avaient imité, ne témoignèrent pas moins d'étonnement, et Ians pensa défaillir.

Dans le roi, dans ce prince tout-puissant, assis sur son trône, et duquel dépendait en ce moment le sort de la Hanse des tisserands, ils avaient reconnu le compagnon Christian.

« Êtes-vous muet, mon maître ? » demanda le roi d'un ton sévère.

Iacobs, un peu remis de son émotion, exposa, dans les termes les plus humbles et les plus suppliants, la requête de la Hanse des tisserands et leur prière de lever l'impôt dont l'entrée des toiles venait d'être frappée en Danemark.

« Tisserands de la Hanse, répliqua Christiern d'un ton sévère, j'ai moi-même été dans la ville de Berghen étudier vos mœurs et m'initier à vos coutumes. Je connais les ressources de vos métiers, j'ai entendu vos discours, et plus d'une fois il m'est arrivé aux oreilles des propos railleurs contre le roi de Danemark lui-même, et sur la bonhomie avec laquelle il favorissait, à son détriment, les intérêts de la Hanse. J'ai voulu cesser d'être dupe; j'ai imposé les toiles de vos fabriques, comme il était utile et juste de le faire. Reportez mes paroles à ceux qui vous envoient !...

— Mais, sire, c'est notre ruine que vous accomplissez, reprit Iacobs; il ne nous reste plus qu'à mendier et à tendre la main pour nous et pour nos familles.

— Retournez à Berghen. Partez aujourd'hui, à l'instant; heureux encore que je vous laisse la liberté et la vie sauves. Savez-vous, mes maîtres, qu'il y a un espion parmi vous? Que sous prétexte de servir votre cause, un traître est venu à Copenhague pour y surprendre mes secrets, et peut-être pour s'y livrer à des tentatives plus criminelles encore? Mais la vie de cet homme m'appartient; il a pénétré furtivement tout à l'heure dans une de mes habitations royales; il faut qu'il subisse les conséquences et le châtiment de ce crime de lèse-majesté.

— Il n'y a point de traître parmi nous, répondit hardiment Iacobs. Nous sommes venus à Votre Majesté sous la sauvegarde des priviléges hanséatiques, qui accordent la liberté et la vie franche à tout député envoyé vers vous. Si vous ne respectiez point les engagements jurés, Dieu et la Hanse jugeraient entre nous.

— Oh ! oh ! mon maître vous le prenez sur un ton bien haut. Levez-vous, Ians Crumbbrugghe, et parlez sans mentir. Mes paroles sont-elles vraies ?... Éloignez-vous tous, messieurs, et laissez-moi avec cet homme. »

On obéit, et Ians resta seul avec le roi.

« Sire, dit-il, personne n'est, parmi les députés, coupable de trahison et d'espionnage. J'avais juré aide et secours à une jeune fille que je croyais sans appui ; je suis venu vers elle pour tenir mon serment ; elle m'a dédaigneusement repoussé... Et elle a bien fait, car elle n'a plus besoin de moi ! La mission que je voulais remplir est terminée ! puisse le bonheur dont Duyvecke jouit ne pas se dissiper comme un rêve !

— Maître Ians, sans doute, pense que ma femme aurait été plus heureuse en épousant un compagnon tisserand ?

— Votre femme, sire ? Elle est votre femme ! Dieu vous bénisse pour la parole que vous venez de dire !

— Oui, Ians, j'ai épousé secrètement Duyvecke, mais elle ignore mon rang, mon nom, ma puissance. Retirée dans l'île d'Amak, où je vais la visiter chaque jour, personne ne peut lui révéler mon secret, car personne n'aborde dans l'île sans ma permission. Si tu as trouvé une barque pour t'y conduire, c'est que je l'avais ordonné ainsi. Siegbrit seule connaît tout. Que pense mon rival de ce qu'il vient d'entendre !

— Sire, répliqua Ians en tombant à genoux, n'ajoutez pas à ma confusion ! Mon amour a fui bien loin de mon cœur depuis que j'ai reconnu dans Votre Majesté...

— Le compagnon Christian, n'est-ce pas ? Parle sans crainte. Écoute maintenant : tu t'es montré dévoué pour Duyvecke ; tu m'as tiré à Berghen d'un péril que tu croyais sérieux ; le roi Christiern de Danemark veut payer les dettes du compagnon tisserand Christian. Il ne faut pas que tu puisses avoir regret de m'avoir rencontré sur ton passage. Pars aujourd'hui même pour Bruxelles ; un navire t'attend dans le port... Fais-moi, avant tout, le serment de ne jamais rien révéler du secret que je t'ai permis de connaître.

— Je vous le jure par le nom de mon père, et par mon salut en ce monde et dans l'autre.

— C'est bien. »

Le roi tira un son aigu du sifflet d'or qu'il portait à sa ceinture : aussitôt la cour rentra dans la salle et entoura le trône.

« Mes maîtres, dit le roi aux tisserands, combien donnerait la Hanse pour racheter le droit d'entrée que je viens d'établir sur vos toiles?

— Quatre tonnes d'or, sire.

— Eh bien, je fais don de ces quatre tonnes d'or à Ians Cumbbrugghe. C'est en ses mains que vous verserez cette somme; je lui en fais don. Allez! le droit d'entrée sur les toiles est aboli. »

Les députés de la Hanse sortirent du palais dans un état de trouble et d'agitation impossible à décrire.

« Explique-nous tout ce mystère? demandèrent-ils à Ians. Nous te croyions perdu; le roi t'accusait d'espionnage; maintenant te voilà gratifié de quatre tonnes d'or que nous payons pour racheter le droit d'entrée.

— Mes amis, répondit le Gantois, vous n'aurez pas grand'peine à payer cette somme, car je vous en fais remise. Je ne veux pas d'une fortune acquise à vos dépens, et que je n'ai point gagnée. Gardez seulement un bon souvenir du compagnon que vous avez accueilli comme un frère dans votre Hanse. Adieu.

— Tu nous quittes? Tu veux te séparer de nous? Tu ne veux pas recevoir l'expression de la reconnaissance de nos compagnons de Berghen? car si nous acceptons ton généreux refus, c'est à la condition que la Hanse s'acquittera envers toi...

— Un vaisseau m'attend dans le port pour me ramener dans les Pays-Bas. J'ai juré de partir à l'instant même. Adieu, frères. »

Les sept tisserands embrassèrent Ians. Quand ce fut au tour de maître Iacobs :

« Tu sais donc ce qu'est devenue Duyvecke? Le roi t'a donc confié ce qu'il en avait fait? Peut-être vas-tu la retrouver à Bruxelles? Tu peux tout me confier à moi qui suis discret.

— Je le suis autant que vous, mon digne parrain. Excusez mon silence; mais j'ai fait un serment, et il faut que je le tienne. Adieu. »

La figure de Iacobs exprima d'abord le mécontentement et la déconvenue; mais bientôt il reprit sa bonhomie habituelle.

« Tu as raison, mon garçon : tu m'as répondu comme il faut. Adieu; et si tu as jamais besoin à Berghen des services d'un ami, pense à ton vieux camarade Iacobs.. »

Ils se séparèrent, et quelques instants après, Ians, debout sur le pont d'un navire qui mettait à la voile, échangeait des signaux d'adieux avec les députés hanséates.

VI

NOCES

A quelque temps de là, Ians arriva le soir dans la ville de Bruxelles, et se dirigea vers la petite maison habitée par sa mère. A sa grande surprise, il vit la maison fermée. Tout semblait annoncer qu'elle n'était plus habitée. Il frappa néanmoins à la porte; personne ne répondit.

Plein d'inquiétude, il demanda à un voisin les motifs de cette solitude.

« Voici bientôt un mois que la veuve ne demeure plus dans cette maison; nous ignorons ce qu'elle est devenue. Un matin, on a trouvé la porte close comme vous la voyez. »

Ians se rendit plein de trouble chez son ancien maître: Celui-ci sauta au cou du voyageur.

« Sois le bienvenu, mon garçon, car c'est aujourd'hui fête au logis, et nous n'attendons plus que toi. Du reste, nous étions prévenus de ton arrivée.

— Ma mère? qu'est devenue ma mère?

— Tu vas la voir; sois sans inquiétude. Mais j'espère que tu ne comptes point te présenter un jour de fête, dans ma maison, avec des habits poudreux de voyageur? Entre dans ma chambre, pare-toi de tes plus beaux atours et dépêche-toi, car ta mère, ta sœur, ton frère, et ma fille t'attendront pour t'embrasser dès que tu seras prêt. »

Quelques minutes suffirent à Ians pour changer de costume ; qnand il revint, maître Kindt le prit par la main et le mena dans une grande pièce qui, suivant l'usage du temps, servait à la fois de salon et de salle à manger. Là, l'heureux jeune homme trouva sa mère, sa sœur et son frère qui lui sautèrent au cou et l'entourèrent de leurs tendres étreintes.

« Maintenant, dit maître Kindt, quand, les yeux humides de larmes, ils eurent enfin mis trêve à ses ferventes caresses, maintenant, Ians, il faut que tu saches les motifs de la fête.... et que tu nous les apprennes, car tout le secret de notre réunion se trouve renfermé dans cette lettre. Il y a huit jours, elle nous a été apportée cachetée par un messager de Sa Majesté le roi d'Espagne et des Pays-Bas, notre gracieux monarque. La venaison, les hors-d'œuvre du banquet, les vins, les desserts, et jusqu'aux services en argenterie, ont été déposés ici par des inconnus qui ont refusé de dire leur nom et de révéler qui les envoyait. »

Ians décacheta la lettre, et voici ce qu'elle contenait :

« Notre volonté royale est que maître Kindt, fabricant de
« toile à Bruxelles, donne en mariage sa fille Bella à Iuns
« Cumbbrugghe, et que la cérémonie nuptiale, pour la-
« quelle se trouvent ci-jointes les dépenses nécessaires,
« soit célébrée aujourd'hui même et sur l'heure. Les prê-
« tres attendent les futurs en l'église de Sainte-Gudule.

« *Signé*, CAROLUS, *rex*. »

« Le roi! tu connais le roi? s'écrièrent stupéfaits les témoins de cette scène. Allons, il faut obéir à Sa Majesté. Rendons-nous à l'église de Sainte-Gudule. »

Ians, qui croyait faire un rêve, fut entraîné par sa mère.

L'église était parée comme pour un jour de fête. Maître Iacobs, accompagné de trois autres compagnons de la Hanse des tisserands, attendait, dans le chœur, les fiancés.

« Nous sommes tes témoins, » dit-il solennellement.

Le mariage se célébra avec pompe, et les nouveaux époux, tout surpris d'être unis l'un à l'autre, revinrent au logis de maître Kindt. Là, à l'étonnement général, une tonne grossière, farcie de goudron et garnie de larges cercles de fer, se trouvait dressée sur la table, étayée par dessous au moyen d'énormes poutres. Sur cette tonne on lisait ces mots :

CADEAU DE NOCES
DU COMPAGNON TISSERAND CHRISTIAN,
DE COPENHAGUE.

Le tonneau était plein d'or.

« Le présent de Christian va nuire un peu à l'effet du nôtre, dit Iacobs. N'importe, tu ne le recevras pas moins avec plaisir, je le tiens pour certain. »

Il prit alors des mains de ceux qui l'accompagnaient un parchemin, et lut à haute voix :

« La Hanse de Berghen déclare, à l'unanimité des suf-
« frages de tous les compagnons consultés à cet effet,
« que Ians Crumbbrugghe a bien mérité de l'association ;

« qu'elle l'adopte et le reconnaît pour son bienfaiteur, et « que son nom sera pour toujours, dans les prières pu- « bliques, associé à celui des fondateurs de la Hanse. »

Tous les assistants se découvrirent, s'agenouillèrent et chantèrent en chœur le refrain de la Hanse :

Le travail est le bonheur.
L'union fait la force.

VII

LE DIPLOMATE MALGRÉ LUI

Le souvenir de Duyvecke avait laissé dans le cœur de Jans Crummbbrugghe des traces encore douloureuses. Le bonheur que trouva le nouvel époux près de la douce et charmante Bella ne tarda point à les effacer entièrement. Il reportait souvent son imagination vers le passé, mais sans amertume et sans regret. La fortune, qui lui avait été si longtemps contraire, lui souriait de toutes les façons. Grâce à son intelligence et à son activité, grâce surtout à l'amitié que lui témoignaient tous les membres de la Hanse, avec lesquels il faisait de grandes affaires, en trois années il devint le plus riche négociant de Bruxelles. Son nom jouissait dans tous les Pays-Bas d'une réputation populaire de probité qui trouvait de nombreux échos en Allemagne et dans les pays du Nord.

Telle était la prospérité de Ians Crumbbrugghe, qui goûtait, au sein de sa famille, près de son beau-père, entre sa mère et sa femme, un bonheur sans mélange, lorsqu'un matin il reçut l'ordre de se rendre à la cour et de venir recevoir les ordres du jeune roi Charles-Quint.

Introduit devant le souverain, celui-ci, après avoir adressé au négociant des questions sur les mœurs et les ressources des pays du Nord, lui dit :

« Maître Ians Crumbbrugghe, j'ai besoin d'envoyer à Copenhague une personne intelligente et fidèle, pour remettre, en secret et sans éveiller les soupçons, des lettres importantes au gouverneur du château, Torbern Oxe. Vous allez donc vous rendre dans cette ville sous prétexte d'affaires commerciales. Vous accomplirez votre mission avec mystère, et vous attendrez, avant de revenir aux Pays-Bas, que le gouverneur puisse vous remettre la réponse que je désire. Allez!... Qu'avez-vous à m'alléguer? pourquoi cette hésitation?

— Sire, répondit Crumbbrugghe, Sa Majesté le roi de Danemarck m'a comblé de bienfaits...

— Soyez sans crainte, mon maître! La mission dont je vous charge près de Torbern Oxe n'a pour but qne d'assurer et d'augmenter la fortune et la gloire du roi Christiern. »

Après ces paroles, Charles-Quint remit au négociant un paquet cacheté, le congédia et lui donna l'ordre de partir dès le lendemain.

Arrivé à Copenhague, dont la vue réveillait tant de souvenirs dans son cœur, le premier soin de Ians fut de s'acquitter des ordres du roi, et de porter au gouverneur les papiers dont il était chargé pour lui. Dès que Torbern Oxe eut ouvert le paquet, il se livra aux plus vifs témoignages de surprise et de joie.

« Enfin, s'écria-t-il, le roi des Pays-Bas consent aux propositions que je lui ai fait adresser au nom des prinpaux seigneurs du Danemark ! Le roi, en présence d'un pareil honneur et de si brillants avantages, ne pourra pas hésiter. Soyez discret, mon maître, et un succès assuré nous attend.

— Je serai d'autant plus discret, pensa Ians, que j'ignore la nouvelle que contient ce paquet.

— Le roi Charles a montré dans cette affaire sa prudence et sa sagesse habituelles. Ce jeune homme de dix-sept ans en remontre déjà à de vieilles barbes comme la mienne. Allez, mon maître, occupez-vous maintenant de vos affaires commerciales ; oubliez que vous me connaissez, que vous m'avez vu, et que le roi de Pays-Bas vous a chargé d'une lettre pour moi. Dès que j'aurai besoin de votre aide, je vous en ferai instruire. Le roi, sitôt qu'il apprendra votre arrivée à Copenhague, voudra vous voir sans doute, mais je saurai arranger les choses de façon qu'il ne vous appelle point près de lui avant qu'il ne soit temps opportun. »

Ians, en sortant du palais du gouverneur, se mit à s'occuper de ses affaires ; il employa les premiers jours de son arrivée à régler les comptes de ses correspondants, à encaisser l'argent qui lui était dû, à recevoir les commandes, et à faire des achats de fils. Quand il lui arrivait de passer sur le port, il ne manquait jamais de jeter les yeux vers l'île d'Amak, et laissait échapper un soupir ; mais ce soupir n'avait rien d'amer et de douloureux ; ce n'était qu'une remémoration du passé.

Duyvecke n'habitait plus du reste la jolie retraite de l'île d'Amak. C'était dans le château de Soenderbourg, à peu de distance de Copenhague, qu'elle avait fixé sa résidence. Là, naïve et simple comme dans le temps où elle servait à boire aux ouvriers de la Hanse, elle nourrissait des petits oiseaux et cultivait des fleurs. Siegbrit n'avait jamais voulu que la jeune femme apprît qu'elle avait pour mari le roi de Danemark.

« Il ne faut point, dit-elle, exposer à l'ardeur d'un soleil brûlant la petite fleur qui a besoin d'humidité et d'ombre. Duyvecke ne trouverait point de bonheur à savoir votre rang illustre, et mille inquiétudes funestes troubleraient désormais sa tranquillité. Soyez toujours pour elle le riche marchand Christian, rien de plus. Au milieu de la retraite absolue dans laquelle nous vivons, elle peut ignorer toujours le mystère qui l'entoure. Laissez-la paisible et sereine, sans soucis du présent et sans inquiétude de l'avenir. »

La belle enfant, grâce à cette ignorance du rang de son mari et à la sollicitude avec laquelle son aïeule veillait sur elle, passait insoucieusement dans la vie, et ne connaissait encore d'autres chagrins que l'absence de Christiern, lorsque d'impérieuses affaires le retenaient à Copenhague. Mais aussi quelle joie éclatait dans ses yeux! quel bonheur animait d'une charmante rougeur ses joues blanches, lorsque son oreille, sans cesse aux aguets, entendait au loin le bruit de la voiture de celui qu'elle attendait ! Éperdue de joie, elle courait à son balcon, et agitait un mouchoir pour que son bien-aimé la vît de plus loin et pût échanger avec elle de tendres signaux. Le lendemain, quant il fallait se séparer, des larmes qu'elle s'efforçait de retenir brillaient sous ses paupières, et elle se reportait par la pensée et par l'espérance vers le moment qui lui remènerait son Christiern. Chaque jour, avant de la quitter, elle voulait que son mari emportât un bouquet cueilli par elle, et qu'il promettait de ne point quitter.

Tandis qu'elle faisait, un matin, sa moisson habituelle de fleurs dans une vaste serre disposée près du petit salon qu'elle occupait d'ordinaire, elle entendit la voix de Siegbrit qui adressait à Christiern des paroles véhémentes. Elle accourut pour s'interposer dans une de ces discussions violentes qui s'élevaient parfois entre la vieille femme et Christiern, lorsqu'un mot l'arrêta tout à coup, un mot qui la frappa au cœur :

« Non, Sire, vous ne ferez point cela? disait Siegbrit avec véhémence.

— Sire?... Mon Dieu ! Le roi ! C'est le roi qu'elle aime, le roi qu'elle a épousé en secret ! Puisse ce fatal honneur ne pas présager quelque infortune ! Le roi ! Elle ne pourra plus l'aimer comme par le passé, naïvement, sans contrainte ! Le respect se mettra toujours involontairement entre elle et son amour ! Le roi ! Le roi ! oh ! quel malheur, mon Dieu ! »

Tandis que ces idées passaient rapidement dans son imagination, elle restait là, sans force, sans pouvoir ni fuir, ni faire un pas pour avancer. Une main de fer, une puissance surnaturelle, la retenaient, et lui faisaient entendre chacune des paroles mortelles de Siegbrit.

« L'ambition porte malheur quand elle pousse à la trahision. Duyvecke mourra du coup dont vous la menacez ! Vous n'avez pas besoin de faire rompre votre mariage avec elle ; il ne faut point recourir au pape ; ne flétrissez pas votre femme. Il suffit de dire à l'infortunée : « Je ne t'aime plus ! Je vais épouser la sœur de Charles-Quint. »

Duvvecke tomba mourante sur le pavé.

Quand elle revint à elle, Christiern la pressait dans ses bras, et suppliait le ciel, en versant des larmes, de rappeler à la vie sa Duyvecke, sa femme bien-aimée.

« Pardonne, lui dit-il, pardonne à un moment d'erreur et d'ingratitude, causé par les conseils du gouverneur du château. La fidélité maladroite de Torbern l'a engagé à demander pour moi, sans mon assentiment, la main d'Isabelle sœur du roi des Pays-Bas. J'abjure à jamais ce dessein maudit, et que j'avais déjà repoussé plus d'une fois, ma Duyvecke, ma blanche colombe.

— Sire, répondit-elle, n'hésitez pas, si votre bonheur et votre gloire l'exigent, à fouler sous vos pieds le cadavre d'une pauvre femme. Il n'y a plus pour elle, d'ailleurs, en ce monde de bonheur possible. Vous êtes le roi, et je ne suis qu'une obscure servante d'auberge. Le roi ! mon Dieu ! le roi ! Oh ! qu'ai-je fait, quelle faute ai-je commise pour mériter un si cruel châtiment ?

— Chère Duyvecke, oublie tout ce que tu viens d'entendre. Ne vois en moi que Christian, ton mari, ton bien-aimé Christian, celui qui t'aime plus que sa vie, plus que sa gloire. Ah! plutôt la haine et la colère de Charles-Quint, plutôt la guerre avec lui, que de te causer un seul moment d'alarmes.

— La guerre? La guerre à cause de moi! Le malheur du Danemark, le vôtre, peut-être! Exposer votre vie sur un champ de bataille! Oh! mon Dieu! mon Dieu! faites-moi mourir! Vous voyez bien que la vie m'est odieuse et fatale! »

Le roi ne quitta Duyvecke que le lendemain. Il la laissa, sinon consolée et sereine, du moins sans désespoir.

« Adieu, dit-elle en se séparant de lui, adieu, Sire. Quand reverrai-je Votre Majesté? »

Et elle accompagna ces derniers mots d'un sourire triste et doux.

« Ne parle pas ainsi, répondit Christiern en la pressant encore une fois dans ses bras. Ne me dis point de ces mots respectueux qui m'attristent dans ta bouche. J'ai peur, quand tu les emploies, de n'être plus ton Christian. »

Elle écarta les beaux cheveux blonds qui tombaient en longs anneaux sur le front du prince, et pressa passionnément, de ses lèvres, la place qu'elle venait de découvrir. Puis elle s'enfuit en s'écriant :

« Adieu, mon mari.

— Et l'ambition me ferait échanger un bonheur pareil contre le stérile honneur d'épouser la sœur de Charles-Quint? Non! jamais! Ne suis-je pas assez puissant pour être heureux? Je prendrai Duyvecke par la main; je dirai à mon peuple : Voilà celle que j'aime, voilà votre reine. Le peuple battra des mains en voyant monter sur le trône une jeune fille, un ange sorti de son sein. »

Quand Christiern apprit cette résolution à Torbern Oxe, celui-ci comprit qu'il était perdu. Jamais Siegbrit ne lui pardonnerait la tentative qu'il avait faite; et Siegbrit exerçait sur l'esprit du roi une influence inexplicable pour ceux qui ne connaissaient pas la haute intelligence de cette femme extraordinaire. Christiern ne décidait rien sans la consulter. S'il n'avait pris aucune part aux guerres étrangères, dangereux écueil dans lequel on avait voulu l'engager; si plusieurs conspirations avaient été prévenues et déjouées, il le devait à la fermeté, au coup d'œil profond, à l'habileté de la vieille cabaretière hollandaise. Elle discutait mieux qu'un habile ministre les questions d'État, quelque graves et quelque compliquées qu'elles fussent. Elle avait compris et fait comprendre au roi que la noblesse inquiète et ambitieuse du Danemark ne lui offrait que des garanties douteuses de fidélité; tandis que le peuple, heureux d'une protection que ne lui avait point toujours accordée le père de Christiern, se rallierait au roi, et serait prêt à sacrifier sa vie et sa richesse pour un monarque populaire. Elle fit donc encourager l'industrie par le jeune roi; elle voulut qu'il protégeât le commerce, qu'il se gagnât l'affection des artisans, qu'il diminuât le pouvoir des nobles, et qu'il repoussât sévèrement toutes les tentatives que feraient ces derniers pour accroître leurs priviléges. « Donnez au peuple, reprenez à la noblesse, disait-elle sans cesse; c'est augmenter la force de vos amis et diminuer celle de vos ennemis. »

La noblesse du Danemark connaissait les efforts et l'influence de Siegbrit près du roi. Une ligue des plus puissants seigneurs se forma pour lutter contre la vieille femme;

on regarda comme le meilleur, comme le seul moyen de la vaincre, de rompre le mariage secret de Duyvecke, et de faire épouser au roi une femme jeune, belle, spirituelle, dont l'alliance puissante pût faire bientôt oublier au monarque la petite cabaretière de la Hanse de Berghen. La sœur de Charles-Quint, la princesse Isabelle, réunissait toutes les qualités nécessaires pour gagner et conserver la tendresse du jeune monarque. Le comte Torbern Oxe fit proposer secrètement cette alliance au roi des Pays-Bas. Celui-ci répondit à cette ouverture du gouverneur par l'envoi d'une réponse favorable. Jans Crumbrugghe avait été, sans le savoir, chargé de la missive qui devait détruire le bonheur de celle pour qui, jadis, il aurait donné avec joie sa vie, et qu'il eût encore défendue aujourd'hui au prix de ses propres jours.

S'ils ne réussissaient pas, les membres de la conspiration jouaient leurs têtes. On comprend dès lors l'effroi du comte Oxe et des autres conjurés, lorsqu'ils apprirent la résolution exprimée par le roi, non-seulement de ne point épouser la princesse Isabelle, mais encore de proclamer son mariage avec Duyvecke.

Cette résolution avait été annoncée par Christiern en plein conseil, comme irrévocable et devant recevoir son exécution à huit jours de là. Le comte Torbern Oxe luimême se trouvait chargé de préparer l'acte qui placerait Duyvecke sur le trône de Danemark et proclamerait sa royauté par la solennité d'un sacre public. Au moment où, plein de consternation et de douleur, il quittait le monarque, il se trouva tout à coup face à face avec un homme d'une taille et d'une corpulence gigantesque. Le colosse, en voyant l'abattement du gouverneur, partit d'un éclat de rire qui retentit aux oreilles de Torbern comme la voix vibrante d'un instrument de cuivre:

« Voici une gaieté bien opportune et une raillerie qui se recommande par son à-propos! dit le comte. Avant un mois, ma tête sera tombée sous la hache du bourreau, et vous figurerez au bout d'une corde, seigneur astrologue Maffetti. Ce sont là, en vérité, de charmants motifs de plaisanterie. Si vous saviez...

— Je sais tout, interrompit Maffetti, en entraînant le comte dans sa maison, voisine du palais; je sais tout. Sa Majesté très-chrétienne le roi de Danemark, Christiern, deuxième du nom, veut épouser et couronner Duyvekce Ringhaut, petite-fille de la sorcière Siegbrit.

— Qui donc vous a déjà révélé cette nouvelle?

— Ma science n'a rien de caché! répliqua l'astrologue avec emphase.

— Ta science! Épargne-toi les mots sonores. Je sais ce que valent l'astrologie et ton savoir. D'où connais-tu le secret du roi?

— Du roi lui-même : il est venu me consulter sur son dessein.

— Et que lui as-tu répondu?

— Que les astres lui étaient favorables; mais que, toutefois, il y avait une mauvaise influence, produite par la conjonction du bélier et de l'étoile de Vénus.

— Que veut dire ce pathos?

— Cela veut dire que la mort plane sur la cour de Danemark.

— Et qui menace-t-elle?

— Les pusillanimes et les peureux.

— Si ta science n'a que cela à m'apprendre, Maffetti, adieu.

— Écoute, ajouta l'astrologue; écoute : où vas-tu ?

— Exécuter les ordres du roi.

— C'est-à-dire, aiguiser la hache du bourreau et préparer ta tête pour le supplice ? Tu le sais, avec Siegbrit la vengeance suit de près l'offense, et tu as offensé cruellement cette femme.

— Mais que faire ?

— N'as-tu donc jamais entendu parler de ces adroits joueurs italiens qui, lorsque les dés leur sont défavorables, savent se les rendre propices... en les pipant ?

— Où veux-tu en venir ?

— Que les esprits étroits seuls n'entendent rien à corriger la fortune. Qui redoutes-tu ?

— Duyvecke et Siegbrit.

— Eh bien ! si tu veux me venir en aide, demain le pouvoir de ces deux femmes sera détruit à jamais.

— Par quel moyen ?

— Par le talisman que contient mon escarcelle. Regarde. »

Il vida sur la table son escarcelle pleine de cerises.

« Des cerises ! En vérité, c'est abuser de ma patience.

— Fais parvenir ces fruits à Duyvecke et à Siegbrit. Que le messager qui les leur portera ignore lui-même quelle main les envoie..... Demain, le roi Christiern tournera ses pensées et ses espérances vers la sœur de Charles-Quint. »

En disant cela, il riait d'un rire muet qui donnait à ses traits joufflus une expression diabolique.

« Je te comprends, répliqua Torbern ; le moyen est un peu violent ; mais tu as raison : dans un duel, il ne faut s'inquiéter ni de courtoisie ni de la mort de son adversaire. Comme dit le Grec Lucianus dans ses *Dialogues* : *Enlève-moi, ou je t'enlève !* J'ai un page qui fera merveilleusement cette affaire ; il va prendre un costume de paysan, et ira vendre les fruits à l'officier de bouche de la maison de Duyvecke.

— Mais le page peut commettre une indiscrétion, trahir notre secret, nous perdre ?

— C'est un orphelin né en France, et qui ne connaît personne à Copenhague. Il aime trop les cerises pour ne point en manger quelques-unes.

— Bien ! A l'œuvre donc. »

En achevant ces mots, Maffetti remit les cerises à Torberne Oxe, et prit congé de lui.

Le gouverneur fit aussitôt mander Iaus Cumbbrugghe.

« Mon maître, lui dit-il, apprêtez-vous à partir, ce soir même, pour les Pays-Bas. Selon toutes probabilités, il adviendra tout à l'heure un événement qui détruira les obstacles contre lesquels nous luttons depuis si longtemps.

— Votre seigneurie compte me remettre ce soir des dépêches pour mon souverain ?

— Non. Dans le tumulte que causera l'événement dont je vous parle, il se pourrait qu'on vous arrêtât avant que vous ne fussiez embarqué, et il ne faut pas nous exposer au péril de trahir notre secret par des preuves écrites. Vous direz seulement à votre maître qu'avant peu de temps le roi Christiern demandera lui-même à Charles-Quint la main de sa sœur Isabelle.

— Que m'apprenez-vous là ! s'écria Crumbbrugghe en se levant avec terreur.

— Vous ne vous attendiez point à une si prompte réussite, n'est-ce pas ?

— Le roi veut donc rompre son mariage avec Duyvecke ?

— Non. Il avait renoncé hier à cette honteuse union, mais aujourd'hui il a changé de pensée. Il veut, au contraire, proclamer son mariage secret et faire couronner la fille de la socière Siegbrit.

— Mais alors, comment le mariage avec la princesse Isabelle ?...

— Un veuf ne peut-il donc pas se remarier ?

— Un veuf ? Duyvecke est-elle donc morte ? mon Dieu !

— Je veux dire que demain le roi sera libre.

— Oh ! je lis dans le sourire de vos lèvres votre abominable pensée ! Détrompez-vous, comte Torbern, je ne suis pas votre complice. Si j'avais su de quel message le roi Charles-Quint m'avait chargé pour vous, je l'eusse repoussé avec horreur. Jugez si je suis disposé à devenir complice de votre assassinat ! Christiern va tout savoir.

— Pour parler au roi, il faut la permission du gouverneur Torbern Oxe, mon vertueux camarade, et je la refuse.

— Et bien, j'irai à Duyvecke, et je la sauverai au péril de ma vie. »

Le comte porta la main sur son poignard ; mais il réprima ce mouvement, haussa les épaules, sourit et tourna le dos au Flamand.

Ce dernier sortit précipitamment, monta sur le cheval qu'il avait laissé à la porte du palais du gouverneur, et partit au grand galop pour le château de Soenderbourg.

« Va, imbécile écervelé, fanfaron ridicule de vertu, dit le comte en le suivant des yeux ; va, je ne te crains pas, folle mouche qui te jettes toi-même dans les rets de l'araignée. Holà ! Ole ! »

Un domestique parut.

« Vous allez vous rendre à l'instant au château de Soenderbourg ; vous ordonnerez de ma part au capitaine Stienfrag, chargé du commandement des troupes qui protégent la maison royale, de faire feu sur tous ceux qui se présenteraient sans un ordre écrit de ma main, et sans dire à l'avance et de loin le mot de passe. Vous prendrez par le chemin du parc, qui abrége de moitié la distance que vous avez à parcourir. — Maintenant, ajouta-t-il en se frottant les mains, allons remplir les ordres du roi, et faire les préparatifs du couronnement de la reine Duyvecke. — Ils serviront pour la reine Isabelle. »

Étranger au pays, Ians ne put se diriger vers le château de Soenderbourg qu'en interrogeant les passants sur le chemin qu'il avait à prendre, et en suivant la seule route qui fût connue des habitants de la ville. Grâce à la vitesse de son cheval et à la manière dont il lui labourait les flancs à coups d'éperon, il ne tarda point à apercevoir le château : il n'en était plus éloigné que de vingt pas environ, lorsqu'une voix lui cria : « Qui vive ! »

Au même instant une explosion se fit entendre, des balles sifflèrent à ses oreilles, et un coup de feu le frappa dans la poitrine.

Il tomba de cheval; mais il eut cependant la force de se traîner jusqu'au pont-levis, se cramponna au garde-fou, malgré les soldats qui voulaieut s'emparer de lui, et cria d'une voix à laquelle le désespoir donnait une puissance surnaturelle :

« Siegbrit ! à l'aide ! à l'aide ! » Et il s'évanouit.

La vieille femme avait été attirée à sa fenêtre par le bruit de l'arquebusade. La voix de Crumbbrugghe la frappa d'étonnement et lui fit reconnaître l'ancien compagnon de la Hanse. Aussitôt elle accourut près du jeune homme, ordonna qu'on le transportât dans l'intérieur du château, et parvint à le ranimer après avoir pansé sa blessure.

« Duyvecke ! sauvez Duyvecke ! »

Telles furent les premières paroles qui sortirent des lèvres de Crumbbrugghe.

« Rassurez-vous ; aucun péril ne la menace.

— Le gouverneur... Torbern Oxe... il attente aux jours de Duyvecke. »

Et il retomba sans connaissance.

Siegbrit, saisie de terreur, laissa le malade aux soins d'un domestique dévoué, et courut près de Duyvecke. La jeune femme, blanche comme l'aile de l'oiseau dont elle portait le nom, était étendue sur un lit de repos.

« Elle dort, » pensa Siegbrit.

Elle s'éloignait doucement, pour ne point troubler le repos de Duyvecke, lorsqu'un sentiment de crainte vague la ramena vers sa fille.

Malheur ! Les yeux de Duyvecke étaient ouverts, et ses lèvres livides !

Au même instant, on entendit dans la cour le galop d'un cheval. Christiern arrivait.

Il y eut entre la mère et l'époux une scène de désespoir, telle que des paroles humaines n'en sauraient décrire. Siegbrit pressait dans ses bras le cadavre de son enfant. Elle cherchait à ranimer cette bouche sans respiration, à rendre de la souplesse à ces membres déjà roidis par la mort. Puis elle jetait des cris affreux, blasphémait, accusait le ciel et l'enfer, et demandait vengeance.

Le roi, brisé, sans force, sans larmes, semblait frappé d'anéantissement; il ne savait que murmurer, d'une voix défaillante, le nom de Duyvecke! Duyvecke!

Pendant trois jours, ils restèrent là près de ce cadavre, dont s'emparait déjà la décomposition. On parvint enfin à ramener le roi à Copenhague. Quand il fut parti, Siegbrit se leva, ensevelit elle-même les reste de sa petite-fille, la déposa dans un cercueil d'argent massif, et la fit enterrer au fond des caveaux de la chapelle de Soenderbourg. Ces lugubres et pieux devoirs accomplis, elle se rendit près de Crumbbrugghe : il n'avait repris le sentiment que pour tomber dans le délire d'une fièvre ardente, durant les transports de laquelle il répétait sans cesse le nom de Duyvecke.

Une larme, la première qu'elle eût encore pu verser, mouilla les paupières brûlantes de Siegbrit.

« Sois béni! dit-elle, toi qui es resté fidèle à la pauvre colombe; toi qui as compté pour rien ta vie, quand tu as appris son péril. Sois béni! »

Elle resta quelques instants debout près du lit du jeune homme, la tête penchée, sans voix, et les joues ruisselantes de pleurs. Tout à coup elle se releva par un brusque mouvement de rage :

« Vengeance ! ma vengeance ! » s'écria-t-elle.

Et elle partit pour Copenhague.

Près d'un mois s'écoula avant qu'elle reparût à Soenderbourg ; quand elle y revint, Ians rentrait en convalescence, et il ne lui restait plus de sa blessure, tout à fait cicatrisée, qu'un peu de faiblesse. Lorsqu'il vit l'aïeule de celle qu'il avait tant aimée, de celle qui reposait maintenant dans la tombe, l'émotion lui coupa la voix et remplit ses yeux de larmes.

Siegbrit sourit sinistrement.

« Tu pleures encore, toi ? J'ai pleuré aussi, en te quittant, il y a un mois ; maintenant je ne pleure plus. Un feu, tel que l'enfer en allume, dévore mon cœur et consume tout mon être. Depuis mon départ de Soenderbourg, chaque minute de ma vie a été une vengeance, et rien pourtant n'a pu assouvir ma rage. J'ai fait briser par la torture les membres du comte Torbern Oxe ; j'ai vu tomber sous la main du bourreau sa tête maudite ; l'astrologue Maffetti et cent vingt-trois de leurs complices ont subi d'effroyables douleurs sous mes yeux. Eh bien, je voudrais du sang plus que jamais ! Je voudrais jeter le Danemark dans la ruine et le désespoir. Je voudrais écraser sous mes pieds ce royaume exécrable ! Sais-tu quelles pensées occupent le roi ? Sais-tu quels projets succèdent à ses regrets ? Il hâte son mariage avec Isabelle ! Oui, le misérable veut mettre au doigt de la sœur de Charles-Quint l'anneau nuptial de celle que la Flamande, ou du moins ses fauteurs, ont fait empoisonner ! Tout à l'heure, il m'a parlé de ses desseins, à moi, à la mère de Duyvecke! Satan m'a inspirée et m'a soutenue durant cette épreuve ; je suis restée maîtresse de mes émotions ; il n'a point lu sur mon visage, tandis qu'il parlait, la haine, le mépris et la vengeance. Je l'ai encouragé, je lui ai démontré les avantages d'une pareille union ; je lui ai vanté la beauté d'Isabelle... Tu me regardes avec surprise? tu ne me comprends pas, Ians? Pauvre et faible cœur, ne vois-tu pas que ce mariage me livre celle pour qui ma Duyvecke est morte? Je la tiendrai dans mes mains, je la tourmenterai, je l'étoufferai ! Qu'elle soit fière de sa beauté, de sa jeunesse, de son rang ; que Christiern s'enorgueillisse de sa puissance ; tout cela m'appartient, tout cela servira à venger Duyvecke!

« Il y a huit jours j'ai quitté Copenhague, je suis allée à Elseneur, au tombeau d'Hamlet, un prince qui, par vengeance, a tué sa mère ! Là, un pied nu, j'ai appelé, à minuit, l'esprit des enfers à mon aide. Une aurore boréale a soudain éclairé, de sa lumière pâle, la colline de Murgenlist ; des oiseaux funèbres sont venus se poser, en battant des ailes, sur les trois rocs qui forment la tombe du parricide. J'ai immolé une poule blanche. J'ai appelé Satan..

« Puis Satan m'a répondu. Ma vengeance égalera ma rage. »

VIII

DÉNOUMENT

Dix années après les événements que l'on vient de lire, IansCrumbbrugghe, de retour depuis longtemps à Bruxelles, y menait une vie plus douce et plus paisible que jamais. Père d'une fille que le ciel ne lui avait accordée qu'après sept années de mariage, il donnait à l'adorable enfant tout ce que le soin de ses affaires lui laissait de temps disponible. Un soir, couché sur la natte de paille qui, dans ces temps, remplaçait en Flandre, chez les bourgeois, les tapis des appartements modernes, il folâtrait avec la petite despote. L'écuyère chevauchait sur son père, sans vouloir accorder de répit à sa monture, lorsque tout à coup elle jeta un cri d'effroi et vint se réfugier dans les bras de Ians.

Un pareil mouvement était bien excusable, car ce qui causait tant d'effroi à la petite Marie eût donné de la frayeur même à une personne âgée. Une femme venait d'entrer dans l'appartement, et s'était assise près du foyer. Sous le voile rouge qui couvrait sa tête, on apercevait un visage profondément sillonné de rides, une large bouche et deux petits yeux qui brillaient d'une lueur fauve. Quoiqu'elle parût fort vieille, sa taille restait droite et fière.

« Que voulez-vous, ma bonne femme? demanda Hans avec le respect que témoignent les habitants des Pays-Bas aux mendiants. Si vous avez besoin d'aumônes, il ne faut pas cependant, pour les demander, vous introduire jusque dans l'intérieur de la maison. Tenez, prenez cette pièce de monnaie, et quand vous serez réchauffée, adressez-vous à mes domestiques, ils vous donneront à manger.

— Hans Crumbbrugghe, dit la vieille femme en se plaçant de manière à ce que la clarté de la lampe tombât d'aplomb sur son visage et vînt l'éclairer, Hans Crumbbrugghe, les années et les douleurs m'ont donc bien changée!

— Siegbrit, dame Siegbrit! s'écria le tisserand, plus surpris que charmé de cette visite. »

Il n'en continua pas moins:

« Soyez la bienvenue dans ma maison.

— Oui, tes lèvres me donnent la bienvenue, mais ton cœur me maudit, et ton désir me chasse. Après tout, que m'importe? ajouta-t-elle en attisant le feu de la cheminée, et en approchant des charbons ses mains noirâtres.

— Pouvez-vous avoir de si mauvaises pensées sur un ancien ami!

— Ne perdons pas le temps en paroles vaines, interrompit-elle en tirant de dessous sa cape un sac plein d'or: voici une somme que tu emploieras à fonder une messe perpétuelle pour le repos de l'âme de Duyvecke. Adieu!

— Vous ne sortirez point ainsi de ma maison sans y

avoir ni bu ni mangé ; ce serait une honte pour mon hospitalité, et une offense pour mon amitié.

— Siegbrit ne boira plus et ne mangera plus sur la terre ! s'écria-t-elle d'une voix lugubre. Ma tâche est accomplie, ma vengeance est consommée. J'appartiens désormais à Satan. C'est justice. Il a tenu toutes ses promesses ; mon âme lui appartient. Qu'il vienne la prendre !

— Au nom du ciel, ne dites point de pareilles paroles dans ma maison ; elles sont indignes d'une chrétienne !

— J'ai vendu mon âme ; mon âme appartient à celui qui l'a achetée. Tes toiles n'appartiennent-elles pas à ceux qui te les payent ? Si tu savais, Ians, comme j'ai vengé Duyvecke ! Moi qui étais insatiable de haine, moi que le sang de mes ennemis n'avait point assouvie, moi, qui ai fait périr ton père pour une insulte, moi, qui ai chassé ma fille de ma maison parce qu'elle m'avait désobéi, je me sens maintenant gorgée de vengeance. Oui, j'ai été au delà du but que s'était proposé ma rage. J'épouvanterai l'enfer, quand tout à l'heure le démon m'y intronisera !

« Dans ta vie obscure et paisible, à peine le bruit des événements accomplis en Danemark est-il arrivé jusqu'à toi ; à peine sais-tu quelle destinée a subie Christiern. Je veux te la dire, Ians. Je veux me complaire encore une fois devant mon œuvre de destruction et de colère !

« Tu te souviens des paroles de menaces que j'ai dites à ton chevet, dans le château de Soenderbourg ; tu n'as point oublié les serments que j'ai jurés, car tu sais que rien ne me saurait détourner de mes serments ! Eh bien! j'ai tout tenu. Écoute :

« Christiern épousa, deux mois après la mort de Duyvecke, Isabelle, sœur de Charles-Quint. Je parus favorable à ce mariage, et j'excitai même à le faire le roi qui foulait si vite aux pieds, et avec tant de lâcheté, le souvenir de mon enfant. Durant deux mois il se crut heureux... Bientôt il vint me consulter avec crainte sur les partis qui commençaient à lever la tête en Danemark ; je l'excitai contre le peuple, comme je l'avais jadis excité contre la noblesse. Je l'engageai à user de sévérité envers tous ceux qui ne se soumettaient pas aveuglément à ses ordres. Le sang coula, et les Danois prirent en exécration le tyran, que j'exhortais sans cesse à les frapper plus rudement encore... Je lui valus la ruine au dedans, mais il fallait la honte au dehors. Grâce à mes insinuations, il retint captifs, au mépris du droit des gens, des ambassadeurs que la Suède lui envoyait, mit le siége devant Stockholm, s'en empara, fit assassiner l'administrateur Sture, jeta sa veuve en prison, remplit la ville de carnage, et porta une main sacrilége jusque sur les prêtres et sur les ministres de Dieu. Ce fut ainsi que périt l'évêque de Skara. Le saint prélat monta sur l'échafaud en dénonçant la perfidie de Christiern à la justice divine et à la vengeance du peuple... Grâce à la cruauté du roi, et aux moyens que je mettais en œuvre, Lubeck vint en aide à la Suède ; le duc de Holstein, neveu du roi, prit parti contre lui ; Gustave Vasa leva l'étendard de la révolte; le Jutland suivit cet exemple. Enfin, un jour, Copenhague retentit de cris menaçants ; c'était le peuple qui se révoltait, c'était le peuple qui demandait la tête de Christiern. Il demandait aussi celle de Siegbrit ; mais le roi n'avait garde de lui livrer une si fidèle conseillère ! L'imbécile, il ne soupçonnait même pas que ma main seule le renversait du trône et le faisait chasser de son royaume, comme un valet, à coups de pieds !

« Le roi, pour éviter la mort, dut s'embarquer, la nuit, en secret, avec sa femme, ses enfants et moi.

« Quand le bâtiment eut mis à la voile pour fuir Copenhague; la nature sembla s'unir à moi pour venger la mort et l'oubli de Duyvecke. Le vent souffla avec fureur, les vagues de la mer s'émurent, un orage horrible éclata. Le bâtiment sur lequel se trouvaient la reine Isabelle et ses enfants fit naufrage sous les yeux de Christiern, sans qu'il pût leur porter de secours. Alors il se mit à pleurer, à tendre les mains au ciel, à implorer la miséricorde divine... Moi, je riais, je battais des mains, je criais à ce malheureux :

« Console-toi ; il te reste assez d'or pour devenir encore « bourgmestre d'Amsterdam. »

Ici Siegbrit s'interrompit ; elle croisa sur sa poitrine de longs bras décharnés, et tourna vers Ians des regards qui firent pâlir de terreur le marchand. On aurait dit ceux d'un tigre qui vient de dévorer sa proie, et qui pourlèche sa langue sur ses lèvres sanglantes. Elle reprit :

« Après mille périls, nous arrivâmes dans les Pays-Bas. Là, j'appris, non sans désespoir, que la reine avait échappé avec ses enfants à la mort... Hélas ! j'eus ensuite la douleur de les voir réunis à Christiern. Ma vengeance était presque détruite !

« Désespérée, j'appelai de nouveau à mon aide le démon, et, grâce à l'ascendant que j'exerçais sur l'esprit faible de Christiern, je lui persuadai de rentrer en Danemark, et d'y reconquérir son trône. Il me crut comme il m'avait crue quand je lui conseillais de pousser son peuple au désespoir et à la révolte, en l'accablant d'impôts et d'injustices, en le décimant par la hache du bourreau. Il partit à la tête d'une armée navale : je savais quel sort l'attendait. Il fut repoussé, vaincu, fait prisonnier, et enfermé dans le donjon du château de Soenderbourg, sans autre compagnon d'infortune qu'un nain stupide et moi... En ce moment, il gémit encore dans ce trou infect, dont on a muré la porte, et que gardent deux mille soldats, sans cesse sous les armes, sans cesse la mèche allumée, et prêts à faire feu à la moindre tentative d'évasion.

« Une fois Christiern réduit au degré de misère sous lequel je voulais l'écraser, je jetai tout à fait le masque ; je lui appris que moi seule j'avais préparé et provoqué sa ruine, pour venger Duyvecke, pour le punir d'avoir épousé celle qui avait causé la mort de mon enfant. Il passa quatre années face à face avec sa mortelle ennemie, à subir mes sarcasmes, à sentir ma main impitoyable retourner dans son âme le désespoir que j'y avais enfoncé comme un poignard aigu ! Une nuit pourtant je le quittai, et je pris la fuite... Les Pays-Bas m'attendaient avec Isabelle... Isabelle a été enterrée, il y a quinze jours, dans le château de l'abbé de Saint-Pierre, à Zwynaerde, près de Gand [1], après avoir pleuré sur le cadavre d'un de ses enfants comme j'avais pleuré sur Duyvecke.

« Tu le vois, ma vengeance est accomplie, terrible et

[1]. La reine Isabelle trépassa seule, dans un grand abandon, et tout à fait négligée de son frère Charles-Quint, qui dit en apprenant sa mort : « La tombe convient mieux que l'exil à une reine déchue. »

implacable... Satan m'a tenu ses promesses; il ne me reste plus qu'à remplir la mienne et à lui livrer mon âme!

— Ne dites point de telles paroles, Siegbrit, ne repoussez point l'espérance et le repentir; une pensée a suffi pour sauver le bon larron expirant sur la croix; imitez-le, tendez les bras à Jésus-Christ: il a versé son sang pour le salut des hommes; il vous sauvera!

— Ne parle pas de pardon à celle qui n'a jamais pardonné. J'appartiens à Satan; Satan ne lâche point sa proie. A minuit il viendra la saisir.

— Espérez, Siegbrit, le ciel m'inspire une pensée qui vous arrachera à vos idées funestes, et qui repoussera le démon, même si le pacte que vous dites avoir contracté avec lui n'est pas un rêve de votre imagination malade. Viens, Marie, viens, ma fille; agenouille-toi près de cette pauvre femme qui souffre bien; unis tes petites mains l'une à l'autre; fais le signe de la croix et récite l'*Ave Maria*; cette oraison qui rend favorable à ceux qui la disent, ta divine patronne, la mère du Sauveur. »

L'enfant obéit, se signa et commença d'une voix douce et claire l'*Ave Maria*.

Siegbrit tomba à genoux: ses lèvres essayèrent de répéter les paroles de la prière, à mesure que la petite fille les articulait; mais jamais elle ne le put. En vain elle joignait ses mains centenaires, en vain elle les passait sur son front ridé par les passions frénétiques de la vengeance; sa mémoire restait morte, et sa bouche muette. Bientôt même un frisson convulsif parcourut tous ses membres.

« Assez! dit-elle à Marie, assez, enfant! Tais-toi! Tes paroles me font mal; elles appellent ici les anges, et moi qui appartiens au démon, je souffre ; oh ! je souffre bien de leur présence invisible ! Tais-toi ! et quitte ces lieux. Il ne faut pas que ta jeune mémoire puisse garder le souvenir de ce qui va se passer. Ians, emmène ta fille et conduis-la à sa mère, dis-leur qu'elles se mettent à prier, car je ne veux pas attirer le malheur sur la maison hospitalière dont le maître n'a point refusé d'abriter ma tête maudite... Toi, qui es un homme, un homme courageux et fort, reviens près de moi, Ians Crumbbrugghe ! »

Elle parlait encore quand le petit tintement sec et plaintif de l'aiguille de la pendule sonna le quart avant minuit. Le beffroi de la ville répondit par un sourd gémissement, auquel se mêlèrent les voix de diverses cloches devenues plus ou moins confuses par l'éloignement. Au même instant, le tonnerre commença à gronder, et un éclair resplendit.

Ians se signa dévotement, et, plein de terreur, il se hâta d'emporter l'enfant pour la conduire près de sa mère. Quand il revint, il trouva Siegbrit qui marchait avec agitation dans la chambre.

« Ians, dit-elle, entends-tu le signal de mon maître qui m'appelle ? La foudre éclate, l'éclair brille, les démons hurlent dans l'orage. Déjà les souffrances de l'enfer pénètrent au fond de mon cœur, qu'elles doivent dévorer durant l'éternité ! Ians, jamais je ne reverrai ma Duyvecke ! je suis séparée d'elle pour toujours ! Oh ! malheur ! malheur !

« Oui, malheur ! car si je n'avais pas poursuivi avec tant d'acharnement et de crimes ma dernière vengeance, peut-être Dieu m'aurait-il pardonné ! Peut-être m'aurait-il permis le repentir et l'espoir. Aujourd'hui, plus de salut! Rien que l'enfer et ses tourments, qui ne finiront jamais! Oh! par ce que je souffre en ces instants, je comprends toute l'étendue de leur horreur!

— Siegbrit, essayez de prier, essayez-le, au nom de Duyvecke!

— Tais-toi! ne prononce pas ce nom pur. Il me fait souffrir comme la goutte d'eau bénite qui tombe sur la tête d'un démon. Tais-toi, tais-toi!

— Non, s'écria Ians, non, je braverai le démon. Fût-il là, j'essayerai jusqu'au bout de lui arracher votre âme. Priez, priez, repentez-vous, pour Duyvecke!... »

La foudre éclata, un éclair pénétra dans la chambre et repoussa Crumbbrugghe ébloui et terrassé, tandis que la pendule et les clochers jetaient dans les airs, avec leurs voix douloureuses, les douze coups de minuit. Prosterné la face contre terre et le cœur palpitant d'effroi, le tisserand entendit Siegbrit qui semblait lutter avec un être invisible; peu à peu elle devint immobile, le bruit cessa et l'orage se tut. Lorsque Ians osa se relever, il trouva le cadavre de Siegbrit étendu sur le plancher.

Le premier soin du fabricant de toile fut d'aller chercher un prêtre qui demeurait dans le voisinage, afin que le saint homme veillât près de ce corps inanimé, et qu'il passât la nuit à prier. On raconte que jamais le vieillard ne put parvenir à allumer le cierge qui devait l'éclairer: l'eau bénite, qu'il jeta sur les restes mortels de Siegbrit, frissonna comme si elle fût tombée sur un fer rouge.

Pareil phénomène se répéta le lendemain quand on porta le corps à l'église, et qu'il fut déposé en terre sainte.

S'il faut en croire la tradition, on dut abandonner le cimetière; car l'esprit du mal s'en empara; de terribles fantômes le hantèrent désormais et lui valurent le sinistre nom de *Trou d'enfer*.

Jans Crumbbrugghe, avec l'or que lui avait laissé Siegbrit, fonda, dans l'église de Sainte-Gudule, à perpétuité, une messe quotidienne pour le repos de l'âme de Duyvecke Rynghaut. Chaque matin, tant qu'il vécut, il s'y rendit, avec sa femme et ses enfants.

Sa vie, du reste, fut longue, honorable et comblée d'honneurs. Sa grande fortune, son expérience, son bon sens, et la connaissance parfaite qu'il avait des pays du Nord, non-seulement en firent un grand personnage dans l'association hanséate, mais encore lui valurent l'estime et la faveur de Charles-Quint, devenu empereur. Dans plus d'une circonstance difficile, il fut appelé au conseil de son souverain, et s'y fit remarquer par la sagesse de ses opinions et la prudence de ses conseils. Plus d'une fois il sut fléchir le caractère naturellement rigoureux de son souverain; il usa de son influence médiatrice, surtout quand l'empereur vint à Gand pour punir cette ville de ses séditions.

A cette époque, un des fils de Jans Crumbbruggh, quitta Bruxelles, et alla s'établir à Gand.

Il y avait encore dans cette dernière ville, à la fin du dix-huitième siècle, un échevin qui portait le nom de Crumbbrugghe.

Quant à Christiern, voici quelle est la fin de son histoire.

En 1543, Christian III, qui avait succédé à Frédéric,

appelé au trône de Danemark après l'expulsion de Christiern, conclut à Spire, avec Charles-Quint, une transaction par laquelle il fut stipulé que l'ancien roi serait traité désormais avec plus de douceur, et qu'il sortirait du donjon de Soenderbourg, à la condition toutefois de signer une renonciation complète aux prétentions qu'il pourrait conserver sur les trois royaumes du Nord. Christiern obéit sans hésiter, signa tout ce qu'on voulut, et abdiqua avec empressement ses droits. Pour prix de cette honteuse et lâche obéissance, on lui assigna un revenu sur le bailliage de Catlundbord et sur l'île de Samsoë. Quatre sénateurs le conduisirent dans ce bailliage, qu'on lui assigna pour résidence, et il y passa, sous leur surveillance, dans un état voisin de l'idiotisme, les treize années qui lui restaient encore à vivre.

Christian eut trois enfants : Jean, né en 1518, fut élevé dans les Pays-Bas par le célèbre Corneille Agrippa, et mourut à Ratisbonne, en 1532, le jour même où son père commença sa longue captivité ; Dorothée épousa Frédéric, électeur palatin ; Christine, après avoir été fiancée à François Sforce, duc de Milan, se maria à François, duc de Lorraine.

LE DEY SANS NOM

S'il est une histoire peu connue en Europe, c'est assurément l'histoire de la régence d'Alger, jusqu'en 1830. On ne sait guère que les noms des deys qui ont gouverné cette partie des États barbaresques; encore écrit-on ces noms avec une orthographe de fantaisie; quant aux détails de leur vie et aux événements — toujours si romanesques dans ces contrées barbares — qui les ont amenés au pouvoir, à peine les indigènes eux-mêmes, et nous parlons des indigènes instruits, en savent-ils quelque chose.

Quels documents historiques voulez-vous qu'il existe dans un pays où l'homme qui sait lire et écrire passe pour un véritable savant, et où il est interdit à tout vrai croyant de lire et de copier un autre livre que le Koran ou des commentaires sur le Koran? La religion, la législation, la morale, tout se trouve renfermé dans cet évangile musulman. La poésie et la musique n'existent en Algérie qu'à l'état de tradition; on s'y transmet de génération en génération les *quadriâ* ou romances et les airs sur lesquels on les chante.

Il en est de même de l'histoire ou plutôt des légendes qui se racontent sous les tentes des Arabes errants, dans les gourbis des habitants des montagnes, et dans l'élégante ghorfah des Maures qui peuplent les villes.

On ne connaît guère qu'un seul historien algérien, si toutefois on peut donner le nom d'histoire à des notes rapides et sommaires qui rappellent un peu, par leur forme brève et succincte, notre vieil *Art de vérifier les dates*, quoique ces notes, hâtons-nous de le dire, soient bien loin d'approcher de la valeur de l'œuvre des bénédictins.

El Zöhrat-el-Nagreat a été traduit, en 1841, par M. Alphonse Rousseau, et cet unique document des travaux historiques d'un indigène, quoique fort curieux, reste sans utilité réelle pour ceux qui veulent connaître l'histoire de l'Algérie.

Faute de matériaux, les écrivains chrétiens n'ont guère mieux fait. MM. Rhôteher, Clausol, Berbrugger, Galibert et leur prédécesseur Laugier de Tassy, dans son *Histoire du royaume d'Alger*, se contentent de raconter les faits généraux de l'histoire de la régence, et se bornent, la plupart du temps, à énumérer les guerres de cet étrange petit État avec les grandes nations de l'Europe qui payaient tribut à ces pirates, et qui, de temps à autre, les bombardaient dans leur repaire.

On n'a donc d'autre moyen d'entrer dans l'histoire de la régence d'Alger que de recourir à la tradition orale. Je sais bien que la tradition, en Orient plus que partout ailleurs, est prompte et habile à défigurer les faits ; le romanesque, toujours attaché à ce qui se passe dans ce singulier pays, s'en va grossissant de bouche en bouche, comme les œufs pondus par le mari de la fable, et finit par ne plus trop ressembler à la vérité ; mais, après tout, en Europe, l'histoire écrite est-elle si fort irréprochable de roman qu'il faille se montrer sans pitié pour l'histoire parlée des Arabes ?

Voici donc, vaille que vaille, le récit d'un des événements qui se sont succédé pendant l'époque la plus obscure de l'histoire d'Alger, tandis que l'Europe en guerre ne s'inquiétait guère de l'Afrique. Nous donnons ce récit tel que nous l'avons recueilli en partie de la bouche de témoins contemporains. Si l'on veut y voir une fable des *Mille et une Nuits*, nous ne nous y opposons point. Mais nous n'en terminerons pas moins ce préambule en affirmant que les six mois consacrés à une mission en Algérie dont M. le ministre de l'instruction publique m'avait chargé en 1845, ont été en grande partie employés à recueillir, entre autres matériaux historiques, les documents sur lesquels repose la légende ou l'histoire, — comme on voudra, — qu'on va lire :

En 1808, Alger avait pour dey Ahmed, qui occupait depuis trois ans le pouvoir, et qui s'y maintenait depuis trois ans sans trop de luttes. C'était un homme mûr, presque un vieillard, qui savait habilement diriger l'esprit turbulent des janissaires, les comblait de faveur, les gorgeait d'or, et occupait leur besoin d'activité et de turbulence par de fréquentes et de fructueuses expéditions contre les tribus qui refusaient de reconnaître son pouvoir et de lui payer le *rerama*. Les janissaires faisaient des razzia, revenaient chargés de butin, et ne songeaient pas à conspirer contre Ahmed.

Ahmed était donc un heureux pacha et menait une assez douce vie, dans son harem, entouré de belles esclaves de toutes les nations et d'un petit nombre de favoris, parmi lesquels se trouvait son barbier, jeune Turc d'une gaieté qui parvenait à dérider le dey, même dans ses jours les plus sombres. Personne ne s'entendait à raser une tête comme ce barbier, venu de Constantinople à l'âge de quatorze ans, sans autre moyen de fortune que ses rasoirs, sa *koüitra* à dix cordes et son unique costume. Il tressait une *chantouffe* d'une façon merveilleuse, peignait et parfumait une barbe mieux que tout autre, et chantait à ravir des *quadria* amoureuses, dont il composait à la fois les paroles et la musique. Une seule de ces romances a été conservée par la tradition, et fait encore, à l'heure qu'il est, les délices des dilettanti de Tunis, de Tripoli et des tribus errantes de l'Algérie.

Jeune, beau, paresseux, favori d'Ahmed, rien ne manquait au bonheur du barbier, qui passait la plus grande partie de la journée près du dey, s'asseyait à sa table, et recevait plus d'or qu'il ne lui en fallait pour posséder les plus riches turbans de la ville et les quaftans les plus élégamment brodés qui se vendissent dans ces *fenadoq* que, je ne sais trop pourquoi, nous appelons en France des bazars.

Quand il n'était point près du dey, il se tenait à demi couché dans une ineffable attitude habituelle aux Orientaux, sur les moelleux cousseux d'une petite boutique où se pressaient les habitants riches de la ville et les janissaires de tout grade. Jamais il ne daignait toucher ses rasoirs pour accommoder cette opulente clientèle ; il laissait ce soin à deux ou trois *métâllemine* ou apprentis, auxquels il avait enseigné son art, et qui se montraient dignes d'un tel maître. Parfois seulement, quand on l'en priait beaucoup, il prenait sa *kouitra*, jouait un ou deux airs, chantait un quadria et retenait ainsi, près de lui, pendant des heures entières, ses pratiques émerveillées. Souvent même les passants, charmés par cette musique, s'arrêtaient sur le seuil de sa porte, s'asseyaient à terre, prenaient leur part du concert, et obstruaient la rue Bab-Azoun, alors étroite, tortueuse, et que nous avons transformée aujourd'hui en une sorte de rue de Rivoli au petit pied, flanquée d'arcades et de trottoirs, et pavée de dalles.

Depuis trois années environ ce barbier jouissait donc de l'existence la plus heureuse, car sa fortune datait, ou peu s'en faut, de l'intronisation d'Ahmed. Je n'ai point parlé d'une des causes qui avaient contribué le plus peut-être à sa fortune. Le barbier savait lire et écrire, et, à ce titre, il servait de sécrétaire au dey, complétement étranger à deux sciences, qui constituent chez les habitants des États barbaresques un degré de savoir près duquel notre doctorat-ès-lettres n'est rien ou presque rien. Et puis, là-bas, qui dit barbier, dit médecin, comme cela existait au moyen âge en Europe. Donc, le héros de notre histoire, quand le dey se sentait malade, le saignait, lui appliquait des ventouses faites à petits coups de rasoir sur les jambes du patient, et figurant le monogramme d'Allah. Aux profits du coiffeur se joignaient donc les honoraires des consultations et le crédit du médecin.

Je n'ai point parlé des belles malades qui, sous la tutelle d'un eunuque ou d'une vieille négresse, venaient, enveloppées de leur *haïck* et le visage couvert de leur *eudjar*, consulter l'heureux médecin sur les souffrances, plus ou moins réelles, que leur causait la solitude et la monotonie du harem. Il faisait beau voir alors le jeune homme relever fièrement les deux brins de sa moustache, se pencher pour écouter la jolie bouche qui lui disait ses maux, et baisser lui-même bien bas, bien bas la voix pour indiquer à quels remèdes il fallait recourir. Les eunuques et les vieilles négresses d'Algérie ressemblent beaucoup aux duègnes des comédies espagnoles, et sont plus rudes d'aspect que de caractère; personne ne s'apprivoise mieux que ces farouches gardiens, avec un peu d'or, et même d'argent; l'or est si rare dans cette partie de l'Afrique!

Cependant, l'année 1808 avait été bien bonne et bien mauvaise pour le dey. Dans tous ses États, les tribus avaient payé l'impôt sans résistance et avec une facilité désespérante. Elles n'avaient point donné le plus petit prétexte à la moindre razzia; et ses janissaires en étaient réduits à se coucher nonchalamment à l'ombre des murs de leur ghorfah, et à passer les heures à fumer dans de longues pipes le doukhane de Smyrne ou à s'enivrer des parfums du narguilhé. Un pareil état de choses ne pouvait durer, et ils ne tardèrent point à le trouver intolérable. Ils accusaient le dey d'injustice à leur égard ; croyait-il que les exécutions qui avaient lieu de temps à autre, soit aux crochets de fer de la porte Bab-Azoun, soit par le cimeterre du chiaoux, dans la cour de la résidence du pacha, suffisaient pour charmer leur oisiveté? Qu'était-ce encore, pour tant de braves, que les dépouilles d'une vingtaine de juifs rançonnés et dépouillés en apparence jusqu'à la peau, mais qui savaient toujours bien, malgré la bastonnade, conserver une partie de leurs trésors? ce n'était, certes, point là ce qu'il leur fallait, et un autre dey s'y entendrait bien mieux.

Tout cela se disait et se répétait assez haut et sans qu'on prît trop la peine de le cacher. Si bien qu'Ahmed en fut instruit et s'en préoccupa beaucoup. Il savait que le plus petit choc pouvait faire éclater le redoutable orage amassé sur sa tête, et il se mit à chercher les moyens de le conjurer. On signala une ou deux tribus aux janissaires comme n'ayant point acquitté de bonne grâce l'impôt; mais les janissaires reçurent mal l'ordre du départ ; ils prétendirent qu'on voulait les éloigner sous un vain prétexte, et Ahmed reconnut que la situation devenait étrangement tendue, comme nous disions en 1848, quand l'esprit de révolte et d'anarchie ballotait si bien notre pauvre Paris.

Ahmed, voyant qu'il ne pouvait éviter le danger, résolut de recourir à l'abdication, préférable après tout à la mort, et rassembla autour de lui tous les chefs des janissaires. Quand il se vit entouré de ses sacripans turcs, il prit la parole, leur objecta son grand âge, leur parla des dégoûts et des fatigues du pouvoir, comme feu Charles-Quint, les remercia, les larmes aux yeux, de l'appui et du dévouement qu'ils lui avaient prodigués, et déclara qu'il renonçait au pouvoir et se retirait dans quelque campagne obscure où il voulait se consacrer tout entier aux devoirs religieux qui devaient lui rendre plus facile le périlleux voyage sur le pont étroit de la mort.

« Vous ne manquez point, dit-il, de braves soldats parmi lesquels il vous sera facile de trouver un dey qui vaille bien mieux que moi. Choisissez donc le plus digne ; je lui abandonne à l'avance mon palais et mon pouvoir. »

En achevant ces mots, il disparut comme par enchantement, et profita de la surprise générale pour monter à cheval et gagner au galop la mosquée qui s'élève sur les hauteurs de Bab-al-Oued, qui renferme les reliques d'un saint marabout en grande vénération dans toute l'Algérie, et dont le corps *complet* se trouve dans trois mosquées différentes, par un miracle d'Allah et de Mahomet, qui est le prophète d'Allah.

Quand les chefs des janissaires furent un peu revenus de leur surprise, ils commencèrent à se demander entre eux à qui le pouvoir allait être décerné, et il advint qu'il y avait autant de concurrents que d'assistants. Chacun se trouvait le plus digne, et était prêt à tirer de son fourreau damasquiné d'argent la lame de son *sif* pour établir son bon droit. La discussion allait amener une collision sanglante, lorsque le barbier du dey, qui ne se doutait point de l'abdication de son maître, arriva, ses rasoirs à la main et son bassin de cuivre sous le bras.

A la vue du barbier et par un assentiment général, on s'écria de tous côtés qu'Allah l'envoyait pour trancher la grave question qui tenait tous les esprits en suspens, et on décida qu'il désignerait celui des janissaires qui succéderait à Ahmed.

Le jeune homme, nous l'avons dit, était un garçon jovial, qui comptait la plupart des janissaires parmi ses clients, et qui n'en était pas à sa première plaisanterie avec eux. Il crut qu'il s'agissait d'une nouvelle facétie, s'assit gravement sur les coussins que venait de quitter le pacha, et prit une attitude comique de Salomon prêt à rendre la justice.

« Voyons, dit-il, que chacun des prétendants passe devant moi, et m'expose les titres qu'il croit avoir à devenir dey d'Alger, et je déciderai ensuite, selon ma conscience et avec les lumières du Très-Haut. Qu'on m'allume une pipe et commençons. »

Les chefs des janissaires prirent la chose au sérieux, se formèrent en rang et vinrent, un à un, dire au barbier quelles hautes qualités les rendaient dignes du pouvoir suprême. Le barbier les interrompait gaiement, contestait plus ou moins les qualités de l'orateur, lui jetait ses défauts au nez, et faisait rire à ses dépens un auditoire qui n'y était que trop disposé et trop intéressé. A l'un il reprochait son goût pour le pillage, à l'autre ses habitudes grossières, à celui-là sa prédilection pour le vin de Champagne, qui n'est pas du vin, disent les Orientaux, mais du sorbet qui mousse et qui tonne. Si bien que tous les janissaires y passèrent les uns après les autres, sans qu'une voix s'élevât pour proclamer dey l'un d'entre eux.

« Voulez-vous que je vous dise ce que je pense, continua le barbier, qui croyait toujours bouffonner. Si vous voulez absolument donner un successeur à notre dey Ahmed, qui, dites-vous, a abdiqué ce pouvoir, ce que je ne croirai que lorsque je l'aurai vu, je ne connais que moi qui soit digne de lui succéder. Je sais lire, écrire, raser, saigner, friser, chanter, jouer de la kouitra, et guérir d'une foule de maladies ! Qui de vous peut en dire autant ? Sans compter que je manie le sif comme le plus habile maître d'escrime d'entre vous, et que je ne me connais pas de rival pour monter un cheval et pour décharger au galop un fusil dont la balle frappe juste au but. Criez donc tous : Vive le dey *Hassaf!* (barbier). »

Il quittait ses coussins, et il se disposait à entrer dans l'intérieur de la ghorfah pour se rendre près d'Ahmed, lorsque à sa grande surprise, il vit tous les janissaires s'avancer près de lui, se prosterner à ses pieds, et lui dire :

« Tu es notre seigneur et notre maître ; nous sommes tes serviteurs et tes esclaves ! parle, et il te sera obéi ! fais un signe, et notre vie est à toi ! »

« Voilà, se dit-il, qui peut mal tourner pour moi, et je commence à craindre que le pacha ne trouve mauvaise la plaisanterie à laquelle j'ai eu tort de me prêter. Allons bien vite près de mon maître pour lui raconter le premier ce qui se passe, car je crains que mes pieds n'expient, par une rude bastonnade, les torts de ma tête. »

Mais il eut beau faire et beau dire, on le fit monter sur un cheval richement caparaçonné ; les janissaires formèrent un cortége autour de lui; et on le promena par toute la ville en faisant crier par des chiaoux :

« Prosternez vos fronts dans la poussière ! Celui qui passe est le pacha d'Alger. Qu'Allah le bénisse et le protége ! »

Le nouveau dey, après s'être bien frotté les yeux pour s'assurer qu'il n'était pas le jouet d'un rêve, se remit peu à peu d'une première émotion, assez naturelle en pareil cas, et commença à se familiariser avec son élévation au rang suprême. Les Orientaux ont d'ailleurs une manière commode et peu fatiguante de s'expliquer les choses de la vie. *Mectab Allah!* Dieu le veut ! c'était écrit ! Et ils se résignent et ne s'étonnent de rien.

Le barbier était, nous l'avons dit, un poëte et un savant, qui savait lire, qui savait écrire, et qui avait appris par cœur le Koran. Il vit dans son avénement au pouvoir un acte providentiel qui lui confiait la mission de gouverner en vrai croyant et en homme pieux le royaume d'Algésaïr, et il résolut de remplir ses nouveaux devoirs dignement, et de façon à mériter les bénédictions célestes. Il lui sembla qu'une puissance surnaturelle se révélait tout à coup en lui ; on vit son regard, surpris d'abord, prendre une expression sérieuse et imposante, et il rentra au palais des deys, — car les deys n'habitaient point encore la Kasbah, — grave, profondément préoccupé, et dans une attitude royale.

Arrivé dans l'*ouest-h-eddard* ou première cour de ce palais, il y trouva toute une famille juive que les janissaires y avaient amenée pour la rançonner, sous je ne sais quels prétextes frivoles. On prétendait, entre autres choses, que le chef de cette famille, riche marchand, qui revenait de la campagne, n'avait point assez vite mis pied à terre pour passer les portes de la ville, et avait ainsi manqué au respect qu'il devait aux vrais croyants en général et au dey en particulier.

La femme et les enfants de ce juif se pressaient avec terreur autour de lui, et regardaient non sans effroi un chiaoux qui préparait à l'avance la *falaka*, instrument de supplice qui sert à nouer les pieds des malheureux condamnés à la bastonnade. Un groupe de janissaires lui proposait de choisir entre une amende de cinq cents dourous ou un nombre égal de coups de bâton sur la plante des pieds. Le pacha barbier fit signe qu'on amenât devant lui le juif, l'interrogea et rendit cette sentence :

« Je ne crois pas que tu sois coupable, mais si tu l'es, va-t'en ! Je ne veux point qu'il y ait des larmes de répandues le jour de mon avénement au pouvoir. Il est écrit dans le Koran : « *Celui qui pardonne, s'ouvre le ciel !* »

Le juif baisa la terre et se retira joyeux et en bénissant le dey miséricordieux.

Les janissaires parurent assez médiocrement satisfaits, mais le dey jeta sur eux un regard sévère.

« Si vous croyez m'avoir choisi pour me faire l'instrument de vos iniquités, dit-il, vous vous trompez. Je veux être juste, respecté et obéi. »

Et, comme deux ou trois des plus turbulents s'élançaient vers lui, en criant :

« Chiaoux, dit-il, saisissez ces hommes et attachez-les à la falaka. S'ils résistent, tirez le cimeterre et décapitez-les. »

Les janissaires récalcitrants se laissèrent bâtonner, et les autres gardèrent un respectueux silence.

Cependant le dey, calme et serein, donnait à ceux qui l'entouraient des ordres pour assurer la tranquillité de la ville, dictait à ses khôdja ou secrétaires des lettres pour annoncer à toutes les tribus de la régence qu'elles eussent à reconnaître son pouvoir, et se rendait à la mosquée principale pour y réciter la prière qu'annonçait la voix des prêtres du haut des *c'ma*, appelés par les Européens minarets. Au sortir de la maison d'Allah, il prit à la hâte un léger repas, et se mit à rendre la justice à tous ceux qui venaient la réclamer de lui. Si bien que chacun bénissait son nom et qu'il n'était bruit partout Algésaïr que de la sagesse profonde du nouveau souverain.

Cependant Ahmed s'informait, du fond de la mosquée où il s'était réfugié, de ce qui se passait, et il apprit avec inquiétude la conduite pleine de sagesse de son successeur. Il commença à craindre sérieusement que le pacha-barbier ne restât au pouvoir. Il fit amener secrètement les janissaires bâtonnés, s'entendit avec eux et les engagea à soulever leurs camarades contre un dey qui entendait si peu les intérêts de sa garde. Il promit, en outre, de leur livrer les dix-neufs juifs les plus riches de la ville et de leur donner milles bourses d'or, qu'il prendrait dans le trésor secret, caché au fond des souterrains de la Kasbah. Ceux-ci revinrent communiquer les offres d'Ahmed à leurs campagnons d'armes et les déterminèrent à déclarer au barbier-pacha, que, s'il ne voulait pas leur accorder les mêmes avantages, ils lui ôteraient le pouvoir.

Le dey les écouta en silence et leur répondit : « Dieu est grand ! et je mets Dieu avant vous qui êtes petits. Si vous m'avez donné le pouvoir pour commettre des iniquités, laissez-moi quitter ce pouvoir et retourner à ma *hânoute* de barbier où j'étais heureux. Choisissez un autre dey ; qu'on me rende mes rasoirs et mon bassin, et qu'Allah et son prophète soient bénis. »

En achevant ces mots, il se leva, sortit paisiblement, et retourna dans sa petite maison de la rue Bab-Azoun.

Quand il fut sortit du palais, la foule qui entourait la demeure princière apprit les événements qui venaient de se passer, et l'abdication du nouveau dey. Elle s'indigna, et le ramena au palais, en criant qu'elle ne voulait point d'autre souverain que lui. Le jeune homme résista à leurs prières, mais en vain. On l'emmena en triomphe à la mosquée, et on prit de toutes parts des mesures pour résister aux janissaires.

Cependant les janissaires délibéraient entre eux pour élire un nouveau dey, et comme ils ne pouvaient tomber d'accord sur ce choix, ils finirent par se rendre à la mosquée où s'était caché Ahmed, dont les janissaires bâtonnés leur avaient révélé l'asile. Ils le ramenèrent au palais, reçurent de lui les bourses d'or promises, et allèrent arrêter les juifs destinés à rançon et qu'ils torturèrent jusqu'à ce que leurs familles eussent apporté les sommes qu'on exigeait de ces infortunés.

Ahmed ordonna ensuite qu'on arrêtât le barbier et qu'on l'amenât devant lui. Ceux qui le gardaient voulurent résister ; mais il s'y opposa, et se livra aux janissaires, qui le traînèrent aux pieds d'Ahmed, non sans l'abreuver d'outrages.

Quand il fut en présence d'Ahmed, celui-ci se prit à rire.

« Ah ! ah ! dit-il, tu as voulu régner et prendre la place de ton bienfaiteur. Tu vas payer de ta vie ton audace et ton ingratitude.

— Sidi, lui répondit le barbier, Allah m'est témoin que je n'ai jamais désiré ce pouvoir qu'on m'a donné malgré moi, et que je n'ai fait que laisser mettre dans mes mains ce que vous aviez jeté à vos pieds. Faites de moi ce que vous voudrez : souvenez-vous qu'un jour nous nous retrouverons tous les deux aux pieds d'Allah, qui est un juge redoutable. »

Ahmed fit un signe ; deux chiaoux se précipitèrent sur le barbier, lui passèrent un lacet autour du cou et l'étranglèrent. Puis on jeta son cadavre par-dessus les fortifications de la porte Bab-Azoun, et les tristes débris, arrêtés par les crochets de fer, dont ce mur était hérissé, y demeurèrent longtemps et y furent dévorés par les vautours et par les corbeaux.

Ceci se passait le 23 juillet 1808. Le 7 novembre suivant, Ahmed fut lui-même étranglé, et, comme le lui avait dit le barbier, il eut à rendre compte à Allah de ses cruautés et de ses injustices.

Ali-Khodjah, son successeur, subit le même sort en 1809 ; Hadji-Hali ne régna que quatre ans et fut empoisonné en 1815 ; puis vinrent Mohammed, tué quatorze jours après son avénement ; Omar, Ali-Khodjah, et Hussein-Khodjah, que nous avons vu à l'Opéra, à Paris, assister à la *Révolte au Sérail;* triste et dernier débris de cette suite de deys qui s'étaient succédé dans le gouvernement algériens et qu'a fait disparaître à jamais la puissance française.

Ni l'histoire ni les traditions barbaresques n'ont conservé le nom du dey qui régna douze heures à Alger. Il ne reste de lui qu'une jolie chanson que les musiciens africains appellent la *quadria* du pacha-hassaf (du barbier-dey) et dont voici la traduction. L'air en est mélancolique, et semble emprunté à l'un de ces airs provençaux importés en Algérie par les esclaves que les États barbaresques venaient parfois capturer sur les côtes de France.

Le soir, sur ta terrasse,
Quand tu viens, ma Zhorah,
La lune s'efface,
La jalouse passe
En voilant sa face,
Devant toi, Zhorah.

Six vers et un air de quadria, voilà tout ce qui reste d'un souverain.

LA SAINTE-CHAPELLE

I.

AU PIED D'UNE BORNE

Après avoir passé deux heures au chevet du révérend P. Bonaventure, général de l'ordre de Saint-François, un religieux vêtu du costume des Dominicains, traversait lentement et la tête baissée l'immonde rue de Glatigny. Le couvre-feu allait sonner, car déjà les chevaliers du guet commençaient leurs rondes, et les bourgeois préparaient les chaînes de fer par lesquelles ils fermaient les rues durant chaque nuit.

Tout à coup ce religieux, comme pour repousser une pensée qu'il ne devait point avoir, fit le signe de la croix, et s'écria :

« *Deus in adjutorium meum intende.* »

Puis il ajouta dans son agitation :

« *Fiat volontas tua!* »

C'est qu'une amitié tendre l'unissait au P. Bonaventure ; c'est que, malgré l'abnégation complète de toute affection terrestre qu'exige d'un moine le catholicisme, malgré l'absolue résignation aux volontés de Dieu qu'impose cette religion, il ne pouvait sans douleur songer qu'il ne verrait plus en ce monde le compagnon de sa jeunesse, le frère tendre avec lequel il avait marché pas à pas jusqu'à ce jour à travers les douleurs et les épreuves de la vie! Avec qui désormais pourra-t-il échanger ses pensées? combattre ses doutes? préparer ses travaux?... Le voilà seul sur la terre pour continuer le pénible voyage de ce monde. Quand on est deux en route, on se soutient mutuellement; on s'entr'aide; on charme les ennuis de la marche; on trompe les énervements de la fatigue par des soins échangés, par des paroles de compassion et d'encouragement..... Mais aller seul! muet! Regarder autour de soi et ne voir qu'une effrayante solitude! Parler et n'entendre pas de réponse! Sentir son cœur battre d'effroi, et n'avoir là personne pour dire : « Frère, bon courage! » oh! cela est affreux! bien affreux!

« Égoïste et faible que je suis! reprit-il. Mon frère arrive au terme du voyage et je pleure! Il va se reposer pour l'éternité et je pleure! Il n'y a plus pour lui ni fatigue, ni route, ni terreur, et je ne me réjouis point! Pourtant, j'aurais dans le ciel un intercesseur qui priera Dieu d'abréger mon voyage; un ami qui penchera vers la terre son front couronné de l'auréole céleste pour me protéger et m'enseigner la bonne voie... Je suis un chrétien bien faible et bien lâche, en vérité ! »

Mais il avait beau s'armer de résolution, il avait beau appeler à son aide les raisonnements de la foi, des larmes ne continuaient pas moins à s'échapper de ses yeux et à couler le long de ses joues plus amaigries par les macérations que par l'âge. En effet, si l'on regardait avec attention sa tête presque chauve et garnie, dans la partie postérieure, de cheveux noirs auxquels se mêlaient quelques nuances argentées, on reconnaissait aisément que le Père de Saint-Dominique ne comptait guère plus de trente-six ans. Ce qui le faisait paraître vieux, c'était je ne sais quelle fatigue répandue sur toute sa figure, et qui ridait sont front par de larges plis. Mais s'il relevait sa tête habituellement baissée, si son œil noir, distrait et tourné vers la terre, s'animait tout à coup, alors ce corps vieux et affaissé reprenait sa jeunesse. Mais de tels éclairs étaient rares et courts comme ceux qui tout à coup illuminent les nuées lourdes d'un ciel orageux ; c'était la torche qui soudain empourpre de sa splendeur un souterrain, pour le replonger ensuite dans une profonde obsurité.

Au coin de la rue de Glatigny, une grande foule de populaire empêcha le Dominicain d'aller plus avant. Cette foule entourait un homme qui se débattait à terre au milieu des convusions de l'ivresse, et dont les ribauds se moquaient sans pitié, car ses vêtements annonçaient un homme d'une classe moins abjecte que celle qui se livre d'ordinaire à l'ivrognerie. Ils se réjouissaient donc beaucoup à voir ainsi se rouler dans la fange de leurs rues un de ceux-là dont ils ne pouvaient considérer sans envie le bien-être, la fortune et la supériorité de rang et d'éducation.

« Oh ! le vilain ivrogne ! disait un *franc-mitoux,* c'est-à-dire un de ces mendiants qui s'attirent la pitié des âmes charitables au moyen de plaies simulées ; le vilain ivrogne ! il aurait bien mieux fait d'aider de son argent quelque pauvre souffreteux, plutôt que de l'employer à perdre ainsi la santé de son corps.

— Oui, oui, ajouta une vieille femme dont le nez rouge annonçait pourtant qu'elle recourait souvent aux consolations de la dive bouteille ; oui, ces gens-là ont le superflu qu'ils gaspillent, et nous autres, pauvres hères, nous mourons de faim...

— Mais non de soif, commère, interrompit un écolier qui, par une secousse brusque, fit malignement tomber des mains de la vieille un pot de vin qu'elle tenait caché sous son tablier.

— Ah ! vrai fils de Satan ! » s'écria celle-ci en courant après le polisson qui prit la fuite, mais pour revenir bientôt narguer son ennemie et l'animer à une lutte où ses jeunes jambes lui donnaient tout l'avantage. Aveuglée par la colère, la vieille n'en persista pas moins à vouloir saisir l'enfant, qui se laissait approcher et s'échappait, comme un oiseau, au moment même où les mains sèches et tremblantes de la furibonde créature semblaient le tenir.

Ce second spectacle fit tort au premier : on délaissa l'ivrogne pour se régaler de la prestesse de l'écolier et de la rage de la vieille. Le Dominicain put donc s'approcher de l'inconnu qui gisait à la porte du tavernier et lui donner quelques secours. Lorsqu'on eut relevé cet homme et que, sur la prière du religieux et sur la promesse de payer un écu au tavernier, celui-ci l'eut transporté dans son logis, quelques soins rendirent le sentiment au malheureux. Alors il se débarrassa des ordures, dont l'avait couvert la populace, vit le Dominicain et voulut se cacher le visage; puis il se mit à fondre en larmes.

« Mon frère, dit l'homme de Dieu avec indulgence, sans doute vous n'êtes point habitué à des goûts si peu dignes d'un cavalier de bon lieu, comme vous semblez l'être. Votre honte et votre repentir vous absolvent. La nuit commence à devenir plus noire; si vous le voulez, je vous reconduirai jusqu'à votre logis. »

L'inconnu regarda fixement et d'un air sombre le prêtre qui se tenait debout devant lui; puis ayant fait signe au tavernier de s'éloigner :

« Ce n'est point chez moi, mais à l'église qu'il faut que je me rende, mon père; car Dieu et non le hasard vous a fait venir près de moi. Écoutez, ajouta-t-il d'une voix plus basse et en laissant tomber chacune de ses syllabes; si je bois, c'est pour oublier; si je m'enivre, c'est pour ne plus voir un fantôme qui me poursuit sans relâche, qui se dresse devant moi dès que je me sens un peu de raison. Tenez, le voilà, mon père; il rit avec une joie féroce, il me montre sa poitrine sanglante, il me crie : « Assassin! assassin! »

Le Dominicain porta précipitamment sa main sur la bouche de l'inconnu.

« Silence! mon frère; un tel lieu ne convient pas à de telles paroles. Si vous en avez la force, venez, suivez-moi; notre couvent n'est pas loin d'ici; je pourrai vous y entendre et vous consoler au tribunal de la pénitence. Là, vous n'aurez point à craindre que des oreilles indiscrètes surprennent vos aveux; là vous ne vous adresserez point à un homme, pécheur comme vous, mais au Saint-Esprit qui descend du ciel pour inspirer le prêtre revêtu du sacré caractère de confesseur. »

L'inconnu se leva lentement et comme une machine qui obéit au ressort de son inventeur. Après s'être enveloppé d'un manteau que lui donna le tavernier et que paya le moine, car les spectateurs de tantôt avaient eu soin de débarrasser dans la rue, de sa bourse, de son pourpoint et de son manteau celui aux dépens duquel ils s'ébattaient, il suivit son protecteur. Tous les deux se dirigèrent vers le cloître des Dominicains.

II

LA CONFESSION

Après quelques minutes de marche, ils arrivèrent par une petite porte, car les grandes était closes depuis longtemps, dans l'intérieur de l'église, nef immense dont les gigantesques arceaux reposaient sur de petites colonnes courtes et recevaient, de mille façons bizarres, les lueurs de trois ou quatre lampes, laissées allumées çà et là dans une chapelle ou aux pieds de la statue de quelque saint.

Quand ces deux hommes se trouvèrent au milieu du silence et de la solitude de l'église, un sentiment de tristesse et d'effroi s'empara de leurs cœurs ; l'un parce qu'il avait de terribles aveux à faire, l'autre parce qu'il comprenait combien les paroles qu'il allait entendre seraient effrayantes. C'était du reste un spectacle bien solennel que le prêtre à genoux et récitant une prière, tandis que pâle, atterré et le cœur battant avec force, l'autre éprouvait l'attente et les angoisses d'un coupable amené devant le juge qui doit décider de son sort, et qui va le rendre à la liberté ou le jeter sous la roue du bourreau.

Enfin le prêtre se releva, s'assit dans le confessionnal et fit signe au pénitent de s'agenouiller devant lui.

« Bénissez-moi, mon Père, parce que j'ai péché, » murmura ce dernier. Et il commença les paroles sacramentelles qui précèdent la confession.

Le prêtre le bénit silencieusement.

Mais, au lieu de continuer à réciter les prières du rituel, l'autre se releva par un mouvement impétueux.

« Qu'ai-je besoin de me confesser ? qu'ai-je besoin d'implorer la miséricorde divine ? Il n'est plus de pardon pour moi, car si Dieu me pardonnait, Dieu ne serait pas juste. Écoute-moi bien, prêtre ; tu vas te détourner, avec horreur ; tu vas me chasser sans pitié de l'église que je profane par ma présence ; tu vas me crier : « Anathème,

« et malédiction ! » Je suis un assassin, un lâche assassin qui frappe sa victime, la nuit et par derrière ; un assassin qui s'adresse non pas à ceux qui peuvent se défendre, mais à un vieillard qui supplie à deux genoux son bourreau de lui laisser la vie. Ni ses larmes ni ses cris ne m'ont désarmé, il se traînait à mes pieds, j'ai frappé ; il criait grâce, j'ai frappé ; il me parlait de son salut, j'ai frappé ; j'ai tué l'âme avec le corps !

« Depuis lors, une voix de damné répète, dans le séjour des pleurs et des grincements de dents : « Tu seras là, « près de moi dans l'éternité. » Cette voix, elle ne reste pas renfermée dans l'enfer ; elle en sort, elle me poursuit, elle me harcèle. Je l'entends le jour ; je l'entends la nuit ; je l'entends quand je suis éveillé ; je l'entends quand je dors. Comprends-tu maintenant pourquoi je m'enivre ? Comprends-tu maintenant pourquoi je cherche à m'abrutir dans le vin, à m'ôter toute pensée, tout sentiment ? Eh bien ! tu ne parles plus de pardon ? Te voilà plus pâle et plus atterré que moi. Dis-moi, prêtre, où sont tes consolations et tes pénitences ? que deviennent tes promesses de miséricorde ? Maudit ! damné ! Je suis maudit, je suis damné pour l'éternité !

— Mon frère, vos crimes sont grands, mais la miséricorde divine est infinie. Ne désespérez pas d'obtenir, à force de larmes de componction et de confiance en la bonté céleste, le pardon de vos fautes, quelque mortelles qu'elles soient. Revenez donc à des sentiments moins désespérés et continuez vos aveux ; car, pour bien appliquer le remède, il faut bien connaître le mal. Allons, mon frère, du courage !

— Du courage ! oui, mon père, il en faut pour continuer.

— Quels motifs vous ont poussé à tuer ce vieillard ?

— La jalousie; l'amour de la gloire, cette fièvre étrange, cette couronne d'épines qui déchire tant le front qui la porte ! J'étais un architecte venu du fond de l'Allemagne afin de concourir avec trois autres artistes, appelés comme moi par le roi de France, pour construire la chapelle de son palais. Je connaissais mes adversaires : nul d'entre eux n'était de force à m'inspirer aucune inquiétude; car, mon Père, c'est moi qui ai construit l'église de Saint-Jacques à Vienne; c'est moi qui ai créé ses tours ciselées et ses sculptures mystérieuses qui cachent un sens mystique et les mystères du grand-œuvre. Eh bien ! mon Père, j'avais mieux fait encore pour la chapelle du roi Louis. Jamais mon génie ne s'était élevé d'un vol aussi hardi et aussi grand; jamais les conceptions de mon talent n'avaient rêvé plus d'harmonie et plus de grâce. A l'intérieur, des trésors de ciselures, une flèche si légère que nul ne saurait comprendre comment elle résiste aux efforts de la tempête; mille figures d'anges et de démons; des détails infinis qui forment un ensemble large et complet. Puis, à l'intérieur, deux chapelles l'une sur l'autre; des voûtes d'une hardiesse surprenante, des voûtes qui ne reposent que sur de faibles colonnes, sans être soutenues par un seul pilier sous œuvre. « Oh ! quelle sera ma joie ! me disais-je, quand des milliers de sculpteurs et de maçons, soumis à un signe de ma main, esclaves du moindre de mes regards, commenceront à réaliser ma noble et sublime pensée ; quand on creusera les fondements, quand les murs s'élèveront ; quand l'on construira la charpente en bois de châtaignier choisi par moi ! Car je veux que ce soit l'œuvre la plus parfaite et la plus accomplie qu'on ait jamais vue. Je ne m'en rapporterai à personne pour le choix des matériaux ; à personne pour la surveillance de l'exécution. Tout sera fait par moi ; une mère a moins de tendresse pour son enfant que je n'en aurai pour mon église... Puis viendra la récompense de tant de soins et de tant de travaux : l'inauguration du temple sacré, la foule qui se presse et qui pleure d'admiration et de joie ; les chants de l'orgue ; les parfums de l'encens ; le soleil qui jette ses splendeurs à travers les vitraux ; le roi Louis à deux genoux devant l'autel que j'ai construit... Paris, la France, l'univers rediront mon nom avec transport : ma gloire sera une gloire éternelle contre laquelle ni la mort ni les siècles ne pourront rien !... »

« Voilà, mon Père, voilà ce que je rêvais dans ma folle confiance, dans mon orgueil insensé.

« A vingt-cinq lieues de Paris, presque au terme de ma route, je rencontre un vieillard... Il voyageait comme moi ; comme moi, il se rendait près du saint roi Louis, afin de lui présenter des plans pour la Sainte-Chapelle. Je riais de sa confiance ; car, me disais-je, qui peut lutter avec moi ? Enfin, par curiosité et plutôt dans le but de lui complaire, je consentis à voir ses plans qu'une fatale confiance le poussait à me montrer, Oh ! mon Père, j'étais vaincu ! cet homme avait plus de génie que moi ; ma gloire m'échappait ; il me fallait retourner dans mon pays..... Couvert de honte, déshonoré, je n'étais plus le premier architecte du monde. J'étais vaincu. Ne me demandez pas ce qui se passa dès lors dans mon esprit, quelles pensées me brûlèrent, quelle fièvre me dévora! Tout ce que je sais, c'est que la nuit, dans un bois, je vis un vieillard à genoux devant moi, qui me criait grâce; c'est que je sentis mes mains couvertes des flots d'un sang tiède; c'est que les arbres de la forêt s'empourprèrent aux clartés que faisait en brûlant un monceau de papiers et de parchemins... Depuis lors, je n'ai plus ni trêve ni repos. J'ai voulu me rendre au palais du roi Louis, mais un esprit invisible m'en a repoussé. Il ne m'est resté qu'un refuge : boire, boire jusqu'à l'ivresse, jusqu'à l'abrutissement, jusqu'à la mort de la pensée. »

Le Dominicain se leva. Ce n'était plus un chrétien qui pleurait et qui consolait, c'était un juge.

« Écoute, dit-il, écoute ce que Dieu, le Dieu qui punit et qui pardonne, te commande par ma voix. Fais pénitence, renonce au monde et à tes rêves insensés de gloire; ne sois plus rien désormais qu'un pauvre moine, sans autre nom ici-bas que celui de frère Antoine.

— J'obéirai.

— Revêts-toi du cilice et du froc; ne couche que sur la pierre; interromps ton sommeil, la nuit, pour te frapper de la discipline; ne mange qu'un pain noir mêlé de cendres.

— J'obéirai.

— Condamne-toi au plus absolu silence; que tes lèvres ne s'ouvrent que pour prier. Si l'on t'insulte, agenouille-toi; si l'on te frappe, baise la main qui s'est levée sur ta joue, si quelqu'un reconnait en toi celui qui fut un artiste célèbre, réponds :

« Je ne suis que le frère Antoine. »

— J'obéirai.

— Et pour que l'expiation soit complète, livre au feu les plans qui t'ont fait commettre un crime ; jette leur cendre aux vents : qu'ils périssent comme ceux de ta victime. »

Mais à ces paroles du prêtre le pénitent s'était relevé :

« Jamais, s'écria-t-il, jamais ! Plutôt la damnation éternelle ! Détruire la plus noble, la plus grande de mes pensées ! dire qu'un autre édifiera la Sainte-Chapelle, que rien ne subsistera de mon œuvre ! non pas, moine. J'accepte ta pénitence ; je prierai, je pleurerai, je me déchirerai à coups de discipline ; je ne dirai pas mon nom, mon glorieux nom, à personne, pas même à toi. Mais tu n'exigeras point que je brûle mes plans ! tu n'exigeras point que je laisse un autre élever la Sainte-Chapelle ! Plutôt l'enfer, plutôt la damnation, plutôt un nouveau crime ! »

Sa voix naguère humble et tremblante retentissait avec fracas sous les voûtes sonores de l'église déserte ; il marchait précipitamment ; il frappait ses mains avec violence l'une contre l'autre ; une sueur glacée ruisselait sur son visage.

Le Dominicain en eut pitié, et plutôt que de perdre cette âme énergique, plutôt que de repousser la brebis venue à la porte du bercail, il préféra céder sur ce point de la pénitence.

« Eh bien ! écoutez. Que Dieu me pardonne ma faiblesse et ne me punisse pas d'une indulgence, coupable peut-être ! Vous ferez remettre les plans au roi Louis par une main inconnue; votre œuvre sera exécutée, mais la gloire ne vous en appartiendra pas.

— Oh ! merci, mon Père, merci ! Que m'importe la gloire pourvu que mes plans ne soient point brûlés, pourvu que ma pensée ne périsse pas et s'exécute ! D'ailleurs, personne ne s'y méprendra. Quel autre que moi pourrait créer une semblable merveille? Chacun dira : « Lui seul a pu en être l'auteur. » Merci, mon Père, merci ! »

Le Dominicain sourit tristement de ce singulier mélange de repentir et d'attachement aux vanités du monde ; mais il avait une foi trop éclairée et une piété trop charitable, pour ne pas être indulgent.

« Passez la nuit en prières dans cette église. Demain vous me confierez vos plans que je me chargerai de faire remettre au roi Louis, puis ensuite, si vous voulez sincèrement gagner le ciel, vous me jurerez que rien ici-bas ne vous sera plus de quelque chose.

— Oui, mon Père, oui, mon Père; désormais vous réglerez la vie, la pénitence et jusqu'à la moindre pensée de l'architecte Frantz...

— Silence, interrompit le moine, votre nom ne vous appartient plus. Chacun doit l'ignorer, moi comme les autres ; car ce nom est glorieux, dites-vous, et un pénitent ne doit rien garder des pompes terrestres. Frère Antoine, à genoux. »

L'artiste soupira profondément et obéit.

« Du moins, avant de vous éloigner, dites-moi quel est mon sauveur, apprenez-moi quel nom je puis mêler à mes prières ; car je lui dois un bien que j'avais perdu pour toujours: l'espérance de mon salut.

— Priez, pour le Père Thomas d'Aquin, de l'ordre de Saint-Dominique, » dit le moine en s'éloignant.

III

LA BOUTIQUE DU PATISSIER

Il y avait au treizième siècle, dans le quartier Sainte-Opportune, au coin de la rue des *Trois-Quenouilles*, un pâtissier fort en renom, et chez lequel ne dédaignaient pas de s'approvisionner les plus grands seigneurs. Non-seulement, ils recommandaient à leurs maîtres-queux d'acheter, à l'enseigne de *Saint-Laurent*, chez Jacques de Montreuil les pains *tailloirs* et les pains *primos* [1], qu'il fabriquait d'une pâte merveilleuse; mais encore ils ne dédaignaient pas, lorsqu'ils passaient dans le quartier, de descendre de cheval pour venir manger, dans la boutique du digne pâtissier, des oublies, des compotes de marrons à l'eau de rose et du *pignolat*, friandise composée avec des amandes de pins. Ils ne montraient pas moins de goût non plus pour les vins épicés que maître Jacques mixtionnait avec un talent merveilleux, à l'aide de noix muscades, de raisins secs et de clous de girofle.

[1] Ces pains étaient faits en forme de boule.

Habitué à voir sa boutique remplie de tout ce que la cour et la ville avait de plus élégant et de plus riche, maître Jacques de Montreuil n'aurait pas échangé sa boutique contre les cuisines royales, et le coutelas de sa ceinture contre la baguette de maître-queux du monarque régnant. Vous comprenez donc qu'il prisait beaucoup moins, du reste, l'argent dont s'emplissait son escarcelle que la réputation d'habile pâtissier dont il jouissait sans conteste. Aussi, bien des gentilshommes à bourse vide et à nom sonore profitaient de cette vertueuse ambition pour s'héberger gratis dans la boutique de la rue des *Trois-Quenouilles*. Mais, en résumé, il y venait tant de monde que c'était là une perte de menue importance. Si maître Jacques de Montreuil n'avait pas eu d'autres soucis, il se fût estimé le plus heureux des hommes.

Par malheur, il avait un fils nommé Pierre, qui ne témoignait pas le même respect pour la noble profession de pâtissier, et jamais n'approchait du four que malgré lui et sous la menace du bâton paternel. Il ne touchait aux pâtes que pour les gâter par quelque mélange maladroit, et il s'entendait tellement peu en cuisson que si, par hasard, on lui laissait le soin de veiller au four, on n'en retirait plus que des gâteaux tout noirs et presque réduits en cendres.

Maître Jacques de Montreuil, dont la plus grande ambition aurait été de voir son fils hériter de la gloire et de la fortune qu'il avait acquises dans la boutique de la rue des *Trois-Quenouilles*, se sentait furieux à la vue de l'incapacité complète de Pierre en fait de pâtisserie, d'autant plus que, cette seule science exceptée, Pierre se montrait en toutes choses un garçon d'intelligence et de savoir-faire. Personne, entre autres, ne bâtissait mieux que lui un surtout de table et ne dessinait des gâteaux de formes plus merveilleusement ouvrées; mais c'était là tout. Hors cette unique branche, l'une des plus importantes sans doute de l'art culinaire, mais qui seule ne pouvait le mener à rien, il montrait une ignorance et une mauvaise volonté qui désespéraient son père et le jetaient en des colères fort bouffonnes pour tout le monde, excepté pour celui qui s'en trouvait la victime. Car non-seulement Jacques de Montreuil battait outrageusement son fils, quoiqu'il fût âgé de vingt ans, mais encore, à la grande humiliation du pauvre Pierre, il racontait au premier venu ses chagrins et l'ineptie de son fils.

Or, quinze jours après l'entrevue du P. Thomas d'Aquin et de son pénitent, maître Jacques de Montreuil s'égosillait à gronder son fils, et menaçait de le battre, en dépit du scandale que causaient dans la rue les éclats burlesques de sa colère, et malgré la foule qu'un pareil tapage amassait devant le logis. Le cas échéait grave, il faut le dire; un pâté de colombes, destiné au dîner de messire de Joinville, était tombé des mains du malencontreux Pierre qui le portait au four!... il fallait que messire de Joinville se passât de pâté, ce jour-là! Pierre, pour échapper au juste courroux du bonhomme, prit le parti de s'échapper dans la rue. Il courait avec une si grande précipitation qu'il tomba dans les bras d'un novice dominicain que la violence du choc faillit renverser. Le religieux s'interposa entre le battant et le battu, et son caractère ecclésiastique comprima de suite la violence de maître Jacques qui se déchaperonna de sa barrette et se mit à expliquer longuement les griefs qu'il avait contre son fils. C'était là, du reste, tout ce qu'il voulait, car sa colère n'en venait jamais aux coups que faute de n'avoir pas quelqu'un pour écouter ses doléances. Frère Antoine (car le novice dominicain n'était autre que l'artiste dominicain), tandis que le pâtissier racontait l'incapacité de son fils en matière de mixtions culinaires et sa prédilection pour construire des surtouts de table et des gâteaux moulés, porta machinalement ses regards autour de lui. Il ne put réprimer un mouvement de surprise à la vue d'une sorte d'église que Pierre modelait en terre, en attendant de la mouler en pâte de biscuit; car cette ébauche n'était point une chose ordinaire, et, malgré l'usage trivial auquel on la destinait, le moine y reconnut, du premier coup d'œil, les indices du talent qui lui avait été si fatal.

Dès lors une vive sympathie émut son cœur.

« Maître Jacques, dit-il en se pliant aux idées absurdes du pâtissier, la vocation est libre. Si l'on vous eût obligé à ne construire que des surtouts de table, sans jamais fabriquer de gâteaux, vous vous fussiez révolté. Pourquoi ne pas avoir, en sens contraire, pour votre fils, l'indulgence dont vous auriez eu besoin? Vous êtes glorieux de votre talent; eh bien! votre fils peut acquérir dans une autre carrière une réputation aussi grande que la vôtre. Au lieu d'hériter d'un nom il s'en créera un; envoyez votre fils demain à notre couvent, j'en ferai mon élève. »

Disant cela, il oubliait le froc de moine dont il était

couvert; son œil d'artiste étincelait, et une émotion convulsive faisait trembler tout son corps. Mais bientôt il retomba dans la réalité et il ajouta :

« Je demanderai au père supérieur la permission de recevoir votre fils et de le diriger dans la carrière de l'architecture. S'il me l'accorde, peut-être mes conseils pourront-ils servir à ce jeune homme. Adieu! »

Il sortit, laissant Pierre au comble de la joie, et Jacques ébahi. Mais la vue du pâté qui gisait à terre rendit à ce dernier toute sa mauvaise humeur.

« Par saint Laurent, mon patron! s'écria-t-il, que faire maintenant pour ne pas mécontenter le maître-queux de messire de Joinville?

— Bel oncle, mettre au four ce pâté que je viens de faire pendant votre querelle avec Pierre, et l'envoyer à l'hôtel de messire de Joinville. »

Maître Jacques, stupéfait, regarda dans une stupéfaction complète la jeune et jolie fille qui lui parlait.

« Vrai, Agnès? » fit-il.

Mais bientôt il haussa les épaules.

« Ton pâté ne vaudra rien, petite sotte; je suis le seul dans la ville de Paris qui sache fabriquer comme il faut cette pâtisserie.

— Je vous ai vu plusieurs fois à l'œuvre, bel oncle, et je suis sûre d'avoir réussi.

— En effet, voici bien toutes les choses nécessaires : des pigeonneaux hachés avec de la peau de cochon de lait, des œufs et de la farine de marrons. Agnès, as-tu mis de la crème et des œufs dans la pâte?

— Oui, bel oncle, et du safran pour lui donner une

bonne couleur; j'ai humecté l'extérieur avec du jaune d'œuf, afin qu'il se dore au four.

— Bien, très-bien. Y a-t-il des cervelles?

— Oui, des cervelles de passereaux mêlées à des cervelles de poulets...

— Pour que la délicatesse des unes s'améliore de la fermeté des autres. Tu es un petit ange. Pierre, porte cela au four.

— Non pas, bel oncle, interrompit la jolie fille, qui craignait quelque nouvelle maladresse de son cousin. Non pas! Je veux faire toute seule mon pâté, et non-seulement le mettre au four, mais encore l'en retirer moi-même.

— Rien de plus juste; va donc.

— Pierre, dit Agnès, vois quelle bonne querelle je te sauve. M'aimes-tu du moins un peu pour cela?

— Je vais devenir l'élève de ce moine! je pourrai donc me livrer à ma vocation et devenir un architecte, » pensait Pierre qui n'entendit pas les paroles de sa cousine.

Celle-ci essuya une larme et ouvrit le four pour bien s'assurer que son gâteau ne brûlait pas.

IV

SAINT THOMAS D'AQUIN

Au fond du cloître des Dominicains, dans un long corridor formé par de petites cellules, se trouvait une chambre un peu plus grande que les autres, quoique son ameublement, pauvre et nu comme celui du dernier novice, ne se composât que d'une table, d'un banc et d'un lit de planches. C'est là que Thomas d'Aquin consacrait à l'étude tout le temps que lui laissaient la prière et la charité; c'est là qu'il écrivit les différents livres qui produisirent une si vive sensation dans le monde catholique, et dont quelques-uns servent encore aujourd'hui de base aux systèmes théologiques de la religion romaine. Une science approfondie des Pères de l'Église[1] et une hauteur de vues beaucoup plus éclairées que celles des autres moines ses contemporains lui valaient une renommée de savoir qui cependant ne surpassait point sa renommée de vertus et de bonté. Non-seulement il aidait les pauvres

[1] Les ouvrages de saint Thomas d'Aquin se composent :
1° Des *Œuvres philosophiques*, ou commentaires sur Aristote;
2° Des *Œuvres théologiques*.
Ce sont des *Dissertations sur les quatre livres du Maître des sentences* (Pierre Lombard, évêque de Paris) et sur un grand nombre de questions de controverse ; une *Somme de la foi catholique* contre les Gentils, qui a le même but que la *Cité de Dieu* de saint Augustin,

de ses aumônes; non-seulement il allait s'asseoir au chevet des mourants pour les réconcilier avec Dieu, et pour leur montrer le ciel qui les attendait au sortir de cette vallée de larmes, mais encore il courait au-devant du repentir, qu'il ramenait dans une bonne voie, à force de sollicitude, d'indulgence et de saints exemples. Comme son divin Maître, il suivait la brebis égarée et la mettait sur ses épaules afin de la ramener au bercail, plein de compassion qu'il était pour sa faiblesse et pour l'erreur qui l'avait entraînée loin du toit protecteur. Thomas d'Aquin avait une séduction de parole à laquelle résistait difficilement le cœur le plus endurci; pour ne pas céder, il aurait fallu ne pas entendre sa voix harmonieuse; il aurait fallu fermer les yeux; il aurait fallu ne point se trouver sous la magie de ses nobles traits, sous la fascination de son regard à la fois triste et doux. Jamais on ne fit le bien avec moins de bruit. Il entourait de tous les mystères possibles ses bonnes œuvres; aussi ne le désignait-on guère dans Paris que sous les noms de *docteur angélique*

et une *Somme de théologie* qu'il composa à la sollicitude de saint Raymond de Pegnafort, ancien général des dominicains.

Ce dernier ouvrage, contesté par quelques critiques à saint Thomas, lui est généralement attribué par les auteurs contemporains. La troisième partie, que la mort lui empêcha d'achever, fut terminée par Pierre d'Auvergne.

3° Des *Commentaires sur l'Écriture sainte*, tant de l'Ancien que du Nouveau Testament;

4° Des *Sermons et des opuscules, ou œuvres mêlées*.

Ils comprennent la réfutation des erreurs d'Averroès, l'apologie des ordres religieux, des enseignements moraux adressés à diverses personnes et l'*Office du Saint Sacrement*.

5° Le *Miroir moral;*

6° *Secreta alchimiæ magnalia*.

Ces deux ouvrages lui sont contestés.

ou d'*ange de l'école;* aussi, quand une mère le rencontrait, le priait-elle de bénir son enfant agenouillé, afin de le protéger contre les maladies du corps et de l'âme. Émerveillé de toutes les bonnes actions de Thomas d'Aquin, le peuple ne pouvait supposer que tant de vertus appartinssent à un mortel ordinaire, et l'on parlait de plusieurs miracles opérés par son intercession [1].

Thomas d'Aquin avait été conduit à la vie monastique par une vocation irrésistible et contre laquelle n'avaient rien pu les efforts de sa famille. Fils du comte Landolfe, seigneur de Lorrette, neveu de l'empereur Frédéric Ier et parent de Louis IX, roi de France, il descendait par sa mère du fameux Tancrède de Hauteville, conquérant des Deux-Siciles au onzième siècle. Destiné à la carrière des armes, il quitta furtivement sa famille et vint prendre l'habit de novice chez les Dominicains de Naples. Dès que sa mère eut appris cette résolution, elle accourut au couvent et supplia son fils de renoncer à un dessein qui laissait sans héritier le nom illustre qu'il portait. Thomas fit une respectueuse résistance aux sollicitations de sa mère et ne céda point davantage à une longue captivité que lui fit subir son père dans le château de *Roche-Sèche*. Il fallut se rendre à une volonté si ferme, et Thomas put enfin suivre librement la vocation qui l'entraînait.

[1] Le pape Jean XXII le canonisa par sa bulle du 18 juillet 1323, et dit à cette occasion, au Consistoire, qu'il n'était pas nécessaire de rechercher avec tant de soins les miracles qu'il avait faits pendant sa vie, attendu les questions importantes qu'il avait résolues si merveilleusement.

Pie V, en 1567, le déclara docteur de l'Église.

Le supérieur des Dominicains de Naples ne tarda point à remarquer la haute intelligence du nouveau moine et l'envoya continuer ses études théologiques à Cologne, près d'Albert le Grand, également religieux de Saint-Dominique de Cologne. Thomas d'Aquin suivit bientôt son nouveau maître à Paris. Ce fut là qu'il connut saint Bonaventure[1] et que ces deux hommes, si bien faits pour s'apprécier, se lièrent d'une amitié tendre et qui dura jusqu'au tombeau.

Thomas d'Aquin terminait une réfutation de l'*Évangile éternel* (livre hérésiarque dont la publication préoccupait beaucoup alors les théologiens), lorsqu'on frappa doucement à sa porte et qu'il vit entrer le novice Frère Antoine. Le visage pâle de cet homme exprimait une émotion si vive que Thomas en fut presque alarmé.

« Oh! mon père! mon père! béni soit Dieu, car, si vous le voulez, mes plans de la Sainte-Chapelle se réaliseront; un moyen infaillible et sûr m'en est offert.

— Et lequel?

— Tout à l'heure, le hasard m'a fait rencontrer un enfant doué de dispositions étonnantes pour l'architecture, et que, grâce à son intelligence, deux ou trois semaines mettront à même de remplir mes vues. Une fois assez

[1] Saint Bonaventure, général de l'ordre des Franciscains, reçut, comme son ami saint Thomas d'Aquin, les honneurs de la canonisation; il a laissé, de même, plusieurs ouvrages ascétiques, parmi lesquels on remarque :

Les *Méditations sur la vie de la Vierge;*

Le *Psautier de la Vierge;*

Opus sermonum de tempore et de sanctis;

La *Vita del glorioso serafico padre messer Francesco;*

Et enfin la Somme théologique qui porte son nom.

instruit, je l'enverrai près du roi avec le plan que voici ; l'étrangeté du fait excitera vivement l'attention du monarque ; on chargera cet enfant de la construction de l'édifice, et je pourrai le diriger dans son exécution, inconnu, ignoré de tous, et sans manquer au vœu que j'ai fait entre vos mains.

— Mais c'est tromper le roi ! c'est faire un mensonge !

— Après cela, mon Père, je vous en fais le serment, je ne m'occuperai plus que de mon salut, que de l'expiation de mes crimes. Oh ! dites ! dites que vous consentez, n'est-ce pas ? »

Thomas d'Aquin hésita quelques instants encore, car l'idée d'un mensonge, quelque innocent qu'il fût, répugnait à son caractère. Mais refuser c'était perdre une âme ; et il céda par l'un de ces accommodements que les esprits même les plus rigides et les plus droits savent trouver à l'occasion.

« L'enfant, sans faire connaître l'auteur des plans, ne dira point positivement qu'ils sont de lui...

— Il ne le dira point, mon père, il ne le dira point. Vous consentez, n'est-ce pas ? »

Et une heure après, frère Antoine, assis dans sa cellule près du jeune Pierre, l'initiait à des mystères artistiques qu'apprenait ce dernier avec une intelligence merveilleuse. C'était un spectacle étrange que cet homme, naguère assassin par jalousie d'artiste, se dépouillant à cette heure de tout son savoir pour en revêtir un enfant. Rien n'égalait l'ardeur du maître, si ce n'est l'enthousiasme de l'élève.

« Pierre, hâte-toi, disait Frère Antoine, car un autre

peut nous devancer, un autre peut parvenir jusqu'au roi et faire agréer ses plans; alors, mon enfant, adieu à la gloire! adieu à notre belle église! Hâte-toi donc de t'initier aux mystères du grand art; car ce n'est pas seulement un édifice que nous devons construire, c'est encore un livre, un livre contre lequel épuisera vainement ses attaques la jalousie, plus redoutable encore que les années.

« Étudie bien ce portail; grave dans ta mémoire jusqu'au moindre de ces hiéroglyphes afin de les expliquer au roi. Là, vois-tu, se cachent tous les symboles dont notre maître le P. Thomas d'Aquin a révélé une partie dans son livre célèbre: *Secreta Alchimiæ magnalia.* L'ange de droite, qui plonge sa main dans une nuée, désigne l'esprit céleste sans le souffle duquel le grand œuvre devient impossible; l'autre, qui enfonce ses doigts dans un vase, personnifie la terre, où se cachent les trésors que doit féconder l'œil des cieux, le soleil. Les autres figures placées entre les deux anges sont les opérations qui se succèdent, jusqu'à l'accomplissement du mystère sans second; onze anges qui prient à genoux signifient onze journées de macération; douze qui s'envolent expriment douze journées d'ébullition; le jugement dernier, avec les bons d'un côté et les mauvais de l'autre, indique la séparation des substances inutiles et des éléments purs; enfin, sur le pilier qui sépare les deux balcons, une statue du Christ s'élève victorieuse; c'est le succès, c'est le grand œuvre accompli. »

Il prenait ainsi, pièce à pièce, détail à détail, ses plans pour les expliquer à Pierre, qui, huit jours après, aurait trompé le plus habile architecte par l'aplomb et l'intelligence avec lesquels il démontrait l'ensemble et les parties de l'église en projet. Il employait les termes techniques sans hésiter et avec une précision qui prouvait combien il en connaissait parfaitement la valeur et jusqu'aux moindres nuances; enfin, sur les observations étonnantes de sagacité que lui fit le jeune homme, Frère Antoine apporta diverses modifications à ses plans.

Il fut donc résolu que Pierre irait à deux jours de là, le 29 juin, fête de son bienheureux patron, se présenter au roi et lui demander à construire la *Sainte-Chapelle.*

V

DEVANT LE ROI

Le lendemain matin, vers onze heures, Pierre, vêtu d'un pourpoint neuf et son rouleau de parchemin sous le bras, se mit en route vers le palais où le roi Louis neuvième du nom recevait, à de certains moments, tous ceux qui voulaient lui parler; car il était affable pour chacun, et d'un abord facile, afin que le moindre de ses sujets pût lui porter plainte ou lui demander assistance. Frère Antoine n'abandonna pas son protégé dans cette épreuve difficile; il l'accompagna non-seulement jusqu'au palais, mais encore dans le jardin royal. Jugez de leurs émotions à tous les deux lorsqu'ils se virent en face du monarque, assis sur un banc de gazon à l'ombre d'un grand orme, qui formait un dais immense de feuillage sur la tête du prince et de ceux qui l'entouraient. La reine Blanche se tenait assise à la droite du roi, dont elle suivait le moindre geste et recueillait la moindre parole avec une avidité maternelle. On se sentait ému d'un respect religieux en présence de cette princesse, d'une beauté majestueuse, et sur laquelle les habits de veuve, qu'elle n'avait jamais quittés depuis la mort du roi Louis VIII, répandaient je ne sais quelle tristesse mystérieuse que l'on partageait, sans le vouloir. Un long voile blanc tempérait l'éclat de ses yeux espagnols, et sa main, petite et délicate, roulait un à un les grains d'un chapelet d'olivier dont un pèlerin avait recueilli le bois sur la montagne où Jésus fut livré par Judas. Quant au roi, on se demandait comment tant de gravité se trouvait sur le visage gracieux d'un jeune homme de vingt et un ans ; les jugements qu'il rendait étaient toujours accueillis par les murmures admiratifs des courtisans, qui le comparaient, tout bas entre eux, au sage roi Salomon.

Des huissiers faisaient avancer un à un, devant le monarque, et suivant l'ordre de leur arrivée, ceux qui voulaient lui adresser quelque requête. Lorsque le tour de Pierre arriva, les jambes pensèrent lui manquer ; mais il s'arma de courage et s'agenouilla devant le monarque ; puis, comme il relevait les yeux, il se sentit rassuré, car il vit derrière le roi le P. Thomas d'Aquin.

Évidemment la jolie figure de Pierre intéressa la reine

et le roi Louis, car ils échangèrent un sourire entre eux. Louis IX mit une expression de bonté toute particulière dans la manière dont il questionna le jeune gars.

« Or çà, que me demandez-vous, mon fils ?

— Sire, voici des plans pour l'érection de la Sainte-Chapelle que vous voulez construire.

— Des plans pour notre Sainte-Chapelle ! Je suis curieux de voir ceux qui m'arrivent par un messager ayant si peu de barbe. »

Le roi déploya les vélins, et la reine mère se pencha sur l'épaule de son fils pour mieux voir. Tous les deux laissèrent échapper un cri d'admiration.

« Par le bois de la sainte Croix ! ceci tient du merveilleux, et rien de ce que nous ont montré les architectes venus d'Allemagne n'approche des projets que voici. Qui les a dessinés ?

— Moi, sire.

— Qui en est l'auteur ? »

Une rougeur de feu monta au visage de Thomas d'Aquin, qui se cacha la tête dans les mains comme le condamné que va frapper la hache du bourreau ; car il allait devenir complice d'un mensonge. Quant à frère Antoine, une sueur glacée baignait tout son corps.

Mais le jeune Pierre répondit d'une voix haute et hardie :

« Ce n'est pas moi, sire.

— Et qui donc ? demanda le roi au milieu du murmure d'attente et de surprise de l'assemblée.

— Je ne puis le dire, car j'ai juré sur mon salut de

garder le secret. Mais, ajouta-t-il avec un noble orgueil, que Votre Majesté me charge de diriger les travaux, et, avec l'aide de Dieu, je les ferai exécuter dignement et de façon à gagner quelque los. J'en réponds, sire. »

Le cœur de frère Antoine battait à rompre sa poitrine ; Thomas d'Aquin remerciait Dieu qui avait sauvé l'enfant du mensonge, comme il avait sauvé jadis les trois jeunes Hébreux de la fournaise ardente.

« Sire, reprit le jeune Pierre, ceci est le secret de mon bienfaiteur et il y va du salut d'une âme. J'ai préféré vous dire la vérité plutôt que d'assurer par un mensonge la réussite de mon projet, quoique cette réussite décidera de toute ma vie ; mais je me suis rappelé les paroles de votre auguste mère : *qu'il valait mieux mourir que de commettre un péché mortel.* »

Un murmure favorable de l'auditoire accueillit ces paroles si chrétiennes, et dont la citation ne manquait certes pas ni de finesse ni d'à-propos.

« Que dites-vous de tout ceci ? P. Thomas d'Aquin, demanda le roi en se tournant vers le Dominicain.

— Je dis, sire, que le Saint-Esprit a daigné répandre sa lumière sur cet enfant et le sauver du mensonge auquel moi, religieux, je n'avais point eu honte de l'exposer, car je sais son secret, sire. Dieu a mis sa sagesse en lui. »

Le roi s'entretint quelque temps à voix basse avec la reine mère et appela le P. Thomas d'Aquin. Durant cet entretien chacun s'éloigna respectueusement ; ainsi le voulait l'étiquette de la cour. Louis IX fit signe aux spectateurs de revenir et dit :

« Comment te nomme-t-on?

— Pierre de Montreuil..

— Eh bien! Pierre de Montreuil, nous respectons votre secret et nous vous nommons notre architecte royal pour l'édification de la chapelle de notre palais. Dès demain, les matériaux, les ouvriers et l'argent nécessaire seront mis à votre disposition, voulant que d'aujourd'hui en six ans l'inauguration de ce lieu d'oraisons ait lieu sans aucun retard. Allez donc en paix, et n'oubliez jamais par quelles voies miséricordieuses le Seigneur vous a conduit, d'une condition pauvre et humble, à l'honneur de construire un temple du vrai Dieu. Allez, et restez toujours fidèle à vos devoirs de chrétien et à la haine du mensonge. »

Pierre de Montreuil, le paradis dans le cœur, s'éloigna en compagnie du P. Thomas d'Aquin, car le frère Antoine, dans la crainte de se trahir par son émotion, s'était retiré à la porte du palais où il attendait son protégé. Tous les trois revinrent en silence au couvent de Saint-Dominique et se rendirent dans la cellule du P. Thomas.

« Pierre, dit alors frère Antoine, tu as sauvé mon âme en m'ôtant le seul regret qui pût me rattacher à la terre : mon œuvre ne mourra point. Maintenant je vais expier dans la pénitence le crime que j'ai commis et que toutes les larmes de ma vie n'effaceront point peut-être du livre que tiendra l'ange de la colère au jour du dernier jugement... Je prierai Dieu pour toi et je lui demanderai les lumières du Saint-Esprit afin que tu accomplisses dignement la grande œuvre dont tu es chargé. Si mes leçons et l'art divin que Dieu a mis en toi ne suffisent point, viens frapper à la porte de ma cellule, mes conseils t'aideront. Mais ne viens que si la nécessité l'exige, entends-tu bien? car je veux mourir au monde et oublier tout ce qui n'est que vaine gloire et fumée; je veux m'abîmer dans mon repentir. Oui, j'en jure par la sainte Trinité, je n'adresserai désormais à personne, pas même au P. Thomas, aucune question sur l'édifice que tu vas construire. Adieu, mon enfant, que le ciel te soit en aide! »

Pierre fondait en larmes et s'agenouilla devant frère Antoine, qui posa ses mains tremblantes sur la tête du jeune homme et murmura une courte prière.

Puis il rentra brusquement dans sa cellule, dont il tira les verrous, sans répondre aux paroles d'adieu que lui criait Pierre.

VI

LA SAINTE-CHAPELLE

Six ans après, la construction de la Sainte-Chapelle était achevée et il ne restait plus à terminer que certaines parties de détail que l'on pouvait achever à loisir, et qui ne devaient retarder en rien l'inauguration de l'édifice.

Quoique cette inauguration n'eût point encore été faite,

la Sainte-Chapelle n'en occupait pas moins la curiosité de tout Paris, et l'on s'en redisait déjà les merveilles jusque dans les provinces les plus reculées de la France. On prétendait que l'architecte avait dû recourir à des moyens surnaturels pour élever toutes ces flèches si hautes et si légères qu'il semblait presque impossible qu'elles fussent construites en pierre. On avait attendu avec impatience le jour du retrait des échafaudages qui soutenaient les sculptures, car on croyait qu'une fois sans support, ces hardies colonnettes, ces goules jetées en avant s'écrouleraient et entraîneraient après elle une partie de l'édifice; mais Pierre de Montreuil triompha de cette première épreuve, et ses ennemis les plus jaloux et les plus acharnés n'eurent plus d'autre ressource que d'accuser le diable d'avoir aidé l'architecte à construire la Sainte-Chapelle.

En effet, cette église est un chef-d'œuvre inouï de grâce et de légèreté; les historiens de toutes les époques la citent avec admiration, témoin le chanoine Morand[1] :

« L'église de la Sainte-Chapelle, dit-il est l'une des plus hardies et des plus admirables. Elle n'est point, il est vrai, d'une fort grande étendue; mais, à considérer toutes ses parties, elle a la régularité et l'élégance que peut demander l'architecture gothique la plus correcte et la mieux entendue. Elle semble n'être fondée que sur de faibles colonnes; les voûtes en sont d'une hardiesse surprenante, n'étant soutenues d'aucun pilier sous œuvre;

[1] *Histoire de la Sainte-Chapelle royale de Paris.* 1 vol. in-4°.

quoique le vaisseau en soit assez exhaussé et qu'il y ait deux églises l'une sur l'autre. La charpente passe pour une des plus belles et des plus hardies; la couverture a quarante pieds de haut; le clocher est un des plus hauts de Paris; il est remarquable par sa structure et par sa délicatesse. La cuvette avec le dessous a quinze pieds; de la cuvette à la grande couronne, il y a vingt-sept pieds; de la grande couronne à la petite, vingt-quatre; de la petite couronne à la boule, quatorze. La boule peut contenir un muid d'eau, et la croix a neuf pieds. On a ménagé sur les voûtes un réservoir d'environ quatre-vingts muids qui se remplit des eaux du ciel, et lorsqu'il est plein se vide à volonté par un robinet qui les laisse couler par un tuyau de plomb, d'où elles vont se perdre dans la cour du Palais. Le clocher penche, il est vrai, ce défaut vient de l'exécution du travail, et non du dessin; c'est une charpente pendante en cul-de-lampe, qui porte à faux sur ses abouts et enrayures et est placée sur les maîtresses fermes du comble de l'église au lieu d'être posée sur des tirants comme dans les autres églises; il est entouré de huit chandeliers qui maintiennent le comble, lui servent d'assemblage et lui apportent plus d'ornement que de service.

« On remarque, les grands jours de fête, que, lorsque l'on sonne les cloches, la croix et la pointe du clocher remuent sensiblement; et je ne sais d'après quoi Bouillard a avancé que la Sainte-Chapelle, dans les premiers temps qu'elle fut bâtie, était continuellement en mouvement et semblait faire craindre que la moindre injure du ciel ne la renversât : au point que les ouvriers qui avaient travaillé à sa construction furent contraints de s'absenter pour un temps du pays, dans la crainte d'être punis; si cela est, on peut dire qu'elle a pris une consistance bien merveilleuse.

« Quoi qu'il en soit d'un grand nombre de monuments de piété, il n'en est point de plus beau et de plus magnifique que celui de la Sainte-Chapelle de Paris. M. Ogier, dans ses *Panégyriques*, dit que la Sainte-Chapelle est le chef-d'œuvre de tous les temples que saint Louis a fait bâtir, le plus superbe et le plus magnifique deçà les monts. Ce bon roi ayant recherché, avec un soin infini et une dépense considérable, les instruments de la Passion de Notre-Seigneur, les armes de sa victoire et de son triomphe, voulut ériger un trophée digne de ses combats et des glorieuses dépouilles remportées sur ses ennemis. En tout, il faut avouer que la piété de saint Louis a été heureusement secondée par l'industrie des architectes. On peut même dire qu'ils ont surpassé la portée de leur siècle, puisque cet ouvrage fait encore l'admiration des connaisseurs du présent. Il semble même que quelque main plus qu'humaine ait travaillé à ce superbe monument.

« Après avoir parcouru l'édifice de la Sainte-Chapelle relativement à l'architecture, tout curieux observateur s'arrêtera sur les figures du portail que les hermétiques mettent au nombre de celles sur lesquelles, après de profondes réflexions et de longues recherches, ils sont venus à bout de se persuader d'avoir trouvé ce qu'ils y cherchaient. Il est, selon eux, chargé d'hiéroglyphes, et ils font surtout un grand fondement sur deux anges, dont l'un met sa main dans une nuée et l'autre dans un pot. On y a représenté le jugement dernier, et sur le pilier qui sépare les deux battants de la porte est une statue de Notre-Seigneur bénissant de la main droite et tenant un globe de la gauche. Cette statue est à l'instar de celle de la cathédrale, avec la différence que celle-ci tient un livre au lieu d'un globe. Les prophètes sont sculptés dans le support. Dans le bas on voit la fleur de lis entremêlée avec les armes de Castille, par allusion à Blanche, mère du fondateur.

« Le dedans de l'église n'est pas moins curieux. On voit quatre cascades qui en occupent toute la largeur jusqu'au rond-point qui en a sept. Elle est éclairée de vitraux séparés par des trumaux ou jambages de trois ou quatre pieds seulement, et dont les lacis variés sont fort beaux, quoique gothiques; les vitres, d'un ton clair-obscur, et peintes de toutes couleurs comme dans toutes nos anciennes églises, sont d'une excellente beauté, à cause de leur prodigieuse hauteur et de la variété des couleurs amalgamées, et si vives qu'elles semblent sortir tout récemment des mains de l'ouvrier; de là l'ancien proverbe, *Vin de la couleur des vitres de la Sainte-Chapelle*. On y a représenté, dans des espèces de cartouches en châssis de différentes formes, des traits d'histoire de l'Ancien et du Nouveau Testament, et le verre que l'on a employé est d'une telle force qu'il a résisté jusqu'à présent aux injures de plusieurs siècles. Au-dessus de la porte d'entrée est une grande croisée en forme de rose, qui remplit toute la largeur du vaisseau et sur laquelle sont représentées les visions de l'Apocalypse.

« On voit à gauche dans la nef un morceau de sculpture très-estimé et qui passe pour le chef-d'œuvre de Germain Pilon. C'est un modèle en terre cuite de la Notre-Dame de Pitié que l'on conserve dans le magasin des marbres du roi; cette Vierge est assise, la tête voilée et les mains croisées. La tête en est particulièrement admirable. On a cru remarquer que les mains en étaient trop belles et trop délicates, les doigts des mains trop longs, les pieds trop grêles, la coiffure trop simple et la robe trop ample. La figure des apôtres placés sur les trumeaux autour de l'église fait voir, s'ils sont du temps de la construction de l'église, qu'il y avait dans ce temps-là quelque goût de dessin, quoique anciennement on ne voyait dans nos églises aucune statue des saints, mais seulement au portail ; d'où on serait tenté de croire que c'est un ornement plus moderne que l'édifice.

« On voit au-dessus de la porte un grand buffet d'orgues qui remplit toute la largeur du vaisseau. »

Cependant, pour exécuter cette œuvre admirable, le jeune Pierre n'avait point, une seule fois, frappé à la cellule du frère Antoine afin de requérir ses avis. Il avait préférer lutter avec persévérance contre les obstacles qui se présentaient, plutôt que d'associer son bienfaiteur à ses travaux. Grâce à sa vocation inouïe pour l'architecture, grâce à bien des nuits passées à l'étude, il était parvenu à triompher de tous ces obstacles et à faire taire les nombreux jaloux qui ne manquaient pas à un jeune homme chargé d'une mission de telle importance.

En cela il avait agi plutôt en artiste qu'en homme reconnaissant ; en cela il avait plus écouté son amour propre que les devoirs de son cœur ; car, il devait le savoir, frère Antoine désirait sa venue avec bien d'impatience ; frère Antoine, malgré la rigueur de sa pénitence et la ferveur de son repentir, attendait sans cesse, dans les angoisses du doute, celui qui devait lui parler de la seule pensée que le pauvre moine eût laissée sur la terre. Oh ! que de fois, troublé dans ses prières, le cœur palpitant, l'œil en feu, il se pencha contre les portes de sa cellule pour écouter si les pas qu'il entendait grincer sur les dalles du cloître n'étaient pas ceux de Pierre ! Alors, déçu dans ses espérances, il retombait sur lui-même et il se demandait si Pierre n'était pas mort, laissant là inachevée l'œuvre pour laquelle, lui, il avait failli perdre son âme.

« L'ingrat ! disait-il, l'ingrat ! il m'oublie, il m'abandonne, il me laisse là sans me dire : Ton église s'achève, ta pensée se réalise. Maudit soit-il ! car il compromet mon salut, car il me perd pour l'éternité ! Je ne puis prier. Oh ! pourquoi mes vœux me retiennent-ils ici ? pourquoi ai-je juré de ne pas franchir la porte de ce cloître ? pourquoi un ruisseau de sang, le sang de ma victime, se met-il entre le monde et moi ? Je serais à présent à construire mon noble édifice, tandis que ce jeune insensé auquel j'en ai confié si follement le soin a sans doute plié sous le poids d'un tel fardeau ! Ou plutôt il est mort, mort avec mon œuvre. O mon Dieu ! Jésus ! prenez pitié de mes souffrances ; ne laissez pas un infortuné se débattre au milieu de pensées si funestes. Sainte Vierge, mère de Dieu, intercédez pour moi ! Mon œuvre, ô mon œuvre ! Que je sache ce qu'elle est devenue ! que je sache qu'elle n'a point péri... Alors je redoublerai les rigueurs de ma pénitence, je déchirerai mon corps matin et soir sous les morsures de la discipline, je passerai les nuits en prière sur la dalle de ma cellule. Mon œuvre! mon œuvre! que je sache qu'elle n'a point péri! »

Hélas! Pierre de Montreuil ne venait point consoler l'infortuné!

Et ce n'était point seulement pour lui qu'il se montrait ingrat. Comme il avait oublié le bienfaiteur qui l'avait arraché à la vie misérable d'artisan, il avait également oublié la jeune fille qui, tant de fois, l'avait soutenu dans les douleurs de cette vie de souffrance; celle qui avait essuyé tant de fois ses larmes; celle qui tant de fois avait détourné de Pierre le courroux paternel. Mais on oublie dans le bonheur les amis que l'on implorait dans l'adversité; on les repousse, comme le captif, libre enfin, rejette les fers qu'il a portés, et qui lui rappellent qu'il n'a pas toujours été libre et heureux. Pierre, qui n'avait point voulu faire un mensonge au roi, laissait maintenant dans les larmes son bienfaiteur et l'unique soutien qu'il avait trouvé au temps de sa misère. Son cœur lui reprochait bien cette double ingratitude, mais la vanité étouffait ses remords. « Au moine, disait-il, la pensée de l'œuvre; mais à moi l'exécution, à moi seul! Lorsque j'ai paru devant le roi, je n'ai point voulu m'approprier la part de cet inconnu. Qu'il me laisse la mienne aujourd'hui; car il ne manquerait pas de dire :

« C'est moi qui ai fait tout cela; j'ai été la tête et la « pensée; Pierre de Montreuil m'a servi d'outil, rien de « plus. »

« Quant à la petite Agnès, est-ce à l'architecte du roi à tenir les promesses du pâtissier, à l'homme à réaliser les châteaux en Espagne de l'enfant ? Sans doute Agnès m'aime et je lui rends bien son affection ; mais que diraient mes rivaux, que diraient les grands seigneurs qui me traitent d'égal à égal, vu l'amitié dont m'honore le roi et la supériorité de mon talent, s'ils apprenaient que j'épouse la petite pâtissière qui leur vend des gâteaux à l'enseigne de *Saint-Laurent?* Personne ici ne sait mon origine, personne ici ne sait par quelles voies mystérieuses je suis arrivé près du roi, irai-je, comme un insensé, prêter à rire? me livrer, pieds et poings liés, aux sarcasmes des courtisans et aux moqueries de mes rivaux ? Non, par mon salut ! Qu'Agnès fasse comme moi, et malgré qu'il m'en coûte, qu'elle étouffe son amour. Si d'ailleurs elle m'aime pour moi et non pour elle, si sa tendresse n'est point de l'égoïsme, un tel sacrifice doit lui paraître nécessaire, indispensable, inévitable même. Mais non ; quand elle me rencontre elle se désespère ; elle veut mourir ; elle se jette à mes genoux ; elle me supplie de ne point l'abandonner... et je me sens, faible que je suis, prêt à céder à son désespoir... Allons, allons, loin de moi ces pensées vulgaires ! soyons tout entier à la joie, à la gloire de la grande solennité de demain ; car c'est demain qu'a lieu l'inauguration de la Sainte-Chapelle ; demain qu'elle reçoit les reliques venues d'Orient ; demain que commence pour moi la gloire, la gloire qui fera passer mon nom aux siècles les plus reculés. »

VII

LA CONSÉCRATION

En effet, la consécration de la Sainte-Chapelle eut lieu le lendemain 25 avril 1248, dimanche de *Quasimodo*, avec une pompe inouïe. Dès le point du jour, le son des cloches retentit dans les airs, et, par ses mélodieuses volées, avertit les fidèles de la grande solennité pour laquelle la ville chrétienne devait ses prières à Dieu. Dès les premiers tintements, une foule immense se rassembla autour de la Sainte-Chapelle, et l'on vit arriver toutes les confréries dans leurs costumes de fête et bannières déployées. Les premiers venus furent les clercs de la basoche, précédées de leur roi, la tête ceinte d'une couronne d'or : ils furent bientôt suivis de l'empereur de Galilée et de ses sujets, c'est-à-dire du chef de la communauté des clercs de la cour des comptes. Vinrent ensuite les différentes écoles, puis les corporations des marchands, et enfin tous les ordres de moines qui remplissaient les nombreux couvents de la ville. Cette foule immense se rangea le long de la Seine, non sans un grand tumulte, non sans des transports d'admiration à la vue du saint édifice, dégagé durant la nuit des dernières toiles qui le cachaient aux regards.

Enfin, à huit heures sonnantes, le roi saint Louis entra dans la chapelle, pieds nus et couvert des vêtements royaux. Tous les seigneurs de la cour le suivaient, et la reine Blanche alla prendre place dans une tribune, à côté de l'épouse du roi, la reine Marguerite.

Alors parut sur le jubé de la Sainte Chapelle l'évêque de Frascati, Odon, légat du saint-siége apostolique, assisté par les archevêques de Bourges, de Sens, de Rouen, de Tours, de Tolède, et par les évêques de Laon, de Soissons, d'Amiens, de Senlis, de Langres, de Chartres, d'Orléans, de Meaux, de Bayeux et d'Évreux.

Le prélat reçut d'une jeune fille vêtue de blanc et voilée les saintes reliques pour lesquelles avait été construite la Sainte-Chapelle, et dont faisait partie la couronne d'épines.

Alors les chants de l'orgue éclatèrent, des nuages d'encens s'exhalèrent de toutes parts, et l'on entendit s'élever vers les cieux les paroles du *Te Deum* chantées sur le mode plein de majesté, connu dans le rite catholique sous le nom de grégorien. Le roi, vivement touché, versait des larmes abondantes et se frappait la poitrine en remerciant Dieu.

Mais, quelque vive que fût l'émotion du monarque, elle n'approchait en rien de celle d'un moine dominicain agenouillé tout contre l'autel, et qui laissait échapper des sanglots violents.

« O mon Dieu ! murmurait-il, mon Dieu, vous avez eu trop de miséricorde pour un pécheur indigne de votre compassion. Vous avez pris en pitié sa faiblesse, et vous avez daigné lui pardonner d'avoir laissé un regret derrière lui sur la terre ; merci ! mon Dieu, merci ! »

Dans ses transports il serait tombé sans connaissance, si le P. Thomas d'Aquin ne fût venu le soutenir.

« Frère Antoine, lui dit-il à voix basse, vous m'avez promis d'être fort.

— Je le serai, mon Père, je le serai ; ne m'emmenez pas, laissez-moi quelques instants encore dans cette église. Je sens que mon salut s'y opère ; j'y sens que le démon s'éloigne à jamais de moi ; car je n'ai plus de désir à former sur cette terre. Maintenant toutes mes pensées, tous mes vœux tendent au ciel. »

Après les cérémonies de la messe et de la bénédiction achevées, le légat du pape, Mgr Odon, évêque de Frascati, reparut sur le jubé, et lut une bulle du pape par laquelle était octroyée une année d'indulgence à tous ceux qui avaient assisté dans l'église, ou hors l'église, à la cérémonie de la consécration, puis il ajouta :

« Maintenant, nous recommandons à vos prières le roi Louis, neuvième du nom, à la piété duquel la chrétienté doit de posséder la relique de la sainte couronne d'épines.

— Vive le roi ! vive le roi ! crièrent avec enthousiasme tous les assistants.

— Nous recommandons également à vos prières la reine Blanche, mère du roi, et la reine Marguerite, son épouse.

— Qu'elles soient bénies ! fit la foule.

— Il est de votre devoir de prier également pour maître Pierre de Montreuil, l'architecte de la Sainte-Chapelle. Dieu lui soit en aide !

— Dieu lui soit en aide ! répétèrent tous les spectateurs

en cherchant du regard l'artiste, agenouillé à la gauche du roi.

— Monseigneur, s'écria-t-il, monseigneur, priez aussi pour le Frère Antoine, dont... »

Frère Antoine se leva et de la main lui ferma la bouche; mais tel était alors le bruit que faisait la prière chantée en chœur, tel était alors le mouvement qui régnait dans la chapelle, que personne n'entendit les paroles de l'artiste, que personne ne remarqua le geste du moine.

Le Légat, quand le silence se fut rétabli, ajouta :

« Maintenant, pour le récompenser, la reine mère veut l'unir en mariage avec une de ses dames d'atours ; celle qu'elle avait choisie comme la plus pieuse et la plus digne de porter tout à l'heure les reliques saintes et de nous les présenter au moment de les déposer dans le reliquaire. »

Alors, vivement ému, hors de lui, et comme s'il eût été le jouet des prestiges d'un rêve, Pierre de Montreuil vit s'avancer une jeune fille voilée, qui s'agenouilla devant l'autel et près de laquelle le conduisit le P. Thomas d'Aquin. L'évêque de Frascati célébra les cérémonies du mariage, et ce fut seulement quand il fallut échanger les anneaux qu'il apprit à Pierre le nom de la mariée.

« Pierre de Montreuil, dit-il, consentez-vous à épouser celle que voici, par dispense de notre Saint-Père, car elle est votre cuisine? Consentez-vous à épouser Agnès Baparlier, dame d'atours de la reine?

— A elle ma vie et mon amour, en ce monde et dans l'autre! ».

Les assistants battirent des mains, et le prélat bénit les heureux époux.

« Mais comment se fait-il, demanda Pierre, tandis qu'il emmenait la mariée saluer le roi et les deux reines, comment se fait-il...

— Chut! je vous conterai tout cela, Pierre. J'ai rencontré, il y a un an, madame la reine mère qui venait visiter, sous un déguisement, comme elle le fait chaque matin, une pauvre femme malade que je soignais par charité; elle m'a vue triste, je lui ai conté mes chagrins... »

Arrivée devant la tribune royale, Agnès n'eut point le temps d'en ajouter davantage à son mari.

Les deux reines rendirent aux nouveaux époux, par un signe de tête plein de bienveillance, la profonde révérence qu'ils leur firent.

« Maître Pierre, dit la reine Blanche, je donne à Agnès dix milles écus au soleil pour sa dot.

— Et moi, fit la reine Marguerite, je lui octroie une jolie maison proche du Palais, afin que la dame de Montreuil vienne souvent me faire sa cour... »

Tout à coup l'attention des deux reines fut détournée par des paroles que prononçait le roi.

Le prince debout avait pris son épée des mains du grand sénéchal, et il s'écriait :

« Chrétiens, mes frères, j'étais naguère mourant; un miracle m'a rappelé du tombeau, *car la lumière de l'Orient s'est répandue sur moi et m'a retiré d'entre les morts*[1]; mais Dieu ne m'a rendu la vie que pour me la

[1] Propres paroles de saint Louis.

voir consacrer à son service et à la délivrance de son divin tombeau. Or, chétiens, ce tombeau est retombé au pouvoir des infidèles. Les Khárismiens, peuples chassés de la Perse par les Tartares, ont pris la sainte ville de Jérusalem et jettent la désolations dans la Palestine. Tout ce qui porte le nom de chrétien reçoit de ces infidèles la persécution et la mort. Enfin, il ont souillé, les misérables! le tombeau de Jésus-Christ, qu'ils font habiter par leurs chevaux!

« Vengeance de tant de profanation. Je prends la croix! Qui m'aime me suivre! *Dieu le veut!* »

Et il attacha une croix blanche sur son épaule gauche.

« Dieu le veut! répétèrent avec enthousisme la plupart des seigneurs ; donnez-nous des croix ; que nous les mettions sur notre épaule en témoignage du vœu que nous jurons. »

Mais tous portaient déjà cette croix, ceux qui voulaient partir pour la Palestine comme ceux qui n'en avaient point fait le vœu. Car il était d'usage que le roi, dans chaque grande solennité, distribuât aux seigneurs de sa cour des capes fourrées. Or le monarque avait fait broder secrètement sur ces capes la croix blanche des croisés. Personne n'y avait pris garde d'abord ; ce fut donc seulement lorsque le roi eut parlé qu'ils s'aperçurent de cette ruse. Comme ils ne pouvaient dépouiller les capes sans insulter au roi, tous se résignèrent de bonne grâce à la volonté du monarque qui, dans cette occasion, dit Joinville, *se montra bellement adroit pêcheur d'hommes.*

Pierre de Montreuil ne suivit pas saint Louis en Palestine, comme l'avancent plusieurs écrivains qui l'ont confondu avec Eudes de Montreuil, architecte contemporain, dont le prince se fit accompagner dans sa première croisade et qui fut chargé par lui de construire les fortifications de Jaffa [1]. Devenu, par ses propres études, un grand artiste, il exécuta des travaux importants qui lui valurent une gloire, non pas plus éclatante que celle qu'il devait à la Sainte-Chapelle, mais un renom mieux mérité et qui n'appartenait qu'à lui.

Les divers édifices que l'on doit à Pierre de Montreuil sont :

La chapelle de Vincennes ;

Le réfectoire de Saint-Martin des Champs ;

Enfin, le dortoir de la salle capitulaire et la chapelle de Notre-Dame, à l'abbaye de Saint-Germain des Prés.

Il mourut le 17 mars 1266 et fut inhumé, le lendemain, dans le chœur de la chapelle qu'il avait construite à l'abbaye de Saint-Germain des Prés. On le plaça près de sa femme Agnès, trépassée dix mois auparavant, et l'on voyait encore, avant la Révolution, sa tombe sur laquelle l'artiste était représenté un compas à la main. On avait placé dessus les vers suivants :

Flos plenus morum, vivens doctor latomorum,
Musterolo natus jacet hic Petrus tumulatus,
Quem rex cœlorum perducat in alto polorum
Christi, milleno bis centeno duodeno
Cum quinquageno quarto discessit ab anno.

[1] C'est d'après les plans d'*Etudes* de Montreuil que furent construites à Paris les églises de *Sainte-Catherine du Val des Ecoliers*, de l'*Hôtel-Dieu*, de *Sainte-Croix de la Bretonnerie*, des *Blancs-Manteaux*, des *Mathurins*, des *Cordeliers* et des *Chartreux*.

Ce fut saint Thomas d'Aquin qui s'assit au chevet de Pierre mourant pour le préparer à paraître devant Dieu; ce fut encore lui qui ferma les yeux de l'artiste et qui murmura les dernières prières sur sa dépouille glacée. Un moine partageait ces soins pieux, un moine qui pleurait avec amertume et que de longues et cruelles austérités avaient bien plus vieilli que l'âge. Ce moine était l'architecte allemand dont personne n'a jamais su le nom et dont la pénitence devait durer bien des années encore.

Huit ans après, saint Thomas d'Aquin, avant de se rendre au concile général de Lyon où l'appelait le pape Grégoire X, dans l'espérance de réunir les Grecs schismatiques à l'Église romaine, voulut aller visiter sa nièce Françoise d'Aquin, mariée au comte Annibal de Ceccan. Il quitta donc Florence où, depuis trois ans, il enseignait la théologie par l'ordre du Saint-Père et malgré les réclamations du roi saint Louis qui aurait voulu conserver en France le célèbre docteur. Saint Thomas tomba malade en route et fut obligé de s'arrêter à l'abbaye de Fosse-Neuve, près de Terracine.

Une heure avant de mourir, il ordonna qu'on le laissât seul avec un dominicain qui l'accompagnait dans son voyage. Ce dominicain était frère Antoine.

« Mon frère, lui dit-il, au nom du Dieu dont je suis le ministre sur la terre et qui va me recevoir dans sa miséricorde; au nom de celui qui a dit à l'apôtre Pierre: *Tout ce que tu délieras sera délié*, je t'absous des fautes que ton repentir a expiées et je n'ai plus que des paroles de pardon et des espérances célestes à te donner. Les anges se réjouissent, car une âme de plus vient d'être acquise au paradis. Adieu, je t'attends aux pieds de Dieu. »

Lorsque les religieux, inquiets du silence qui régnait dans la cellule de saint Thomas d'Aquin, prirent enfin le parti d'en ouvrir la porte, ils trouvèrent les deux Dominicains expirés ; le cadavre de saint Thomas étendait encore une main protectrice sur son compagnon agenouillé près du lit et qui semblait avoir rendu l'âme subitement, sans effort et sans souffrance.

Saint Thomas d'Aquin fut enseveli dans le cloître de Fosse-Neuve : l'on déposa près de lui le corps de frère Antoine, que l'on ne put désigner par un autre nom sur la pierre funéraire, car personne n'a jamais su, personne ne saura jamais ce nom.

L'Université de Paris, dès qu'elle eut appris la mort de saint Thomas d'Aquin, écrivit au chapitre général des Dominicains, à Lyon, une lettre remplie des éloges les plus honorables à la mémoire du célèbre docteur. Cette lettre réclamait en outre le corps du saint et représentait qu'il serait peu convenable de déposer de si précieuses reliques ailleurs que dans *la plus illustre des Universités où Thomas avait puisé sa science et dont il avait fait la gloire*. Enfin, les docteurs de l'Université demandaient encore les ouvrages philosophiques de saint Thomas.

Les Dominicains répondirent par un refus formel et comme s'ils eussent possédé les reliques sollicitées par l'Université de Paris. Ces reliques n'en restèrent pas moins en la possession de l'abbaye de Fosse-Neuve jusqu'en 1369, époque où le pape Urbain V les fit restituer aux Dominicains de Toulouse qui les placèrent dans un magnifique tombeau sur lequel on grava ces mots :

> Hic Thomæ cineres positi cui fata dedere
> Ingenium terris vivere, cœlo animam [1].

VIII

CONCLUSIONS HISTORIQUES

Après avoir conté quels événements accompagnèrent la construction de la Sainte-Chapelle, il reste à dire quelles circonstances firent fonder cet édifice et ce qu'il devint depuis saint Louis jusqu'à nos jours.

La Sainte-Chapelle, comme on l'a vu, fut élevée pour recevoir plusieurs reliques : la plupart avaient été vendues à saint Louis par Baudouin, empereur de Constantinople. Ce prince, dont les finances se trouvaient épuisées dans les guerres sans relâche que lui faisaient avec acharnement les Turcs, envoya un ambassadeur au roi de France pour lui proposer d'acheter plusieurs des instruments de la Passion, entre autres la couronne d'épines. Saint Louis chargea trois moines d'aller en Orient conclure le marché,

[1] Ici reposent les cendres de Thomas, dont, par la volonté céleste, le génie vit sur la terre et l'âme au ciel.

et, le 10 août 1239, les moines, revenus de Constantinople, se trouvaient, avec la précieuse relique, à Villeneuve-l'Archevêque, où saint Louis et toute sa famille vinrent la recevoir avec une grande solennité.

Trois cassettes placées l'une dans l'autre contenaient la couronne d'épines. La première de ces cassettes était de bois, la seconde d'argent, la troisième d'or. Elles furent toutes trois ouvertes; et le roi montra lui-même la couronne[1] à la foule immense accourue de toutes les parties de la France. Ensuite, saint Louis et Robert, comte d'Artois, le plus âgé de ses frères, prirent la relique, et, pieds nus, vêtus d'une simple tunique, ils la portèrent jusqu'à Sens. De là elle fut transférée à Paris, où elle arriva le 18 août. Exposée d'abord devant l'abbaye de Saint-Antoine des Champs, sur un échafaud tendu de riches étoffes, elle y reçut les hommages de tout le peuple et de tout le clergé de Paris et des environs; puis le roi et son frère vinrent la prendre de nouveau et la portèrent à la chapelle du Palais dite *chapelle de Saint-Nicolas*, où sa place définitive était préparée.

Quelques années après, l'empereur Baudouin fit propo-

[1] Selon la tradition latine à Jérusalem, la couronne de Jésus-Christ fut prise sur l'arbre épineux, *lycium spinosum*. Mais le savant botaniste Hasselquist croit qu'on employa pour cette couronne le *nabka* des Arabes; la raison qu'il en donne mérite d'être rapportée.

« Il y a toute apparence que le *nabka* fournit la couronne que l'on mit sur la tête de Notre-Seigneur; il est commun dans l'Orient. On ne pouvait choisir une plante plus propre à cet usage, car elle est armée de piquants, ses branches sont souples et pliantes et sa feuille est d'un vert foncé comme celle du lierre. Peut-être les ennemis de Jésus-Christ choisirent-ils, pour ajouter l'insulte au châtiment, une plante approchant de celle dont on se servait pour couronner les empereurs et les généraux d'armée. »

ser au roi de France plusieurs autres reliques : c'étaient un morceau du bois de la croix, le plus grand qui existe; le fer de la lance dont Jésus-Christ fut percé, le roseau qui lui tint lieu de sceptre pendant sa passion, l'éponge trempée dans le fiel dont on voulut l'abreuver, et les clous qui percèrent ses mains. Ces objets furent reçus par Louis IX, le 14 septembre 1245, avec la même solennité que l'avait été la couronne d'épines; on les plaça à côté d'elle dans la chapelle de Saint-Nicolas. Le roi, trouvant alors cette église trop étroite et trop simple pour les richesses qu'elle contenait, résolut de bâtir à sa place l'édifice qui fut connu depuis sous le nom de Sainte-Chapelle, et dont on vient de lire la légende.

Cette église est double et se divise en *haute* et *basse* chapelle; la haute chapelle, que l'on appelait encore *Sainte-Couronne* et *Sainte-Croix*, contenait les reliques. On y monte par quarante-trois degrés; elle se compose d'une seule nef en ogives très-hautes ; le corps de l'édifice, soutenu par des colonnettes minces, sveltes, de plus en plus rapprochées vers le rond-point du chœur, reçoit la lumière pa des croisées fort longues. Les vitraux de ces croisées sont le monument le plus précieux de la peinture sur verre au moyen âge, art perdu depuis et retrouvé aujourd'hui; ces vitraux à personnages sont remarquables par la variété et l'inconcevable vivacité des nuances.

I a basse Sainte-Chapelle servait de paroisse aux gens du roi et des chanoines; on y entrait par une porte latérale masquée longtemps par des échoppes. Cette seconde église, plus sainte, plus primitive, plus mystique, plus religieuse peut-être que l'autre, était composée d'une nef en ogives fort larges entre deux demi-nefs, dont la première moitié, de courbe ascendante, allait toucher le mur, supportée par des piliers grêles et élégants, placés à l'intersection des deux branches d'ogives qu'ils soutenaient ensemble ; ces colonnes étaient plus minces encore que celles de l'étage supérieur. Il semblait voir un édifice se soutenant tout seul et coupé par des piliers servant de simples ornements. Cette partie de l'église contenait une grande quantité de tombeaux. Chaque dalle, pour ainsi dire, recouvrait les restes de quelque personnage illustré dans le clergé, la robe ou la chevalerie, depuis Louis IX.

La construction de la Sainte-Chapelle coûta neuf millions de notre monnaie.

La Sainte-Chapelle fut, de tout temps, l'objet de la vénération et des libéralités des rois de France. Saint Louis établit en 1246, pour la desservir, un collége d'ecclésiastiques qui se composait de cinq chapelains et de deux marguilliers qui devaient êtres diacres ou sous-diacres; ce roi fit construire dans le trésor de la chapelle un lieu sûr et commode pour y déposer sa bibliothèque, composée de livres pieux, et notamment des saints Pères, qu'il avait fait copier à grands frais. Son fils, Philippe le Hardi, y fonda une chapelle pour le repos de l'âme de son père, et la dota d'un tabernacle construit à l'image de l'édifice, en vermeil orné de pierreries. En récompense de la beauté de son travail, on anoblit l'orfèvre chargé de l'exécution de cet ouvrage ; il se nommait Raoul.

Philippe IV y fit ériger la chapelle de Saint-Clément; ainsi qu'une autre chapelle dédiée au roi Louis IX, dont il obtint la canonisation en 1297. Enfin ce monarque, ayant cédé son palais au parlement, pour le rendre sédentaire à Paris, alla habiter le Louvre. C'est sous ce règne que la justice mit le pied dans le palais, qu'elle devait plus tard envahir totalement.

Louis XI enrichit la Sainte-Chapelle de dorures, de présents, de priviléges, de reliques, et fit peindre le plafond de son vestibule en lapis-lazuli *adorné* d'étoiles d'or dont les marques sont encore visibles.

Aux deux côtés de l'entrée du chœur on voyait deux autels décorés de deux tableaux en émail, divisés chacun en plusieurs sujets représentant la Passion de Nôtre-Seigneur ; ces émaux précieux avaient été exécutés, sur les dessins du Primatice, par Léonard de Limoges. Toutes les reliques achetées par saint Louis de l'empereur Baudouin se trouvaient contenues dans une châsse d'or placée derrière le maître-autel, et à laquelle on arrivait par deux petits escaliers. A gauche, en entrant, il y avait un bas-relief représentant une Notre-Dame de Pitié, ouvrage du célèbre Germain Pilon, qui fut endommagé par la négligence de ceux qu'on chargea, dans la succession des temps, du soin de veiller à l'entretien de la Sainte-Chapelle.

Le trésor de la Sainte-Chapelle jouissait d'une réputation populaire, justifiée par les immenses richesses qu'il contenait, et parmi lesquelles on remarquait une agate gravée d'une immense dimension ; après avoir été longtemps regardée comme le *Triomphe de Joseph*, elle fut reconnue, plus tard, pour l'*Apothéose de l'empereur Auguste*[1]. Ce trésor, s'élevait, dit-on, à plus de quatre-vingts millions de livres.

La Sainte-Chapelle a ses annales remplies de faits intéressants et d'anecdotes piquantes. En sa qualité de paroisse royale, elle voyait toutes les pompes de la religion et de la royauté, dans les occasions les plus solennelles, se déployer sous ses voûtes. A la Sainte-Chapelle se célébrait la messe dite du Saint-Esprit, pour l'ouverture du parlement, lorsque le palais de la Cité, livré à la magistrature, commença à devenir le Palais de Justice ; à la Sainte-Chapelle avaient lieu les cérémonies par lesquelles la religion consacrait les principaux événements qui marquaient la vie des rois, leur naissance, leur avénement, leur mort. La reine Marie, femme de Philippe le Hardi, y fut sacrée en 1275, et la trop célèbre Isabeau de Bavière, femme de Charles VI, y reçut la couronne en 1389, des mains de Jean de Vienne, archevêque de Rouen. Des rois d'Angleterre et des empereurs d'Allemagne vinrent plier le genou dans le chœur de la Sainte-Chapelle : là se tinrent plusieurs assemblées de prélats pour traiter des matières religieuses ; enfin dans la Sainte-Chapelle Philippe de Valois, accompagné des rois de Bohême et de Navarre et des grands vassaux de la couronne, ouvrit des conférences (2 octobre 1332) pour entendre les prières du patriarche de Jérusalem et pour statuer sur la nécessité d'une nouvelle croisade. Les voûtes qui avaient reçu les vœux de saint Louis retentirent alors des serments

[1] Maintenant cette agate se trouve à la Bibliothèque impériale.

de l'assemblée jurant, sur les saintes reliques, d'aller reconquérir Jérusalem.

Des traditions d'une nature moins austère viennent jeter quelque variété au milieu de ces graves souvenirs. Comme toutes les paroisses, la Sainte-Chapelle avait ses fêtes des fous, qui se célébraient sous ses nefs. Le cérémonial usité y présentait ce trait particulier qu'au jour des Innocents, les enfants de chœur, affranchis de toute discipline, portant les marques des dignités les plus élevées, se prélassaient aux premières places et singeaient leurs supérieurs en pleine licence. Le clergé de la Sainte-Chapelle avait aussi introduit une innovation au milieu des pratiques, assez pittoresques dans leur étrangeté, qui marquaient la fête de la Pentecôte. Indépendamment des étoupes enflammées, des fleurs qu'on répandait du haut des voûtes et des pigeons blancs qu'on lâchait dans le chœur pour annoncer, par des allégories matérielles, la venue du Saint-Esprit, un ange, mis en mouvement par un mécanisme caché, descendait du haut de la nef et venait verser sur les mains de l'officiant de l'eau contenue dans un vase d'or. Charles VII ayant assisté à ce spectacle en 1484, y prit tant de plaisir, suivant la chronique, qu'il le fit recommencer les deux dimanches suivants et qu'il y invita les principaux seigneurs de sa cour. Il nous reste encore à mentionner dans ce rapide sommaire des faits qui se rattachent à la Sainte-Chapelle, l'affluence des malades, atteints du mal caduc qui s'y réunissaient, dans la nuit du vendredi au samedi saint, pour y être touchés par les saintes reliques.

Après avoir échappé aux divers incendies qui dévorèrent

le palais, après avoir compté tant de jours de splendeur et de puissance, la Sainte-Chapelle eut ses temps d'humiliation et même de ridicule. Je ne sais quelle altercation, survenue entre les ecclésiastiques chargés du service religieux de cette église, fournit par ses détails grotesques le sujet du *Lutrin* à Boileau.

LES LÉGENDES DES BATELIERS

Grâce à Dieu, tout le monde, ou peu s'en faut, sait lire aujourd'hui : avant deux générations, un homme ignorant l'art de déchiffrer les caractères d'un livre, sera regardé comme un phénomène ; on ne le comprendra guère plus que les coches de nos pères, qui mettaient quatre jours à venir de Bruxelles à Paris, et qui partaient une seule fois la semaine.

Par malheur, les meilleures choses et le progrès lui-même ont, comme tout ce qui touche à l'humanité, leur envers et leur côté fâcheux. La tradition écrite est en train de tuer la tradition contée ; le livre efface la légende.

Or, quoi de plus charmant que ces légendes dont l'origine allait se perdre dans les temps les plus reculés, qui passaient de siècles en siècles et de bouches en bouches, sans cesse enrichies par l'imagination de chacun des conteurs et qui, petites pierres tombées de la pensée d'un inconnu, finissaient par devenir des avalanches de drame ou de poésie. L'*Iliade* n'est pas autre chose, le *Roland furieux* non plus. Seulement ils ont rencontré en chemin deux hommes de génie, qui les ont arrêtés pour s'en faire un monument immortel et y graver leur nom, *ære perennius*.

Le temps est donc venu, et il faut se hâter de recueillir précieusement ces souvenirs du passé, comme on fait peindre le portrait d'un aïeul, pour le suspendre avec vénération dans le sanctuaire de la famille, et pour le transmettre à ses petits-enfants. Déjà plusieurs, depuis vingt ans, se sont mis à l'œuvre, en Bretagne, dans le Midi, dans les Pays-Bas et en Allemagne. A défaut d'autres titres, on permettra à l'auteur de ces notes de rappeler que le premier de tous, il a conçu cette pensée patriotique, et qu'il l'a réalisée le premier, bien faiblement sans doute, il le reconnaît. Mais si l'on peut comparer une œuvre futile à une pensée de génie, il dira qu'après tout, Papin, à qui l'on doit l'idée première des admirables machines à vapeur, qui créent de nos jours une nouvelle civilisation, n'avait inventé qu'une assez médiocre machine.

Ceci terminé, permettez-moi de vous amener près des rives de l'Escaut et sur les bords des nombreux canaux qui sillonnent les départements du Nord, du Pas-de-Calais et de l'Aisne. Là existait, il y a vingt ans encore, une population étrange et sauvage, qui va, comme toutes les physionomies tranchées d'autrefois, s'affaiblissant sans cesse et passant sous les fourches caudines de l'uniformité sociale.

Je veux parler des bateliers.

Les traits basanés de cette nation, ses mœurs, son costume et son langage, se conservaient étranges et sans altération, malgré le temps et le contact transistoire des habitants des villes. Tour à tour, comblés de superflu et astreints à de grandes privations, les bateliers passaient leur existence au milieu de rudes travaux ou dans une oisive mollesse. Superstitieux, colères, voluptueux, ils nourrissaient dans le froid climat du Nord les ardentes passions du Midi. Il n'était point jusqu'à leur teint hâlé, leurs cheveux d'un blond pâle et leurs grands yeux noirs ; il n'était point jusqu'à leurs vêtements courts, larges, chargés de grossiers brandebourgs, jusqu'aux énormes anneaux dont se paraient leurs oreilles, qui ne rendissent vraisemblable cette supposition qu'ils avaient pour aïeux les Bohémiens dont les Pays-Bas se trouvaient inondés au quatorzième siècle.

Les bateliers vivaient à bord de leurs bâteaux, il y naissaient, ils y grandissaient, ils s'y mariaient, ils y mouraient. Chargés de presque tous les transports de marchandises, depuis la Belgique jusqu'à Paris, ils accomplissaient de longs voyages. Arrêtés sans cesse par le bon plaisir des écluses, par la lenteur des déchargements et des chargements, ils mettaient des semaines et souvent des mois à accomplir des traversées qui se font aujourd'hui en peu d'heures, car les canaux sont maintenant desservis par de petits bateaux à vapeur. Leurs bateaux à eux ne marchaient que traînés par des enfants et par des femmes, attelés à une large corde, et harnachés d'une longue sangle placée sur leur poitrine. Ils n'allaient que le jour ; le soir, on s'arrêtait n'importe où, et on s'amusait sur le bord du canal. Les jeunes filles, d'une beauté sauvage, vêtues d'une jupe courte en laine de couleur vive, qui laissait admirer leurs admirables petits pieds toujours nus, servaient sur ce pont l'été, et l'hiver, dans une cabine disposée au milieu de l'habitation flottante, le repas du soir, toujours précédé de la prière en commun. La nuit venue, si quelques autres bateaux se trouvaient dans le voisinage, tous ceux qui les montaient se réunissaient sur un même pont pour s'y asseoir les jambes croisées comme les Orientaux, et y écouter des histoires.

Le conteur était d'ordinaire un vieillard, et son répertoire se composait d'une trentaine de récits, toujours les mêmes quant au fond, qu'il avait appris des maîtres du genre, mais qui se modifiaient à l'infini, dans le récit du narrateur, comme un thème sous les doigts d'un habile pianiste. J'ai souvent assisté à ces veillées, et c'était, je vous l'avoue, un spectacle plein de poésie que ces hommes, ces femmes et ces enfants groupés en cercle autour du légendaire, la nuit, sur des planches noires de goudron et aux douteuses clartés de la lune, qui tantôt se voilait derrière les vapeurs blanchâtres du brouillard et tantôt venait refléter sa lumière vacillante sur la claire surface des eaux du canal.

Joignez à cela les arbres qui s'élevaient sur ces rives, le chant lointain de quelque oiseau, la voix sinistre d'une chouette qui surgissait de temps à autre au milieu des ruines, et vous comprendrez toute la puissance et toute la magie que le conteur empruntait à une pareille mise en scène.

Les légendes des bateliers tenaient à la fois du conte de fées et de la chronique; parfois ils touchaient à l'histoire et au drame, en redisant quelques-uns des crimes nombreux commis à bord même des bateaux, jamais par cupidité, toujours par passion. Car dans la vie isolée qu'ils menaient et avec le sang oriental qui brûlait dans leurs veines, les bateliers se laissaient souvent entraîner aux plus terribles excès de l'amour et de la jalousie. Il ne se passait guère de session de la cour d'assises sans qu'un des membres de ces peuplades errantes n'eût à venir rendre compte à la justice du sang qu'il avait versé pour se venger d'une femme infidèle ou d'une maîtresse inconstante.

Je vais essayer de reproduire de mon mieux, et je sens combien je resterai au-dessous de ma tâche, quelques-unes des légendes des bateliers. J'ai déjà dit qu'elles se composaient d'un petit nombre de récits, que les auditeurs ne se lassaient jamais de répéter, comme nous ne nous lassons point de voir jouer le même rôle par un grand comédien. Dans la première de ces fables, on reconnaîtra un mélange de l'histoire des Pays-Bas et de la féerie orientale; elle a trait, évidemment, à Baudoin Bras-de-Fer.

Fils d'Odaire, septième forestier de Flandres, Baudoin Ier, surnommé Bras-de-Fer à cause de sa force extraordinaire, enleva de la cour de France Judith, fille de Charles le Chauve et veuve d'Ethelwolf, roi d'Angleterre, la conduisit à son château d'Harlebeck, où il l'épousa, et se réfugia ensuite à la cour de Lorraine pour se soustraire au ressentiment du monarque français. L'an 802, Charles le Chauve fit excommunier Baudoin par le concile de Soissons. En 864, le pape Nicolas, instruit que l'enlèvement de Judith s'était fait du consentement de cette princesse, écrivit en faveur des deux époux à Charles le Chauve, et obtint leur pardon. La même année, Baudoin reçut de son beau-père l'investiture du comté de Flandre, c'est-à-dire de presque tous le pays situé entre la Somme, l'Escaut et la mer. En 879, d'après Iperius, les *Annales de saint Vaast* et *l'Art de vérifier les dates*, Baudoin mourut à Arras, capitale de ses États, et fut inhumé dans l'abbaye de Saint-Bertin, à Saint Omer.

Maintenant que ce court sommaire à mis le lecteur au courant de la véritable histoire de Baudouin Bras-de-Fer, voyons ce qu'en a fait la tradition.

J'ai entendu conter bien des fois cette légende par des bateliers. Il y avait, entre autres, en 1820, un vieillard nommé Nicolas Claës, qui excellait à la dire, et à qui ses longs cheveux blancs, ses grands traits vigoureusement accentués, et son teint bistré comme le teint des Arabes que j'ai vus plus tard dans nos possessions d'Afrique, donnaient une expression de physionomie qui saisissait tout d'abord. Il s'exprimait lentement, avec un accent tranché qui formait une espèce de mélopée que l'on retrouve encore dans certaines parties de la Belgique ; son geste était sobre et énergique. Voici comment Nicolas Claës, ou plutôt *Nick*, ainsi qu'on l'appelait par abréviation, racontait l'histoire de Bras-de-Fer.

« Au temps jadis d'autrefois, — cette formule précédait invariablement tous les récits des bateliers, — il y avait le fils d'un seigneur qui était de nature chétive et malvenue. Sa mère avait rendu l'âme en lui donnant le jour. Son père s'était remarié en secondes noces ; et quoique l'enfantelet fût l'aîné de la famille, il en paraissait le plus jeune, tant il semblait petit et faible. Aussi ses frères et sœurs le malmenaient-ils de toutes les façons, ce à quoi ne les encourageait que trop leur mère, jalouse de l'enfant du premier lit et qui eût bien voulu le voir passer de vie à trépas afin que son fils aîné héritât du titre et des grands biens du comte. D'autant plus que ce dernier avait pris la croix et guerroyait en terre sainte pour l'amour du Très-Haut et la conquête du tombeau du Sauveur. Dieu seul savait s'il reviendrait jamais dans son pays.

« Quant au petit seigneur, abandonné de tous et toujours en gêhenne au logis, il ne se sentait le cœur un peu léger que quand il errait par les bois de la châtellenie, se couchant sous les arbres, regardant voler les nuages dans les airs et écoutant le chant des oiseaux.

« Un jour qu'il se livrait à ces ébats solitaires et tristes, il vit sur un gros chêne un coucou, qui profitait de l'absence de ses nourriciers pour jeter hors du nid un des oiselets parmi lesquels la ruse de sa mère l'avait fait éclore. Le pauve petit, encore faible, et quasi sans aucune plume, tomba de branche en branche, poussant des cris de détresse, et vint choir sur une basse futaie aux pieds de l'enfant. A peine eut-il touché le feuillage de l'arbuste, qu'il se fit en lui un changement subit et merveilleux. Des plumes couvrirent son corps chauve, ses ailes tremblantes battaient l'air avec vigueur, et remontant à tire-d'aile vers le nid paternel, il y fit une telle guerre à coups de bec, au coucou parasite, qu'il lui fendit la tête et le jeta sans vie hors du nid ; après quoi, il s'envola sur un arbre et se mit à chanter sa victoire, avec une voix si douce, que jamais le fils du comte n'en avait entendu de pareille.

« Ce que ce dernier avait vu lui donna à réfléchir.

« Le cœur palpitant, l'âme émue, il saisit de ses mains maigres et noueuses les rameaux de l'arbuste merveilleux, et il sentit aussitôt en lui comme une secousse qui se faisait ; ce fut tout. Rien en apparence n'était changé dans sa personne. Plein de colère, il frappa du poing, avec impatience, un gros chêne voisin : l'arbre, brisé au pied, tomba aussitôt avec un bruit qui épouvanta fort le jeune seigneur. Revenu de sa première surprise, il recommença à frapper un autre arbre plus gros que le premier ; l'arbre brisé tomba plus vivement encore ; car, cette fois, le fils du seigneur y avait été de meilleur cœur. Comme tous ceux qui sont élevés dans le malheur et l'abandon, il avait l'esprit sérieux et aimait à se rendre compte des choses. Il revint donc à l'arbuste magique, l'examina de plus près, et finit par découvrir un anneau d'or, couvert de caractères étranges et à demi caché par l'écorce de l'arbuste qui avait poussé petit à petit à travers l'anneau, et avait fini par l'envelopper, ou peu s'en fallait, en grossissant.

« Qui s'en revint joyeux au château? Je vous laisse à le dire. Comme la nuit était close, on avait levé la herse et fermé la poterne Baudoin se mit à crier qu'on lui ouvrit.

Un de ses frères lui répondit en riant qu'il ne rentrerait que le lendemain matin, si toutefois les loups ne l'avaient point mangé. Le petit seigneur ne répliqua point ; mais, d'un saut hardi, il franchit le fossé, arriva à la herse, la détacha sans efforts, la chargea sur ses épaules et l'apporta dans la cour, en face du perron, à l'ébahissement et à la grande peur de la marâtre et de ses enfants.

« — Ne prenez point de frayeur, leur dit-il d'une voix douce. Vous êtes la femme et les enfants de mon père, et je ne vous ferai point de mal. Seulement, apprenez que je veux être traité de tous comme le fils aîné de mon père a droit de l'être en l'absence de celui-ci.

« Il ordonna ensuite qu'on lui servît à manger, et fit preuve d'un appétit tel, qu'on reconnut nettement qu'il fallait craindre et respecter l'enfant devenu un homme, et à qui un miracle avait donné une force surnaturelle.

« Il retourna le lendemain dans la forêt pour s'emparer de l'anneau, mais ni ses efforts, ni tous les moyens qu'il mit en œuvre ne purent briser le rameau et lui livrer le trésor magique. Comprenant que la volonté divine était que cet anneau restât sans maître, il alla au bord de la mer, en rapporta sur ses épaules une vingtaine d'énormes rochers, en forma une grotte dont il ferma toutes les issues, afin de la rendre complétement inaccessible à d'autres qu'à lui, et revint au château sans éprouver la moindre fatigue, quoiqu'il eût fait, ce jour-là, plus de vingt lieues de trajet et qu'il eût porté sur ses épaules plus de quatre millions de livres de rochers, sans compter qu'il les avait maniés et ajustés.

« Or, le bruit se répandit en ce temps-là que le roi d'outre-mer venait de mourir et que sa veuve, la fille de l'empereur de France, allait revenir dans les États de son père. Bras-de-Fer, car c'est le nom que chacun dans le pays donnait au jeune seigneur, s'enquit comme elle se nommait et si elle était de grande beauté et d'humeur agréable. On lui répondit que jamais le bon Dieu n'avait créé une princesse aussi accomplie.

« — C'est bien, répliqua Bras-de-Fer, faites venir mon chapelain pour qu'il écrive en mon nom à l'empereur de France et lui demande la main de sa fille.

« Et il dépêcha plusieurs de ses serviteurs, bravement vêtus, afin de porter à l'empereur de France ladite demande en mariage. Quand l'empereur eut lu la lettre de Bras-de-Fer, dont jamais il n'avait ouï parler, il se prit à rire si fort qu'il s'en tenait les côtes et qu'il resta plus d'un quart d'heure avant de pouvoir reprendre haleine. Puis, sans se donner la peine de répondre et toujours riant, il tourna le dos aux messagers de Bras-de-Fer.

« Ils revinrent, tout déconfits, rapporter à leur maître cet accueil peu encourageant. Bras-de-Fer dit sans s'émouvoir :

« — La reine d'outre-mer débarque demain; après-demain elle sera dans mon château !

« Et il alla se coucher, comme s'il eût dit la chose la plus ordinaire du monde.

« Le lendemain, il se mit en route, sans autre compagnie que quatre femmes d'atours montées sur des mules, et conduisant en laisse une magnifique haquenée blanche et d'un prix inestimable.

« Après deux ou trois heures de marche, on entendit au loin un grand bruit de chevaux et d'armures; c'était la reine d'outre-mer qui se dirigeait vers le royaume de son père, en compagnie d'une armée anglaise, dont chaque homme chevauchait armé de pied en cap. Bras-de-Fer s'avança vers le chevalier qui commandait cette armée et lui dit :

« — Monseigneur, sans vous fâcher, veuillez me livrer la reine, que je dois épouser demain dans mon château.

« Le chevalier crut avoir affaire à un fou, et lui ordonna de passer son chemin, et, comme Bras-de-Fer n'en faisait rien, il le frappa du bois de sa lance.

« Bras-de-Fer lui dit :

« — Ce que vous faites n'est point courtois; tenez, voici pour votre peine.

« Et il frappa d'un coup de pied, léger en apparence, la croupe du cheval du chevalier. Homme et cheval furent lancés dans les airs, d'une telle hauteur que jamais on n'en entendit plus parler depuis. Et comme toute l'armée s'élança à la fois sur Bras-de-Fer pour venger son chef, en moins de temps que je n'en mets à vous le raconter, il ne se trouva près de la reine pas plus d'Anglais que je n'en ai sur la main. Tous avaient disparu, lancés au loin par Bras-de-Fer, comme vous et moi pourrions le faire en soufflant sur un peu de poussière.

« Bras-de-Fer s'avança ensuite galamment vers la reine, lui offrit la main pour monter sur la haquenée qu'il lui avait amenée, et la ramena dans son château. Comme il était aimable, galant, spirituel et bien fait, la reine dit oui de bon cœur, le soir même dans la chapelle, quand un prêtre bénit leur union.

« Le lendemain de ses noces, elle écrivit à l'empereur, son père, ce qui s'était passé. Il ne restait guère plus au bon souverain à faire autre chose qu'à donner son consentement, ce qu'il fit sans trop de prières, car il n'était pas fâché d'avoir pour gendre un chevalier qui à lui seul valait une armée.

« Avec l'aide du mari de sa fille il conquit des États immenses, dont il fit héritier Bras-de-Fer, qui vécut longtemps, à la grande joie de sa femme et de ses enfants. Quant à l'arbuste et à l'anneau magiques, afin que personne ne pût devenir aussi fort que lui, il finit par ensevelir la grotte dans laquelle il les avait cachés sous une grande montagne, qu'il façonna de ses mains, et sur laquelle il bâtit une magnifique église.

« Bras-de-Fer n'avait confié à personne, pas même à sa femme, le secret merveilleux de sa force. Une nuit cependant, dans un de ces moments de tendresse qui font que Samson révéla à Dalilah que de ses cheveux dépendait le don qu'il avait reçu de Dieu, le roi finit par avouer qu'il devait cette force à un talisman, et il raconta de fil en aiguille l'histoire de l'arbuste et de la bague. Il ajouta, — ce qui était vrai, — que s'il avait enseveli en un lieu inabordable le talisman, c'est que saint Pierre était venu lui donner l'ordre, de la part du Très-Haut, d'en agir ainsi, car si l'anneau, qui était celui du roi Salomon, fût venu à tomber dans les mains d'un méchant, il n'en eût point fallu d'avantage pour dépeupler la terre entière.

« La reine Judith fit tant et s'y prit si bien, que le roi

allait lui dire encore en quel lieu il avait caché l'anneau, lorsque tout à coup il aperçut à son chevet saint Pierre, un doigt levé en signe d'avertissement et de menace. Alors, comprenant son imprudence, le roi continua avec un air de vérité qui trompa la reine, et lui dit, après avoir exigé d'elle de grands serments, que l'anneau gisait dans une rivière dont il avait détourné le cours, et dont il avait fait recouler ensuite les eaux dans leur lit primitif. La reine exigea encore qu'il lui dit précisément l'endroit, et quand elle sut tout, dès le point du jour elle alla trouver son fils unique, lui apprit le secret de son père, et lui recommanda de prendre un grand nombre de travailleurs, de détourner la rivière à l'endroit indiqué, de s'emparer de l'anneau, et surtout de se hâter avant que son père en sût rien. Et pour mieux tromper le roi, qui en riait dans sa barbe, elle démontra ensuite au monarque la nécessité d'entreprendre un voyage à l'extrémité de son royaume. Bras-de-Fer partit sans contestation, et laissa faire la reine et son fils, qui, bien entendu, ne trouvèrent rien.

« Après trois mois de voyage il revint; et faisant venir la reine et son fils :

« — Bénis soient Dieu et monseigneur saint Pierre, dit-il, qui m'ont averti à temps du danger et qui m'ont appris qu'il ne fallait jamais confier son secret, même à une femme bonne et sainte comme vous, madame la reine. Là où gît l'anneau, il y restera jusqu'à la fin du monde, à moins que la volonté de Dieu ne soit autre !

« Et le roi Bras-de-Fer mourut, en effet, sans dire où gisait l'anneau, et l'anneau n'a jamais été retrouvé. *Dieu soit béni, mon récit est fini !* »

Cette légende, on le voit, tient à la fois du roman chevaleresque et du fabliau.

Entre Cambrai et Saint-Quentin on trouve deux tunnels, l'un qui compte un kilomètre de longueur et l'autre qui n'en a pas moins de cinq. Au lieu de rails en fer, on rencontre une eau lente et profonde sous ces voûtes sombres et humides. Du haut de ces voûtes suintent de larges gouttes qui tombent avec un bruit sinistre, et que répètent les échos non moins sinistres de si étranges lieux. Les bateaux ne peuvent avancer que lentement et tirés par des femmes, dont les pieds nus ne viennent que trop souvent à glisser sur les trottoirs étroits, inégaux et périlleux qui serpentent le long du souterrain. Plus d'une histoire fatale se raconte sur ces voûtes funèbres. Ce sont de nombreuses femmes attelées à un bateau, tombées dans le gouffre et noyées sans que l'on ait pu leur porter secours ; ce sont encore des victimes assassinées et dont les eaux ont charrié les cadavres. Des soldats espagnols, prisonniers de guerre, ont été forcés de creuser le tunnel dont nous parlons, et il n'est pas besoin d'ajouter que ces hommes ardents avaient apporté leurs passions méridionales sous le ciel nébuleux du nord de la France, et ont laissé dans la contrée bon nombre de souvenirs sanglants, où le *cuchillo* joue un terrible rôle. Enfin, un procès mystérieux et marqué d'un sceau dramatique se rattache encore à l'histoire du canal souterrain de Saint-Quentin.

Vers 1812, toute une famille s'embarqua sur une nacelle pour parcourir les deux longues voûtes et jouir des bizarres effets qu'y produisent les échos. Elle avait emporté des torches, des vivres et des instruments de musique. Ils partirent au nombre de quatre : un vieillard, ses deux fils et le neveu du vieillard. Seul, le neveu sortit du souterrain.

Les vêtements trempés, les cheveux en désordre, le visage pâle et décomposé, il raconta, en poussant des cris de désespoir, que la barque avait chaviré par l'imprudence d'un de ses cousins; qu'il avait fait d'inutiles efforts pour sauver du moins le vieillard; qu'il l'avait saisi deux fois par ses vêtements, mais qu'il n'avait jamais pu parvenir à se hisser avec lui sur le trottoir glissant et humide qui borde le canal : épuisé de fatigue, après la mort des trois victimes, sous peine de périr lui-même, il s'était vu forcé de gagner à la nage la partie du souterrain qui mène au jour et aux rives à ciel ouvert.

Or, l'oncle et ses fils possédaient une immense fortune, et le neveu était pauvre.

De là, je vous l'ai dit, un drame qui aboutit à la cour d'assises, et qui, après de longs débats, se termina par un verdict d'acquittement.

L'héritier des trois victimes se livra passionnément, pendant quelques mois, aux jouissances du luxe et de la dissipation; mais rien ne parvint à dissiper la tristesse morne qu'on lisait sur son visage pâle; rien ne put jamais amener un sourire sur ses lèvres.

Un jour il disparut du pays sans que personne sût ce qu'il était devenu.

Longtemps après, on finit par apprendre qu'il était mort à l'abbaye de la Trappe, sur un lit de cendres, et en criant miséricorde à Dieu.

Jugez donc de l'impression que l'on éprouve sur un bateau qui met près de trois heures à traverser le canal, dans une profonde nuit, au milieu de périls inconnus et sous une voûte dont, à la lueur vacillante des lanternes placées à l'avant, on n'aperçoit que les murs taillés dans le roc et, d'intervalle en intervalle, les croix noires placées sur ces murs, en souvenir d'un accident ou d'un crime.

D'ordinaire, tandis que les femmes chargées de ce travail traînaient le bateau et qu'un pilote attaché au canal veillait à l'avant, les bateliers, réduits à l'inaction, se réunissaient en groupe sur le bateau, et se livraient à leur goût passionné pour les légendes.

C'est dans une traversée nocturne du canal de Saint-Quentin, — et certes avec la mise en scène la plus propre à faire valoir le lugubre et fantastique récit, — que l'auteur de ces notes a entendu conter la *Légende de la Trépassée.*

« Au temps jadis d'autrefois, disait le narrateur, il y avait sur un bateau une jeune fille d'une grande beauté, qui servait chez d'anciens amis de sa famille ; car la pauvrette avait perdu, quasiment au berceau, son père et sa mère, et elle eût été abandonnée à la charité publique, si les braves gens sur le bateau desquels elle travaillait ne l'eussent accueillie et élevée chrétiennement.

« Or, cette jeune fille fit, je ne sais comment, la connaissance d'un fermier. J'ai peur que ce ne soit à la danse, où elle se rendait quelquefois en cachette de ses maîtres.

« Elle eût mieux fait de rester sur son bateau et d'y travailler au lieu d'aller au plaisir. Car, un soir, ses maîtres s'aperçurent qu'elle ne tarderait point à devenir mère, et ne voulant point garder chez eux une fille déshonorée, la chassèrent sans tenir compte de ses prières et de ses larmes. Elle courut tout droit chez son séducteur, qu'elle n'avait point vu depuis quelque temps; il la reçut mal et lui demanda durement ce qu'elle venait faire chez lui à pareille heure.

« — Vous avez entendu parler de mon prochain mariage, ajouta-t-il, et vous venez, n'est-ce pas, pour me soutirer de l'argent par des menaces de scandale? Mais vous ne savez point à qui vous avez affaire, la belle! Hors d'ici, à l'instant, ou bien je lâche mes chiens sur vous.

« En entendant ces paroles elle devint pâle comme une trépassée.

« — Ce n'est point pour moi que je sollicite votre pitié, dit-elle; ce que je viens d'entendre a décidé de mon sort. Mais songez que demain, tout à l'heure peut-être, je vais devenir mère; n'abandonnez pas notre enfant, car, je le sens, je mourrai en donnant le jour à la pauvre petite créature.

« Pour toute réponse le dur garçon se prit à siffler deux gros chiens habitués à donner la chasse aux mendiants, et qui mirent en fuite la pauvre fille.

« On était en plein cœur d'hiver, et le lendemain des bûcherons trouvèrent dans un bois voisin, sous la neige, les cadavres d'une jeune femme et d'un enfant nouveau-né.

« Or, une vieille pauvresse, la veille, en passant par la ferme du méchant jeune homme, avait entendu ses brutales paroles à la batelière, et comme personne n'aimait le garnement, elle raconta par tout le pays comment il avait causé la mort de la mère et de l'enfant. Elle alla mendier jusqu'à la porte de la fiancée de cet homme et lui dit tout de point en point, de sorte que celle-ci ne voulut plus, dès ce moment, revoir le cœur failli qui avait si mal agi. D'où il advint que, jeune, joli homme et riche, il ne trouva nulle part à se marier, que partout on lui ferma les portes des maisons, et que si, par hasard, il se rendait à la danse de quelque dukasse, à l'instant le violon se taisait, et filles et garçons s'éloignaient en détournant la tête.

« Un an après la mort de la batelière, jour pour jour, le fermier en question se vit obligé de traverser vers la nuit la forêt où étaient morts la fille séduite et son enfant. Quoiqu'il ne crût ni à Dieu ni à ses saints, le méchant ne se sentait pas à l'aise en traversant ces longs sentiers solitaires, au milieu d'arbres sans feuilles, dont la neige avait couvert les noirs rameaux d'un suaire blanc sur lequel, à demi voilée par les nuages, la lune jetait ses lueurs livides. Il se sentait le cœur serré. Sa poitrine respirait mal, et ses pieds trébuchaient à chaque instant contre quelque souche ou quelque racine cachée sous le givre. Quoiqu'il connût bien la forêt et ses détours, et qu'il la traversât souvent, il finit par s'égarer : plus il faisait d'efforts pour retrouver son chemin, moins il y arrivait et plus il se perdait. A la fin, vaincu par la fatigue et saisi de rage, il s'assit sur un tronc d'arbre, proféra un horrible blasphème, et appela le diable à son aide.

« A l'instant même où ces funestes paroles sortaient de ses lèvres frémissantes, le vent apporta jusqu'à lui le glas d'une cloche qui sonnait au loin les douze coups de l'heure de minuit. Puis il se fit comme un éclair qui l'obligea à porter sa main devant ses yeux.

« Lorsqu'il releva la tête et qu'il regarda autour de lui, un chariot passait à ses côtés, quoiqu'il n'eût entendu ni le bruit des pas des chevaux, ni le grincement des roues, mais, comme la terre se trouvait couverte d'une épaisse couche de neige, il ne s'en étonna pas trop.

« — Holà, cria-t-il à un vieillard qui conduisait le chariot, je me suis égaré dans ce bois, dites-moi donc de quel côté se trouve le chemin de mon village? Et il nomma ce village.

« Quand le jeune homme eut achevé de parler, le vieillard tourna la tête vers lui, et l'autre ne put retenir un cri de terreur, car il avait cru reconnaître dans ce vieillard son père, mort depuis quinze ans.

« — Fermier, répondit le vieillard, nous ne pouvons vous mener où vous voulez aller, mais nous pouvons vous mener où nous allons.

« Et tandis qu'il parlait, les toiles qui recouvraient le chariot s'entr'ouvrirent, écartées par deux petites mains, et montrèrent le visage d'une jeune fille. Cette fois le fermier faillit tomber à la renverse, car il avait reconnu, à ne pas s'y tromper, la victime de sa lâche séduction.

« — Est-ce qu'une femme vous fait peur? lui dit celle-ci en riant. Eh! vous voici pâle comme un mort et plus tremblant que les vieilles feuilles noires restées aux branches de ces chênes. Voyons, faut-il que je descende pour vous donner la main et vous aider à monter dans le chariot? Dépêchez-vous, car il fait froid en ces lieux et vous n'aurez pas, je vous le jure, de froid à redouter dans le gîte où je veux vous conduire, si toutefois ma société vous agrée.

« Le fermier se sentit un peu rassuré par ces accortes paroles ; et les deux sinistres ressemblances qui l'avaient d'abord épouvanté finirent par lui paraître un effet du hasard, et surtout de la clarté décevante de la lune.

« Il répondit, en riant lui-même, qu'une jolie fille ne lui avait jamais fait peur, monta lestement dans le chariot et s'y assit à côté de la voyageuse sur de gros sacs qu'il croyait pleins de colza et qui, à sa grande surprise, tintèrent sous lui comme l'eût fait de l'or.

« Sa compagne de voyage lut dans sa pensée, et sourit.

« — Vous êtes étonné de nous voir voyager avec de pareilles richesses, dit-elle en ouvrant un des sacs, qui se trouva plein de doubles louis ; mais nous quittons le pays pour toujours, et nous allons habiter d'autres contrées. C'est pourquoi, mon père et moi, nous voyageons nuitamment, afin de ne pas éveiller les soupçons des routiers et gens de mauvaise rencontre.

« — Et pourquoi quittez-vous ce pays ? demanda le fermier.

« — C'est mon secret, dit-elle, et nul ne le saura que celui qui me donnera sa main en mariage.

« Le jeune homme regarda en face la voyageuse : jamais il n'avait vu un plus charmant visage, une taille plus avenante, et des mains plus accomplies. Le seul reproche qu'eût pu faire un sévère critique, c'eût été la pâleur des traits de la jeune femme, mais le froid et la fatigue s'en trouvaient sans doute la cause.

« L'entretien changea et prit une allure gaie et rieuse, Puis, peu à peu, l'émotion s'en mêla, et après deux heures de route, le fermier tenait dans ses mains les mains de sa compagne.

« — Écoutez-moi bien, lui disait-elle. J'ai été trompée une fois et je ne veux pas l'être une seconde. Un séducteur m'a rendue mère, et parce que j'étais pauvre, il m'a abandonnée avec mon enfant, la nuit, par le froid, sans pain, sans asile. Aujourd'hui, je suis riche, et, vous le voyez, maîtresse d'un héritage immense. Si vous voulez devenir mon mari, parlez hautement. Dites-le à mon père, et jurez de m'appartenir pour l'éternité.

« — Jane, s'écria-t-il, Jane, vous n'êtes donc point morte, comme ils le prétendaient au village ?

« Elle sourit. — Demandez à mon père d'adoption, qui m'a rapporté tous ces trésors ; demandez à notre fils, continua-t-elle en prenant à ses côtés un petit berceau dans lequel dormait ou semblait dormir un enfant pâle comme sa mère.

« Il pressa la jeune fille dans ses bras et contre sa poitrine ; un froid mortel pénétra jusqu'à son cœur.

« — Ainsi, reprit-elle, maintenant que nous voici réunis, tu consens à devenir mon époux et à rendre un père à notre enfant. Le fais-tu par amour pour moi, ou bien pour ces immenses richesses qui proviennent d'un pays inconnu ?

« — Pour toi, pour toi seule, Jane !

« En parlant ainsi, le fermier mentait, car il eût encore repoussé avec dédain et fait chasser par ses chiens l'infortunée qu'il avait séduite ; il l'eût encore laissée mourir avec son enfant, s'il ne lui eût point su une dot de reine.

« Une larme brilla dans l'œil fixe et terne de la jeune femme, et coula lentement sur ses joues pâles et moites.

« — Ah ! dit-elle, je t'ai trop aimé, et je me sens encore, malgré tes crimes, trop de tendresse, pour ne pas te dire que ton salut dépend de toi, mais que l'heure suprême est arrivée ! Demande pardon à Dieu, repens-toi, joins les mains et prie !

« Il secoua la tête avec impiété.

« — Repens-toi ! murmura-t-elle, car il y a des nuits sans fin bien terribles pour celui qui meurt sans se repentir !

« — Au diable tes lugubres paroles ! s'écria-t-il. Oublies-tu que nous nous aimons, que nous sommes jeunes et que tu es ma fiancée.

« — Il a raison ; que tout s'accomplisse ! dit-elle.

« Et elle ôta de son doigt un anneau qu'elle mit au doigt du fermier.

« Puis elle plaça l'enfant sur les genoux de son père et ajouta : — Nous voici unis à tout jamais !

« Le vieillard poussa un profond soupir, et dit : — Marchons ! marchons !

« Aussitôt le tonnerre éclata, des éclairs sortirent du sein de la terre, et le chariot se mit à courir avec une vitesse dont rien ne saurait donner une idée. Deux fois, le fermier, qui avait peur cette fois, entr'ouvrit la toile pour regarder où il se trouvait et il ne vit rien que des arbres qui disparaissaient avec la vitesse de la pensée.

« Cependant le froid gagnait de plus en plus ce garçon;

sa fiancée passa ses bras autour de son cou et déposa sur son front un baiser de glace.

« — Serons-nous bientôt arrivés ? balbutia-t-il sans trop savoir ce qu'il disait. J'ai froid, j'ai bien froid ! Serons-nous bientôt arrivés ?

« — Pas encore, répondit-elle en l'étreignant de plus en plus.

« — Si nous n'arrivons pas bientôt, je sens que je ne pourrai supporter plus longtemps ce froid horrible, reprit-il en gémissant.

« — J'ai eu bien froid dans la forêt, oui, bien froid, et mon pauvre enfant aussi !

« — Je me meurs ! je me meurs !

« — Nous voici arrivés tous les quatre, s'écria-t-elle ; le père, damné pour n'avoir pas élevé sévèrement son fils ; la fille séduite, damnée pour ne point avoir résisté à son amant ; l'enfant, damné pour être mort sans baptême ; et toi, damné pour avoir causé la perte de ces trois infortunés.

« Et le chariot s'engouffra dans un abîme de feu.

« Depuis lors, on n'entendit plus parler jamais du fermier ; ses grands biens, restés sans héritiers, servirent à fonder des églises ; mais les messes qu'on y célèbre n'ont jamais pu rien pour le repos de l'âme du damné. Vers minuit, l'hiver, on rencontre parfois son fantôme qui erre dans les bois où ses deux victimes sont mortes et où il a reçu le châtiment de ses crimes. Il suffit, pour le faire disparaître, d'un signe de croix et de ces paroles : « Au « nom du Dieu que tu as méconnu, va-t'en ! »

« Dieu soit béni ! mon récit est fini. »

Quoique les histoires sinistres, et où le diable joue un

rôle, soient de celles que préfèrent les bateliers, leurs conteurs en savent encore de plaisantes et même d'égrillardes dont le héros est un type de niaiserie populaire parmi ces populations nomades, comme Mayeux et Jocrisse le sont à Paris. Ce personnage comique porte le nom de *Tiot-Batisse* (le petit Jean-Baptiste).

Tiot-Batisse, dont l'origine remonte à un temps reculé, semble avoir fourni au chansonnier lillois Brûle-Maison, célébré par Boileau, l'idée de son turquenois Jean Delbasdeul. Comme lui, c'est un imbécile inoffensif, et qui commet de risibles bévues.

Par exemple, Tiot-Batisse va à la ville acheter des chandelles pour éclairer les veillées d'hiver et du drap pour se faire une culotte. La pluie le prend en route ; son drap et ses chandelles se mouillent, et il rentre au logis fort en peine de savoir comment il fera pour sécher son drap et ses chandelles. Sa femme, maligne commère qui s'était mise au lit en attendant le retour de son mari, lui répond : « Pardieu! grande bête, te voici bien embarrassé ! j'ai cuit ce matin ; le four garde encore une partie de sa chaleur. Étale ton drap sur une planche et mets la planche et le drap dans le four; demain tu les trouveras secs. » Là-dessus elle s'endort profondément.

Tiot-Batisse, en mari docile et habitué à obéir au mors conjugal, suit ponctuellement le conseil de sa femme, et dépose le drap dans le four.

Puis, quand il a fini : « Eh ! notre femme, crie-t-il, et ces chandelles? comment faut-il faire pour les sécher? » Or, la femme dort solidement, et Tiot-Batisse n'ose pas réveiller la sienne. Que fait-il alors? Il place proprement les chandelles sur le drap, ferme le four, et prend sa place dans le lit conjugal.

On peut juger de la colère de la femme, le lendemain à son réveil, lorsqu'elle trouva les chandelles fondues et le drap gâté par le suif.

Tiot-Batisse, l'oreille basse, lui répond : « Dame! tu dormais, je n'ai point osé t'éveiller. Tu ne m'as point dit ce qu'il fallait faire. »

Non-seulement Tiot-Batisse est niais, mais encore il a pour la bière un goût si vif, qu'il achève de noyer dans les *triboulettes* (pintes) qu'il vide, chemin faisant, le peu de raison qu'il possède à jeun. C'est dans un de ces accès d'ébriété qu'après avoir acheté à la ville des perches pour planter des houblons, il s'aperçoit qu'il ne peut les passer debout sous les portes de la ville. Il se livre à des efforts sans fin, et, de guerre lasse, il les fait couper et revient près de sa femme, qui le malmène en paroles, et même en gestes.

« Imbécile, lui dit-elle, pourquoi n'as-tu point couché les perches pour les passer sous la porte de la ville ?

— Dame, tu n'étais pas là pour me dire comment il fallait faire, » répond l'époux soumis et habitué à n'agir que sous les influences conjugales.

Il faudrait un de ces gros volumes in-folio qu'on ne fait plus, grâce à Dieu, pour raconter toutes les aventures dont Tiot-Batisse est le héros, et dans lesquelles il joue toujours un rôle niais et débonnaire, tandis que sa femme, fière matrone, qui joint à une rigide sagesse de conduite un despotisme absolu, passe sa vie à gronder son mari et à en recevoir cette réponse, empreinte d'obéissance et de résignation : « Dame! tu n'étais pas là pour me dire comment il fallait faire. »

Je ne vous raconterai plus qu'un seul chapitre de cette odyssée de la bonhomie. Ce chapitre n'est autre chose qu'un épisode de l'histoire de Karagheus, le polichinelle des États barbaresques, épisode qui pourrait bien y avoir été importé par quelque esclave chrétien, né dans les Pays-Bas, et tombé au pouvoir des pirates musulmans au moyen âge. Comme dans la farce algérienne, un ami de Tiot-Batisse, au moment d'entreprendre un long voyage, lui confie le soin de surveiller sa femme, et de l'empêcher de commettre des infidélités. Or, la commère est adroite, rusée, et le pauvre Tiot-Batisse n'est qu'un brave homme qui n'y voit pas plus loin que son nez. Cependant, comme il prend conseil de sa propre épouse, il déjoue tous les tours de la coquette. Mais un jour que la digne matrone n'est pas là *pour lui dire comment il faut faire*, c'est sur Tiot-Batisse lui-même que la femme de son ami exerce ses séductions. Au moment de succomber, et de trahir l'amitié et la foi jurée, il appelle Satan à son secours, et celui-ci ne trouve rien de mieux à faire que d'emporter en enfer la pauvre délurée. Tiot-Batisse, en échange de ce service, a promis au diable de lui livrer sa propre âme dans quatre ans.

Vous pouvez juger de son désespoir quand arrive l'échéance du terrible billet, car le démon est en règle ; il a fait apposer la signature de Tiot-Batisse au bas du pacte infernal.

Tiot-Batisse confie ses terreurs à sa femme, qui le rassure, le console et lui promet de le sauver des griffes de l'esprit malin. En effet, lorsque Satan se présente, sa lettre de change à la main, la femme lui fait bon accueil, lui offre un verre de bière suivant l'usage du pays et lui dit : « Avant d'emporter mon mari, permettez-moi de causer avec lui, encore un peu de minutes. Sans quelques renseignements indispensables qu'il lui reste à me donner, je ne pourrais régler mes comptes de fermage à la Saint-Martin. » Le diable est pressé ; il résiste d'abord ; mais, sur les instances de la femme, il finit par promettre de n'emporter l'âme de Tiot-Batisse qu'après l'extinction du petit bout de chandelle qui brûle sur la table.

Aussitôt, madame Tiot-Batisse saisit le bout de chandelle et le plonge dans le bénitier, non sans jeter quelques gouttes de l'eau sainte sur le diable, qui s'enfuit en laissant la lettre de change sur la table.

On déposa chandelle et pacte dans une église, et Tiot-Batisse, grâce à sa femme, coula encore de longs jours, et mourut en chrétien.

On reconnait, dans la première partie de cette histoire, tous les caractères des fabliaux du moyen âge. La fin en appartient évidemment aux conteurs des Pays-Bas, puisque vous l'avez déjà rencontrée à peu près la même dans le *Diable charbonnier*.

Du reste, j'ai retrouvé le fond de cette même légende sous d'autres noms et sous une autre forme, non-seulement en Algérie, comme je le disais tout à l'heure, mais en Allemagne, en Suède, en Danemark et en Hollande ; seulement, chaque pays se l'approprie en lui donnant une couleur locale et en l'accommodant à ses mœurs ; enfin,

Pouschkine, poëte russe, raconte quelque chose de semblable dans ses légendes sur la Sibérie.

L'histoire de Tiot-Batisse a donc fait le tour du monde.

Nous avons vu parmi les légendes que racontent les bateliers des chroniques fabuleuses, des histoires fantastiques et des contes plaisants. Il me reste à parler des paraboles mystiques.

C'est d'abord le Juif errant et ses fatales apparitions qui amènent toujours à leur suite la peste, la famine ou la guerre ; car le pied maudit d'Ashvérus ne foule jamais le sol d'une contrée, sans y laisser le malheur et le désespoir. C'est encore saint Pierre, Aaroun-al-Raschid céleste, qui descend de temps en temps sur la terre, pour éprouver une conscience douteuse, ou pour raffermir une foi chancelante ; il y vient encore pour consoler une douleur amère, ou protéger des orphelins, des mères, de jeunes filles abandonnées, qui tendent à Dieu leurs mains faibles, et qui lèvent vers le ciel et vers la mère immaculée du Sauveur leurs yeux noyés de larmes.

La plus populaire des légendes sur saint Pierre raconte qu'un jour l'apôtre qui compatit le plus aux faiblesses humaines, parce que lui-même succomba un jour et se montra faible jusqu'à renier son maître, descendit sur la terre pour protéger quatre orphelins : l'aîné ne comptait pas six ans, et le père et la mère avaient péri, avec leur embarcation, sur l'Escaut, dont les eaux, si calmes en apparence, cachent souvent de perfides écueils et des gouffres sans fond. Saint Pierre chargea l'un des enfants sur ses épaules, blottit le plus jeune dans ses bras, fit prendre aux deux autres les coins de son manteau, et s'en alla frapper à la porte d'un riche fermier qui sortait de l'église et qui se croyait un excellent chrétien.

Saint Pierre aborda le fermier, lui exposa le sort affreux des quatre orphelins, exposés à mourir de faim et de froid, et lui demanda pour eux un asile et du pain. Celui-ci, par une habitude familière aux paysans flamands, se gratta le derrière de l'oreille, comme pour mieux éclairer son entendement, sans se douter qu'il frottait et qu'il excitait l'organe de l'acquisivité, organe découvert ou inventé depuis lors par le docteur Gall. Cet organe excité, et le diable s'en mêlant, il exposa à saint Pierre qu'il avait une fille unique à doter et à marier ; que se charger de quatre orphelins lui nécessiterait des dépenses considérables qui n'avanceraient pas le grossissement de la dot en question, et, qu'après tout, charité bien ordonnée commençait par soi-même.

Saint Pierre insista, cita l'exemple de saint Martin, qui avait donné la moitié de son manteau à Satan en personne, et ajouta judicieusement qu'à plus forte raison, de pauvre petits chrétiens méritaient bien un peu de pain et de soupe, chaque jour et une botte de paille, la nuit, dans un coin de la grange. Le fermier compta sur ses doigts, liard par liard, le nombre de pains que formeraient à la fin de l'année tous les morceaux que dévoreraient ces quatre petites bouches affamées, qui d'ailleurs deviendraient grandes, et finit par déclarer qu'en bon administrateur de sa fortune et de celle de sa famille, il laissait à un autre le soin et le mérite de la bonne œuvre sollicitée par saint Pierre.

« C'est bien, lui dit l'apôtre, dont la tête s'entoura d'un

nimbe comme on en voit dans les tableaux de sainteté du douzième siècle, Dieu jugera de la résolution que vous venez de prendre. Priez-le avec ferveur jusqu'après-demain, car, après-demain, la première chose que vous ferez en vous réveillant, vous la ferez toute la journée. »

Là-dessus il se dirigea avec les quatre orphelins vers un bateau qui stationnait au bord de l'Escaut, à quelque distance de la ferme.

Le bateau était en fort mauvais état et appartenait à une veuve chargée de famille, et qui avait bien de la peine à gagner sa vie par un travail sans relâche et au-dessus de ses forces. Elle ne put, néanmoins, voir ces orphelins sans compassion, et, au premier mot que lui adressa saint Pierre, elle lui déclara qu'elle se chargeait des orphelins. Le saint, ému, lui demanda comment elle ferait pour les nourrir.

« Dieu et la sainte Vierge ne m'abandonneront point, dit-elle en montrant le ciel ; ils sont le soutien des veuves et des orphelins ! »

A ces paroles de foi et de charité, saint Pierre ne put retenir une larme. Cette larme roula de ses paupières vénérables jusqu'à terre, et à peine eut-elle touché la poussière qu'il en naquit un lis de toute beauté et dont le parfum suave se répandit dans les airs.

« Pauvre femme, dit le saint, vous avez la foi que le divin maître demandait à ses disciples, et dont ils ont parfois manqué ! ajouta-t-il en soupirant. Ce que vous ferez demain matin en vous levant, vous le ferez toute la journée. »

Et il s'en alla.

« Par Notre-Dame de Bon-Secours! s'écria la vieille, qui avait l'humeur avenante, ce bon vieux ne m'apprend rien de nouveau. Ce que je ferai demain matin en me levant, je le fais pardieu depuis vingt ans, et je le fais toute la journée ; je travaillerai ! ».

Et là-dessus, pour réparer le temps perdu, elle se remit à sa besogne de plus belle, non sans donner au préalable un bon morceau de pain et une tasse de lait à ses quatre enfants adoptifs.

Or, le lendemain matin, sans penser autrement à ce que lui avait dit saint Pierre, elle aperçut, en se levant, entre les planches du pont du bateau, quelque chose qui brillait. Elle tira des planches ce quelque chose, et, à sa grande surprise et à sa grande joie, elle reconnut que c'était un bel écu d'or au soleil. Elle bénit Dieu de cette trouvaille, qui la rendait riche pour un mois, sans trop pouvoir s'expliquer cependant comment il pouvait y avoir des écus d'or cachés entre les planches d'un pont sur lequel elle marchait depuis tant d'années. Mais sa surprise devint bien autrement grande, quand elle vit d'autres écus d'or sortir d'abord un à un, puis deux à deux, puis dix à dix, puis cent à cent d'entre les planches, et couvrir le pont de piles d'or ; car les écus se rangeaient les uns sur les autres, comme si un notaire les eût comptés et maniés.

Alors, elle se souvint de ce que saint Pierre lui avait dit, se mit à genoux au milieu de ses enfants, et chanta le plus joyeux et le plus pieux *Magnificat* qui soit jamais sorti de ses lèvres et de son cœur. Elle se trouva riche à tout jamais, dota ses enfants, et les quatre orphelins chacun à part égale; et, avec le reste, fonda un hospice pour les orphelins des bateliers.

Quant au fermier, qui avait vu le nimbe de saint Pierre, qui savait avoir eu affaire à un bienheureux, et qui avait appris le miracle opéré en faveur de la veuve, il ne se sentait pas de joie, et il attendait avec impatience que le jour indiqué arrivât, pour tirer bon parti de la prédiction que lui avait faite saint Pierre. Seulement il ne pouvait s'arrêter à une résolution, et, quand le coq annonça le point du jour, il ne savait point encore s'il valait mieux compter des écus, mesurer du blé ou auner de la fine toile de batiste, dont chaque aune se vend à prix d'or. Cependant il fallait prendre une décision, car le coq venait de chanter une seconde fois! suivant l'habitude dont nous avons parlé, il se gratta le derrière de l'oreille. Jugez de son effroi : lorsqu'il voulut abaisser sa main, une force surnaturelle la retenait contre l'oreille, l'obligeait à gratter, et lui enfonçait les ongles dans les chairs. Il eut beau pleurer, blasphémer, invoquer tous les saints, rien n'y fit, et, quand la nuit amena la fin de la journée, il ne restait plus de lui qu'une main sanglante qui s'agitait au-dessus d'épaules sans tête : la tête avait disparu, déchirée par les ongles!

Les anges jouent aussi un grand rôle dans les légendes contées aux veillées des bateliers, et il est telles d'entre elles que Swedenborg eût écoutées avec admiration. Cette fameuse phrase que citait Balzac chaque fois qu'il parlait du mystique suédois : *les anges sont blancs*, et qu'il a mise dans la bouche de Louis Lambert, est banale chez les bateliers quand ils parlent des célestes esprits. C'est toujours un *ange blanc* qui accomplit les messages du Très-Haut, et un ange rouge qui accomplit ses vengeances.

Parmi ces légendes, où les esprits blancs ou rouges apparaissent, il en est une qui ne le cède en rien à tout ce que les poëtes ont dit sur les anges. Comme on y trouvera une vague ressemblance avec un poëme de M. de Lamartine, j'ai besoin d'ajouter que, dès 1828, j'avais recueilli et publié en partie ce qu'on va lire.

Il s'agit d'un ange trompé par un diable qui le persuade que son frère le plus aimé s'est laissé entraîner dans la révolte des démons contre Dieu. Le pauvre ange, afin de ne point se séparer de ce frère, suit les esprits réprouvés en enfer, où il ne trouve que la solitude et le désespoir. Satan l'envoie ensuite sur la terre pour perdre des âmes, et surtout celle d'une jeune fille pure, et qui fait le désespoir des démons restés jusque-là sans pouvoir sur elle.

L'ange déchu revêt un corps humain pour accomplir malgré lui la fatale mission qui lui est imposée. Mais il se fait qu'au moment même où il arrive sur la terre, la jeune fille vient de rendre son âme à Dieu.

Le frère de l'ange déchu, qui était précisément le gardien de la jeune fille, se substitue, dans le corps de la trépassée, à l'âme qu'il a conduite au ciel, et parvient à convertir son frère, qui renonce à sa fatale mission et veut retourner en enfer pour y subir les horribles châtiments auxquels sont soumis les esprits réprouvés qui échouent dans leurs missions maudites.

Mais le Très-Haut, touché du repentir de l'ange déchu, lui accorde son pardon, et les deux esprits fraternels reprennent ensemble leur vol vers le ciel.

Ce que je résume sommairement est raconté par les bateliers avec un charme et une poésie ineffables. Certes, ces récits sténographiés obtiendraient un grand succès par la naïveté et la grâce de leur forme; mais je ne suis pas même ici un traducteur, et vous savez le proverbe : *Traductor, traditor*. Si l'on traite ainsi les traducteurs, que doit-on dire de ceux qui ne peuvent que résumer en quelques lignes des légendes qu'il faut toute une nuit pour raconter et pour écouter?

Il ne me reste plus à parler que des chansons des bateliers : elles sont presque toutes en patois du pays ; ce patois est un mélange de vieux français, de flamand et d'espagnol, langue sans grammaire, sans règles, qui va s'effaçant chaque jour, et dont un savant valenciennois, M. Hécart, a recueilli un des idiomes dans son dictionnaire *rouchi-français*. Voici une de ces chansons qui ne sera peut-être pas sans intérêt, au moment où l'Académie s'occupe de recueillir les vieux monuments de la poésie française d'autrefois. Je traduis le plus littéralement possible :

« Dansons gaiement, la lune brille au ciel.

« Jeanne s'en va, son panier au bras, à la ville. Il faut qu'elle y achète des provisions pour son père, pour sa mère, pour sa sœur et pour ses frères.

« Son père lui a demandé une vareuse de laine rouge; sa mère, un grand pain de six livres; sa sœur, une paire de boucles d'oreilles d'argent; ses petits frères, des cavaliers en pain d'épice.

« Dansons gaiement, la lune brille au ciel.

« Jeanne fait bravement toutes ses emplettes et, son

lourd panier au bras, s'en revient gaiement au canal où se trouve amarré le bateau. En sortant de la ville, elle a ôté ses vilains souliers qui la gênent, et ses petits pieds nus foulent le chemin sur lequel ils résonnent avec un bruit sonore.

« Dansons gaiement, la lune brille au ciel.

« La nuit se fait noire; la route est solitaire; Jeanne n'entend que le bruit de ses pas, et la voix d'un oiseau de nuit qui chante hou! hou! hou! Aussi lui tarde-t-il d'arriver, car la peur commence à faire battre son cœur, et la sueur à perler sur son front brun.

« Dansons gaiement, la lune brille au ciel.

« Au détour d'un chemin, Jeanne se trouva face à face avec un beau cavalier, monté sur un grand cheval noir :

« — Ohé! la jeune fille, où donc allez-vous ainsi par la nuit, et seulette? Ne voulez-vous point d'un brave compagnon pour veiller sur vous, et d'un baiser pour vous rassurer.

« Dansons gaiement, la lune brille au ciel.

« — Je n'ai pas besoin de compagnon, car mon ange gardien marche à ma droite, et mon père, ma mère, ma sœur et mes petits frères me donneront, à mon retour, des baisers autant que j'en voudrai. Laissez-moi donc continuer en paix mon chemin.

« Dansons gaiement, la lune brille au ciel.

« — Je te donnerai un collier d'or, des boucles d'oreilles d'or, un bracelet d'or, des bagues d'or, et une robe si belle, si belle, qu'on ne pourra la regarder sans être ébloui.

« Dansons gaiement, la lune brille au ciel.

« — J'ai des anneaux et des boucles d'oreilles d'argent

dont j'ai hérité de ma grand'mère, un collier avec une relique de saint Jean, mon patron, et trois robes neuves, une rouge, une jaune et une blanche toute brodée de fleurs. Passez votre chemin, et laissez-moi continuer en paix ma route.

« Dansons gaiement, la lune brille au ciel.

« Le cavalier met pied à terre, et, saisissant Jeanne dans ses bras, veut la jeter en croupe sur son cheval ; elle court, il la poursuit ; elle jette au loin des cris perçants, aucune voix ne lui répond.

« Dansons gaiement, la lune brille au ciel.

« Alors elle fait le signe de la croix, jette son panier, et crie de nouveau : « A l'aide ! à l'aide ! à l'aide ! » Tout à coup des lumières brillent sur les bateaux, et l'on voit au loin accourir des hommes portant des torches de la main gauche, et de la main droite des bâtons noueux.

« Dansons gaiement, la lune brille au ciel.

« Le cavalier s'arrête, fait retourner promptement son cheval, l'enfourche, s'enfuit au grand galop du côté de la ville, et disparaît dans l'obscurité de la nuit ; les bateliers, guidés par le père de Jeanne, arrivent, entourent Jeanne, ramassent son panier, et la ramènent au bateau, tandis que son père l'embrasse.

« Chantons gaiement ! la lune brille au ciel. »

Cette chanson se dit, comme la plupart de celles que la tradition a conservées, sur un air lent et mélancolique, qui n'est pas sans charme pour les étrangers, mais qu'un enfant des Flandres ne peut entendre sans un battement de cœur, sans une larme dans les yeux, sans un souvenir pour le ciel brumeux sous lequel il est né.

VOYAGEURS

PALLAS

Il y a aussi dans la science des précurseurs qui, les premiers, donnent l'éveil sur une découverte importante, l'entrevoient, la montrent au loin du doigt, et, comme Moïse, meurent sans entrer dans la terre de Chanaan.

Fondateurs d'un édifice glorieux, ils lui servent de base, sans apparaître aux regards de la postérité ; leurs noms s'effacent peu à peu de la mémoire universelle. Bientôt, ces noms n'appartiennent plus qu'à un petit nombre d'archéologues scientifiques et de fervents initiés qui remontent à l'origine des choses et s'attachent curieusement à découvrir le point de départ de la source obscure qui, devenue un immense fleuve, va fécondant partout des rives inexplorées, et emporte sur ses eaux d'innombrables navigateurs.

Tel est Pierre-Simon Pallas, qui précéda Georges Cuvier et dont les travaux ouvrirent au naturaliste célèbre la voie dans laquelle ce dernier entra si hardiment et si glorieusement.

La vie de Pallas est un véritable roman, si l'on peut appliquer ce nom à une existence consacrée à des explorations aventureuses, livrée à des vicissitudes incessantes et bizarres, remplie par des excursions à travers des contrées jusqu'alors inconnues et qui arrêtaient à chaque pas, par une découverte ou par un péril, le voyageur audacieux.

Pallas naquit en 1741, à Berlin. Son père, un chirurgien en réputation, possédait quelque fortune. Il voulut donner à son fils une brillante éducation, et lui fit enseigner plusieurs langues vivantes, si bien qu'à seize ans Pallas parlait correctement le français, l'anglais et l'allemand ; on le citait à l'Université de Berlin pour la supériorité qu'il avait montrée dans ses études classiques ; enfin, il savait autant de physique et de chimie que le permettait l'état de ces sciences à cette époque. L'anatomie et les travaux de l'amphithéâtre, auxquels il se livrait avec ardeur, n'en firent point un médecin comme l'eût désiré son père, mais le portèrent passionnément vers l'histoire naturelle.

L'histoire naturelle comptait alors en Allemagne des professeurs célèbres qui s'efforçaient d'éclairer et de simplifier, par la méthode et par la classification, une science demeurée, pour ainsi dire, jusque-là, à l'état de confusion et de chaos. Pallas devint tour à tour l'élève assidu de Gleditsch, de Rolof et de Meckel à Berlin, de

Rœderer et de Vogel à Gœttingue, d'Albinus, de Musschenbroëck et de Ganbius à Leyde.

Il séjourna dans cette dernière ville pendant plusieurs années, se rendit ensuite en Angleterre, et finit par venir s'établir à la Haye, où il publia, en 1766, deux livres intitulés, le premier, *Elenchus zoophytorum;* le second, *Miscellanea zoologica.*

Ces deux ouvrages d'un jeune homme de vingt-cinq ans firent sensation dans le monde savant : ils traitaient des questions nouvelles et révélaient une grande justesse de jugement et un savoir des plus remarquables.

« Vingt et une années auparavant, dit Georges Cuvier, les coraux passaient encore généralement pour des plantes, et la découverte que fit Peyssonnel de leur nature animale parut si parodoxale à Réaumur, qu'en la citant publiquement il n'osa en nommer l'auteur. Mais bientôt les découvertes plus étonnantes de Trembley sur la divisibilité du polype et les observations détaillées de Bernard de Jussieu et d'Ellis sur les coralines de nos côtes ne laissèrent plus aucune prise au doute. De l'aveu de tous les naturalistes, un ordre entier d'êtres organisés passa d'un règne à l'autre; Linnæus l'inscrivit parmi les animaux. Le jeune Pallas prit sur lui d'en faire la revue et les catalogues. Les collections de la Hollande lui en fournirent une riche moisson, qu'il disposa avec une rare sagacité. La netteté de ses descriptions, le soin avec lequel il rapporte à ses espèces les synonymes des autres naturalistes, étaient déjà bien remarquables dans un auteur si jeune. Son introduction l'était encore plus; il y rejette cette division ancienne des êtres naturels en trois règnes, et y fait voir que les plantes n'ont pas des classes marquées comme les animaux, en sorte qu'elles ne sont pour ainsi dire qu'une des classes du grand règne organique, comme les quadrupèdes, les poissons, les insectes et tant d'autres.

« En admettant, toutefois, ce rapprochement des deux règnes, il n'a garde d'admettre cette échelle unique des êtres à qui le talent de Bonnet venait de donner tant de vogue; il présente, au contraire, l'arbre de l'organisation comme produisant une foule de branches latérales qu'il est impossible de disposer sur une seule ligne sans faire violence à la nature.

« Quant aux coraux en particulier, il montre la fausseté de la définition que l'on en donnait alors presque généralement, comme s'ils eussent été des ruches à polypes; il fait voir que leur tronc est lui-même vivant; que c'est une sorte d'arbre animal à plusieurs branches et à plusieurs têtes; un animal composé dont la partie pierreuse n'est que le squelette commun, lequel croît en même temps que ces animaux particuliers, mais n'est point fabriqué par eux. »

Dans les *Miscellanea*, Pallas rectifiait les erreurs commises par Linnée et par Buffon, dans l'histoire alors si confuse de la conchyliologie, et démontrait que la présence ou l'absence d'une coquille ne peut donner la première base de la distribution des êtres qu'elle renferme et de leurs analogues. Puis il se rendit à Berlin, où il chercha à se créer une position dans l'un des établissements scientifiques de cette capitale. Mais il ne rencontra que des obstacles et de mauvais vouloirs; partout des rivaux lui barrèrent le passage. Découragé et profondément blessé au cœur, Pallas se résolut alors à quitter la Prusse et à se rendre à Pétersbourg, où l'appelait l'impératrice de Russie, Catherine II.

Celle-ci ne voulait point laisser à des savants étrangers la gloire d'observer, en Sibérie, le passage de Vénus sur le soleil, en 1769, comme cela s'était fait en 1763, et elle rassembla, pour faire cette expédition sous ses auspices, les hommes les plus illustres de l'Europe.

A peine arrivé en Russie, Pallas, tandis qu'on faisait les préparatifs du voyage, étudia les ossements des quadrupèdes recueillis en si grand nombre dans la Sibérie, et jeta, comme nous l'avons dit, les premières fondations du travail de Cuvier sur les fossiles. Dans un mémoire adressé à l'Académie, il démontra que ces ossements appartenaient à des éléphants, à des rhinocéros, à des buffles et à d'autres mammifères qui n'existaient plus que dans les pays d'une température élevée. Au mois de juin 1768, l'expédition scientifique partit pour la Sibérie.

La Sibérie était alors une contrée mystérieuse et presque inconnue. Un seul savant, né à Dantzick, messer Schmidt, avait, en 1720, consacré cinq années à la visiter et à l'étudier; mais il était mort sans publier l'histoire de son voyage. Plus tard, Steller et Jean-George Gmelin avaient renouvelé cette entreprise, et l'abbé Chappe d'Auteroche s'était rendu à Tobolsk; mais il restait encore bien des faits à découvrir ou à vérifier. Pallas se mit à l'œuvre avec ardeur; il commença par voyager à petites journées à travers la Russie d'Europe, et s'arrêta, pour passer l'hiver, sur les bords du Volga, à Simbirçsk, au milieu des tribus tartares. Après quoi il repartit au printemps, pour Orembourg sur le Jaïk, rendez-vous des hordes nomades qui sillonnent en tous sens les déserts salés du nord de la mer Caspienne. Là, non-seulement il fit une flore des mammifères, des insectes, des reptiles, des plantes et de la minéralogie de ces pays étranges, mais il étudia les mœurs des sauvages indigènes, et écrivit l'histoire des caravanes qui traversent ces lieux dangereux pour se rendre dans l'Inde et y faire des échanges de produits commerciaux.

Du Jaïk, il alla à Gouriel, sur les bords de la mer Caspienne. Là, il put se convaincre que cette mer avait autrefois couvert une plus grande partie du globe, et il détermina, à une grande distance, vers le nord et vers l'ouest, les limites de son occupation et les barrières que la Providence lui avait assignées, en lui disant, selon les expressions de la Bible : Tu n'iras pas plus loin.

Ce fut ensuite aux montagnes de l'Oural qu'il consacra ses études. Il se convainquit de la richesse des mines de toutes sortes que la nature a cachées dans le sein de ces montagnes, indiqua plusieurs féconds gisements aurifères restés jusqu'alors inconnus, traversa Tobolsk et résolut de passer l'hiver à Tchehabensk, au centre des plus grandes exploitations de métaux.

Koliwan, sur la pente septentrionale des monts Altaï, chaîne immense qui s'étend de l'est à l'ouest, et rejette sur la Russie les vents glacés du sud, qu'elle arrête dans leur vol, fut examinée par lui avec non moins d'attention. Pallas démontra que les mines, jadis exploitées, des monts Altaï, n'avaient point été creusées par les antiques peuplades du Nord, mais par les indigènes, à une époque plus récente, vers le huitième siècle.

Après cela, marchant toujours vers l'est, il traversa le lac Baïkal, et arriva, par la montagne de Daourie, jusqu'à la muraille de la Chine.

Sans compter la rigueur du climat, les difficultés du voyage, les émanations délétères des marais, qui décimaient ses plus robustes compagnons, on ne peut se faire une idée des périls de toute nature qui assaillaient à chaque pas le savant voyageur qu'ils ne parvenaient point à décourager. Malgré la haute protection de l'impératrice, il se vit souvent obligé de défendre à main armée son existence menacée par des barbares, à qui leur éloignement de la capitale assurait l'impunité. Souvent ses collections furent pillées, ses manuscrits mis en pièces, ses bagages volés. Souvent seul, abandonné des siens, dans des déserts inconnus, il lui fallait errer, pendant des semaines entières, sans nourriture, sans vêtements, sans guide, mais ne se décourageant ni ne s'arrêtant jamais. Après avoir échappé à un danger, il marchait droit à un autre, toujours les yeux fixés sur son but.

Pallas étudia, autant qu'il lui fut possible de le faire, les productions, l'histoire naturelle, les lois et les mœurs de la Chine. Mais on comprend sans peine que tout ce qu'il a recueilli de documents au prix de tant d'efforts, de patience et d'adresse manque aujourd'hui d'intérêt, ou du moins paraît incomplet et rempli d'erreurs.

En effet, la Chine était, à cette époque, pour l'Europe, une terre fantastique et mystérieuse où peu de chrétiens avaient pénétré, et qu'on ne connaissait que par les œuvres de son industrie, qu'elle daignait vendre aux négociants aventureux parvenus et arrêtés devant Canton.

Aujourd'hui, les bateaux à vapeur, les progrès et les hardiesses de l'industrie, la courageuse persévérance de nos missionnaires et notre dernière expédition ont bien changé cet état de choses, et soulevé, sinon enlevé, le voile dont s'était, pendant tant de siècles, enveloppé le Céleste-Empire. Paris reçoit sans effort, en peu de temps, tout ce qu'enfante de plus accompli la patiente industrie chinoise. On peut connaître, à l'aide de documents authentiques, l'histoire des dynasties qui ont tour à tour régné sur le fleuve Jaune, et il n'est point jusqu'aux romans des poëtes de Pékin dont la traduction ne se trouve sur la table de nos femmes. Ce qui était pour Pallas une conquête est devenu pour nous une chose vulgaire.

Il en est donc des travaux de Pallas sur la Chine comme de la plupart de ses autres travaux; aujourd'hui ils restent dépassés et laissés bien loin en arrière. Il a indiqué la mine; avec des efforts inouïs il en a exploré la surface; mais d'autres sont venus, qui, profitant de son labeur, ont recueilli et se sont approprié les trésors qu'elle renfermait. Cependant personne n'a tenté de modifier les vues générales exprimées sur la Chine par Pallas, car cette haute intelligence avait compris et saisi merveilleusement le caractère et la physionomie de la vaste partie du globe qui, séparée par sa volonté du reste du monde, a suivi dans son développement une marche isolée, et s'est fait une civilisation qui n'appartient qu'à elle seule.

Des frontières de la Chine, Pallas revint sur ses pas, séjourna une seconde fois à Krasnojarsk (1773), parcourut les bords de la mer Caspienne, visita Astrakan et y étudia les mœurs des Indiens, des Bouchares et des autres peuplades de l'Asie méridionale que des intérêts commerciaux amènent dans cette ville; puis il se rapprocha du Caucase, passa l'hiver au pied de cet amas de montagnes qui sépare le Volga du Tanaïs, et reprit la route de Saint-Pétersbourg, où il arriva enfin après cinq années de fatigues, de voyages et d'études. Il avait écrit pendant ces cinq années, et fait publier, pendant son absence, trois volumes in-4°, accompagnés d'un grand nombre de gravures et de cartes.

Ces volumes, il faut bien l'avouer, sont écrits sans charmes, pleins de faits recueillis à la hâte, et présentés d'une façon sèche et succincte. Mais il faut tenir compte de la position d'un savant parcourant des pays inexplorés jusqu'alors, au milieu de périls de toute nature. Il avait à combattre un froid qui faisait geler le mercure, manquait souvent de pain, et avait peu à peu vu sa santé s'altérer gravement. Comment travailler dans des conditions pareilles? comment ne pas se contenter de notes écrites à la hâte, quand celui qui les traçait devait, la plupart du temps, tenir son fusil d'une main et sa plume de l'autre? Quoiqu'il eût à peine atteint trente-trois ans, les amis de Pallas hésitaient à le reconnaître, et retrouvèrent presque un vieillard dans le jeune homme qu'ils avaient quitté plein de force et d'énergie. Pallas était devenu presque aveugle; ses cheveux avaient blanchi; la fièvre consumait ses membres amaigris; enfin, à l'exception d'un petit nombre, il avait vu périr près de lui tous ses compagnons.

Cependant, à peine de retour à Pétersbourg, Pallas se remit à l'œuvre avec ardeur. Quatre mémoires parurent en 1773, sur divers mammifères, et, en 1778, le monde savant lut avec un grand intérêt les *Novæ species quadrupedum ex giirium ordine*. Cuvier a dit de ses deux ouvrages que c'était « une histoire si pleine, si bien faite, que l'on peut dire qu'aucun quadrupède, pas même les plus communs parmi nous, ne sont aussi bien connus que ceux-là ; leur histoire, leur anatomie, y sont traitées avec cette richesse dont Buffon et Daubenton ont seuls donné l'exemple avant lui. Et quoique par modestie Pallas n'ait point voulu y présenter de nouveaux genres, ses descriptions sont si bien faites, que tout méthodiste intelligent peut en extraire les caractères génériques. »

Vinrent ensuite *Flora rossica, seu stirpium imperii rossici per Europam et Asiam indigenarum descriptiones et icones*, puis le *Species astragalarum descriptæ*, puis les *Illustrationes plantarum imperfecte vel nondum cognitarum*, puis enfin la *Fauna rossica* et les *Icones insectorum præsertim Russiæ Siberiæque peculiarium*. Ainsi botanique, insectes, mammifères, poissons, reptiles, rien n'avait échappé à ce profond esprit d'observation et à cette vaste intelligence.

Ce n'est pas tout. Après avoir posé les bases d'un nouveau système zoologique, qui, plus tard, devait briller de tant d'éclat, Pallas, par les observations qu'il avait faites dans les deux grandes chaînes de montagnes de la Sibérie, changea les idées jusqu'alors reçues sur la théorie de la terre, et donna naissance à un nouveau système géologique, grâce aux études qu'il avait faites dans ses voyages sur la succession des trois ordres primitifs de montagnes :

les granitiques au milieu, des schisteuses à leurs côtés et les calcaires en dehors.

Pallas publia ensuite des travaux sur la *Dégénération des animaux*, des documents sur les peuplades mongoles; sur leurs rites, sur leurs gouvernements, sur leurs mœurs, sur leur langue, et fut chargé par Catherine II de faire une nouvelle topographie de l'empire russe ; enfin il devint professeur de physique et d'histoire naturelle des grands-ducs Alexandre et Constantin.

Pallas était devenu un des personnages les plus considérables de Pétersbourg. Sa réputation scientifique, répandue dans toute l'Europe, lui valait des témoignages d'estime et des récompenses de la plupart des souverains ; l'impératrice lui témoignait une considération et une amitié dont elle ne se montrait guère prodigue, on le sait ; la fortune le comblait de ses faveurs, enfin il n'y avait point en apparence d'homme plus heureux que Pallas, jouissant avec gloire du fruit de ses travaux, et maître de donner à ses études une direction calme et profonde que ne lui avait point permise jusque-là sa vie agitée et voyageuse.

Tout à coup on apprit qu'il venait de partir brusquement, et sans presque en donner avis à personne, pour la Crimée, cette sauvage Tauride des anciens, tombée récemment au pouvoir des Russes.

Un accident faillit mettre fin à son goût pour les voyages et à sa vie aventureuse. En examinant les bords d'une rivière gelée à sa surface, la glace se brisa sous le poids de son corps, et, comme il se trouvait éloigné de ceux qui l'accompagnaient, il lui fallut lutter plus d'une heure contre la mort. Enfin, des paysans, qui passaient par hasard, vinrent à son secours, l'enveloppèrent tant bien que mal dans de mauvaises couvertures, et le ramenèrent près des siens, dans un état de souffrance qui fit longtemps craindre pour sa vie.

Pallas revint à Saint-Pétesbourg dans un état de langueur et de souffrances intolérables ; on croyait qu'il venait demander à la science, sinon sa guérison, du moins un adoucissement à ses maux. Loin de là, c'était pour solliciter de l'impératrice l'autorisation de se retirer en Tauride et d'aller y vivre obscur.

Après avoir combattu cette singulière résolution, Catherine finit par céder au désir du savant et lui fit don de deux villages, situés dans la partie la plus riche de la Crimée ; elle y joignit une somme considérable.

Pallas partit vers la fin de 1795, et ne tarda pas à reconnaître combien sa résolution de fuir le monde et le lieu qu'il avait choisi pour asile présentaient de graves inconvénients.

D'abord, il ne prit possession des propriétés données par l'impératrice qu'après plusieurs années de procès suscités par les propriétaires des villages, qui contestaient à Catherine le droit d'en disposer; puis vinrent les mauvais vouloirs et les haines de ces plaideurs vaincus, puis des fièvres causées par des marécages empestés qui rendaient dangereuse et presque inhabitable sa nouvelle résidence, puis l'isolement avec son cortége d'ennuis et de regrets. On ne renonce pas impunément aux douceurs de la renommée, à des rapports fréquents avec des hommes distingués qui comprennent les grandes idées, et qui les développent par la discussion. Pallas exprima ses douleurs dans une préface de son second voyage en Crimée, avec une mélancolie qui rappelle les *Tristes* d'Ovide. Cependant, quoiqu'il ne fût qu'exilé volontaire, et quel que fût son chagrin, Pallas ne persista pas moins à rester, pendant quinze années, dans ces lieux terribles, comme il les nomme lui-même. Ces quinze années écoulées, il vendit brusquement et à vil prix ses deux villages et revint à Berlin, sans emporter avec lui la consolation d'avoir acclimaté la vigne en Crimée, occupation à laquelle il n'avait cessé de se livrer avec ardeur, et qui était une des principales idées qui lui avaient fait tant prolonger son séjour dans la presqu'île sauvage.

De 1810 à 1811, Pallas, malgré les symptômes trop évidents et trop douloureux d'une maladie mortelle, ne s'occupa guère que d'un voyage qu'il voulait entreprendre pour visiter la France et l'Italie; mais c'étaient là les rêves impossibles d'un agonisant, au milieu desquels la mort vint le surprendre tout à coup; et il mourut comme il avait vécu, sans pouvoir réaliser sa dernière idée, et après l'avoir indiquée. Son voyage projeté avait pour but d'interroger les riches collections des musées et des bibliothèques de l'Europe, pour rectifier les erreurs qui pouvaient exister dans des œuvres toujours écrites à la hâte; en publier une édition complète, en un mot ériger ce monument *ære perennius*, que veulent les savants comme les poëtes.

Les nombre des ouvrages qu'a laissés Pallas est considérable, et à lui seul représente presque une bibliothèque; ses livres ont été de féconds créateurs pour la science, et cependant on ne les réimprime plus, on ne les lit plus, on ne les consulte plus et on ne les cite que plus rarement encore.

Comme les premiers voyageurs qui pénètrent, au péril de leur vie et par la force de leur génie, dans des contrées inconnues, et dont les successeurs vont plus avant, Pallas est dépassé et oublié. La vieille histoire de Christophe Colomb et d'Améric Vespuce a été et sera de tous les temps.

THOMAS BOWDICH

On ne peut, sans un sentiment de regret profond, voir tomber dans un complet oubli les noms des hommes qui ont voué leur fortune, leur santé et leur vie à la science; qui sont morts à la peine, victimes de leur généreuse ardeur, et dont les travaux, incomplets ou dépassés, ne sauraient plus être aujourd'hui d'une sérieuse utilité.

C'est l'histoire de Pallas, et c'est encore l'histoire de Thomas-Édouard Bowdich.

Né en 1790, à Bristol, Bowdich avait pour père un riche manufacturier, qui donna à son fils une éducation tout à la fois brillante et solide. Il le fit étudier au collége de Corsham, dans le Wilshire, et le jeune garçon ne tarda point à se faire remarquer par ses maîtres, grâce à son aptitude merveilleuse pour l'étude, et par ses camarades, grâce à l'indomptable hardiesse de son caractère et de sa gaieté cordiale. Cette hardiesse faillit même lui devenir funeste; car, un jour que son père était venu le visiter au collége de Dorsetshire, il monta dans le cabriolet qui l'avait amené, et ne tarda point à tellement exaspérer le cheval, que celui-ci prit le mors aux dents, emporta l'enfant, et finit par briser la voiture. Bowdich, lancé à terre, se fracassa une épaule et le nez, resta longtemps entre la vie et la mort, et garda de cette aventure une légère difformité.

Son éducation achevée, son père voulut l'initier à la science des affaires et lui faire partager les soins de son commerce; mais, quoiqu'il ne comptât encore que quatorze ans, Bowdich ne put s'astreindre à une vie d'ordre et de paix. Il se livra passionnément à tout ce qui n'était pas travail réglé, prit pour la chasse au renard un goût effréné, et, dans l'impossibilité de s'y livrer, il se jeta dans la lecture des livres de voyages, au lieu de s'acquitter des devoirs commerciaux prescrits par son père. Il se cachait entre les balles de laine du magasin pour lire des ouvrages aventureux et des récits d'expéditions lointaines ou de découvertes.

Le père de Bowdich voulut réprimer ces goûts dangereux, et ses luttes avec son fils poussèrent ce dernier à bout, et lui firent déserter la maison paternelle. A dix-sept ans, Bowdich partit seul pour Londres, et là, quoique sans ressources, il finit par se créer des moyens d'existence, à l'aide de compilations qu'il faisait dans les livres de voyages et qu'il vendait à des libraires.

L'amour ne pouvait tarder à s'emparer d'une imagination ardente et sans règle. Il devint épris d'une jeune personne, qui, après deux ans de ces relations romanesques et chastes, que rendent si faciles et si fréquentes les mœurs anglaises, finit par l'épouser, malgré l'opposition que les deux familles formaient au mariage.

Cependant la mère de Bowdich finit par réconcilier son mari avec son fils, qui promettait d'adopter une vie plus régulière et qui était devenu père lui-même. Bowdich se mit aux affaires avec une ferme volonté. Mais la nature avait allumé en lui une passion mystérieuse et invincible pour l'inconnu et pour les voyages aventureux. De là des dissentiments entre son père et lui, puis des querelles, puis une séparation nouvelle. Cette fois, c'était la misère.

Bowdich ne se laissa pourtant point décourager, et ce fut à son goût prédominant qu'il recourut pour sortir d'affaire. Il s'adressa à un de ses oncles qui commandait en second, en Afrique, à Cape-Coast, sur la Côte-d'Or, un établissement anglais. Cet oncle lui fit obtenir un emploi dans cet établissement, et Bowdich partit, sans sa femme et sans son enfant, pour les contrées sauvages vers lesquelles son imagination et ses désirs s'élançaient depuis si longtemps. C'était en 1814.

Mais à peine arrivé en Afrique, les désirs de cette imagination se tournèrent avec toute la nostalgie de la passion vers sa femme et son enfant, et il aurait succombé à la douleur que lui causait leur éloignement, lorsque son oncle trouva moyen de lui faire obtenir des dépêches à porter en Angleterre. Ces dépêches étaient d'ailleurs de la plus grande importance, car elles apprenaient au gouvernement anglais la situation critique de leurs nationaux sur la Côte-d'Or, et les périls dont les menaçaient les tribus sauvages des Aschantis.

Bowdich était jeune et d'une figure spirituelle ; sa grâce, son audace, plurent aux ministres avec lesquels sa mission le mit en rapport, et, quand le gouvernement anglais eut pris la résolution d'envoyer un ambassadeur au roi des Aschantis, on désigna Bowdich pour remplir ces fonctions. Il repartit donc pour Cape-Coast, la joie au cœur, dans une bonne position, et, ce qui le rendait plus heureux encore, avec sa femme et son enfant. Hélas! la déception l'attendait à son arrivée. Le gouverneur, qui avait plein pouvoir de l'amirauté de Londres, ne confirma point la nomination de Bowdich, qu'il trouvait trop jeune, désigna un officier plus âgé pour commander l'ambassade, et ne chargea Bowdich que de la partie scientifique de l'expédition.

Cette expédition partit, le 15 avril 1815, pour Coumassie, capitale et résidence du souverain des Aschantis.

Le chef de l'expédition désigné par le gouverneur ne tarda point à commettre des fautes graves : non-seulement il compromit le succès de la mission qui lui était confiée, mais encore il exposa aux plus grands périls les personnes qui l'accompagnaient. Pas un seul ne serait sans doute revenu à Cape-Coast sans l'énergie et l'intelligence que déploya Bowdich. Non-seulement il protégea la vie de ses compagnons ; mais encore, devenu de fait le chef de l'ambassade, il traita avec le roi des Aschantis, conclut avec lui le traité qu'on en désirait obtenir; et revint à Cape-Coast après avoir réalisé, et au delà, toutes les espérances que l'on avait formées sur cette expédition.

Bowdich s'attendait, sinon à de la reconnaissance, du moins à de la justice ; par malheur, il ne trouva que de la froideur : on lui contesta même peu à peu la réalité des services qu'il avait rendus, et il revint à Londres avec sa famille, le cœur navré et résolu à en appeler à l'opinion publique par la publicité.

Il avait écrit, pendant la traversée, le récit de sa mission. A peine arrivé à Londres, il le publia sous le titre de *Relation d'une mission depuis Cape-Coast chez les Aschantis* (1819).

Cette publication éveilla l'attention d'un peuple qui comprend si bien toute l'importance de ses colonies. Le livre, quoique assez médiocre comme exécution littéraire, n'en contenait pas moins des documents précieux et nouveaux sur le Soudan, alors presque inconnu, ou plutôt à l'état de fable. Bowdich en appelait en terminant à la justice de ses compatriotes, et il demandait qu'on le renvoyât, comme consul, près du roi noir, avec lequel il était parvenu à conclure un traité de commerce, et qu'on lui donnât ainsi les moyens de continuer ses découvertes dans l'intérieur de l'Afrique.

Peut-être eût-il obtenu ce qu'il demandait sans le *Quaterly-Review*, qui attaqua par des critiques amères et injustes l'ouvrage et les prétentions du voyageur. Bowdich, irrité de tant d'injustice et d'agressions déloyales, ne garda plus de mesures, et dans un pamphlet sanglant, intitulé le *Comité d'Afrique*, dévoila toute la vérité sur les colonies africaines de l'Angleterre. Le seul résultat de cette imprudence fut pour lui la nécessité de quitter l'Angleterre et de venir chercher en France un asile.

Il se réfugia à Paris, avec sa femme et son enfant, et là, dans un état voisin de la pauvreté, toujours préoccupé de son idée fixe de retourner en Afrique, et de s'y livrer à des excursions et à des découvertes, toujours convaincu qu'il faudrait bien un jour qu'on lui rendît justice dans sa patrie, et qu'on lui donnât les moyens de réaliser ses projets, il se mit à étudier avec une ardeur qui n'appartenait qu'à lui les sciences qui lui étaient nécessaires pour accomplir ses desseins. Rien ne l'arrêta : les mathématiques, l'astronomie, l'histoire naturelle, la langue arabe, lui devinrent bientôt familières, grâce à une admirable facilité et à un travail surhumain. Il recherchait avidement la société des savants et des voyageurs français, et il ne tarda point à compter parmi les hommes les plus illustres de Paris un grand nombre de relations honorables.

Sa femme partageait ses études, parlait trois ou quatre langues et en étudiait deux ou trois autres, sans négliger le moins de monde son humble ménage, dirigé avec un ordre et une économie remarquables. Jamais on n'a poussé plus loin la modestie, l'abnégation personnelle et le dévouement sans bornes.

Pendant son exil à Paris, Bowdich rédigea une grande carte géographique de l'Afrique occidentale, fort remarquable à cette époque, et aujourd'hui, comme cela devait être, incomplète et parfois inexacte ; il publia une *Traduction du voyage de Mollien aux sources du Sénégal e de la Gambie*, une traduction d'un *Traité de taxidermie* une histoire de l'*Expédition des Français et des Anglai à Timbo*, un *Essai sur la géographie de la partie septen trionale et occidentale de l'Afrique*, un *Essai sur les superstitions communes aux Égyptiens, aux Abyssins et aux Aschantis*, *Trois Fascicules sur l'histoire naturelle des quadrupèdes et des oiseaux*, et plusieurs autres ouvrages qui attestaient un savoir sérieux, qui tous parlaient avec passion de l'Afrique, qui tous exprimaient un ardent désir d'explorer les contrées sauvages et inconnues de cette partie du monde.

Désespéré de voir que l'Angleterre restait impassible et muette à toutes ses demandes de retourner en Afrique, il tenta de réunir des souscriptions en Europe et de partir dans le seul but d'augmenter les connaissances scientifiques du continent. Il pensait que chacun dans le monde savant s'empresserait de lui faciliter les moyens d'exposer sa vie pour pénétrer dans l'intérieur de l'Afrique et arriver jusqu'à cette ville mystérieuse de Tombouctou, qui, même aujourd'hui, est encore enveloppée de tant de doute et de fantastique. Mais personne ne répondit à son appel, et il allait céder tout à fait au découragement, lorsque, tout à coup, il apprit la suppression de ce comité d'Afrique, dont il était la victime, contre lequel il avait si désespérément combattu, et qui, à force de fautes et d'exactions, avait fini par succomber.

A peu de temps de là, le gouverneur anglais de Sierra-Leone, sir Charles Mac-Carthy, vint en Europe, et se rendit à Paris pour y conférer avec Bowdich. Jugez de la joie de ce dernier lorsque sir Mac-Carthy lui proposa de retourner en Afrique et de se mettre à la tête d'une expédition dans l'intérieur des pays sauvages qui touchaient à Sierra-Leone ! C'était passer brusquement du désespoir au bonheur le plus grand ; aussi Bowdich s'embarqua immédiatement avec sa femme pour Lisbonne. Là, il recueillit dans les manuscrits portugais tout ce qu'il put trouver de documents sur les découvertes faites par les voyageurs de cette nation, entre Angola et Mozambique, publia un volume remarquable sur ces découvertes, et s'embarqua ensuite pour le Cape-Coast, qu'il désirait si follement revoir.

Ce ne fut pas sans difficulté qu'il y arriva. Une violente tempête l'accueillit dès les débuts de son voyage, le jeta sur les côtes de Madère et désempara tellement le navire, que Bowdich se vit obligé de séjourner près d'un an dans cette île, sans pouvoir trouver un autre bâtiment qui pût l'emmener à sa destination.

Enfin, après des ennuis et des dangers sans nombre, il arriva sur cette terre d'Afrique, objet de ses rêves depuis si longtemps, et il parvint à atteindre l'établissement anglais établi sur la Gambie. Il y fut fort bien reçu par le gouverneur du fort Bathurst, dans l'île Sainte-Marguerite, à l'embouchure même de la rivière, et il se mit à tout préparer pour une expédition.

Hélas! les fatales fièvres qui déciment tant d'Européens dans ces contrées dangereuses frappèrent Bowdich, et, après une courte maladie, il succomba, le jour même qu'il avait désigné, à un mois de là, pour se mettre en route et commencer ses explorations à l'intérieur.

Ce fatal événement et la fin tragique de sir Charles Marc-Carthy, qui suivit de près celle de Bowdich, portèrent un coup funeste aux colonies anglaises sur la côte d'Afrique, et particulièrement à Cape-Coast.

Comme il est d'usage, Bowdich mort, la publicité anglaise lui rendit un éclatant hommage, et ceux qui avaient provoqué son exil en France et qui l'avaient empêché de continuer ses découvertes en Afrique proclamèrent les titres qu'avait le voyageur à la reconnaissance nationale. Ils n'en ont pas moins fait qu'aujourd'hui le nom de Bowdich n'est connu que d'un petit nombre d'hommes spéciaux et qui se sont consacrés à l'étude de l'Afrique ; qu'il ne reste déjà de ses travaux que des traces bientôt effacées ; et que celui qui a sacrifié ses efforts et sa vie à rendre d'éminents services à son pays et à se conquérir un peu de gloire s'est trouvé arrêté en chemin par la jalousie et par la malveillance, est mort à la peine, et n'a légué à la postérité rien de durable, ni pour la prospérité de l'Angleterre, ni pour sa propre renommée.

MARTYRS

GAILLARD ROUGE

C'est dans un hospice que l'auteur a entendu conter l'histoire qu'on va lire. L'homme qui la disait, brisé par la vieillesse prématurée que cause le vice, gisait depuis bien des années sur le lit de douleur de la charité. Malade, sans espoir de guérison, sûr de ne quitter la couche où il souffrait que pour aller rendre compte à Dieu des fautes de sa vie, il avait demandé à la religion des expiations et des secours. Ses nuits étaient sans sommeil ; les remords lui tordaient le cœur ; il voyait, dans ses rêves, ses mains couvertes d'un sang qu'il ne pouvait effacer.

Cet homme, dont je ne vous dirai point le nom, parce qu'il a subi les expiations de la misère et de la douleur, parce qu'il maudissait ce nom, parce qu'un saint prêtre a murmuré des paroles de miséricorde sur sa tête agonisante ; cet homme s'était mêlé aux sanglantes hordes qui s'en allaient de prison en prison, en 1793, égorger les prisonniers. L'Abbaye, la Conciergerie, Bicêtre avaient retenti des applaudissements donnés à sa précoce férocité; car alors il n'était encore qu'un enfant. Les manches retroussées jusqu'aux coudes, un large couteau de boucher à la main, il achevait les victimes qui tombaient, et complétait la besogne. Les derniers soupirs, les dernières convulsions, étaient son lot. Il se montrait heureux et fier de ses exploits ; il y conquit le nom de *Gaillard Rouge*, parce qu'il se baignait — l'expression est littérale — dans la pourpre sanglante que répandaient les cadavres. Donc Gaillard Rouge devint une sorte de personnage parmi la populace parisienne. On parlait de lui ; on le montrait du doigt quand il passait. Il inspira de la jalousie à cette belle Théroigne-Méricourt qui massacrait à elle seule des gardes du corps. Aussi, un matin qu'il se promenait sur la Grève, un homme l'aborda : le mois de janvier 1794 était arrivé et le bon temps commençait à perdre un peu de sa splendeur. Gaillard Rouge, qui se sentait mal à l'aise de son oisiveté, tressaillit de joie lorsqu'il entendit cet homme lui proposer une digne besogne. Tous les deux se dirigèrent bras dessus bras dessous, vers une prison ; après en avoir passé le seuil et gravi l'escalier tortueux, ils se trouvèrent en face d'une chambre étroite, malsaine, éclairé par un soupirail. Gaillard Rouge regarda par le judas de la porte, et vit un enfant chétif qui se tenait accroupi.

« Gaillard Rouge, dit alors l'homme, je te commets au soin de veiller *sur cela*. Tu ne lui parleras pas ; tu ne joueras point avec lui ; tu ne chercheras point à le distraire. S'il a soif et qu'il demande à boire, donne-lui de l'eau-de-vie. Pas une goutte d'eau pure ; entends-tu bien! Du reste, il n'est pas gênant : c'est lui-même qui prépare son lit et qui balaye sa chambre. Tu n'entrerais donc dans le cachot que si l'on tentait, au dehors, d'établir avec le prisonnier des communications : ce qui ne me paraît pas aisé, ajouta-t-il avec un rire affreux et en montrant les larges grilles du soupirail qui ne prenait d'air que d'une cour. Cependant on a tenté la chose du temps de Simon; on pourrait la tenter encore. La nuit, d'heure en heure, tu frapperas à la porte et tu forceras le prisonnier à venir te répondre au judas, quand tu crieras : « Capet, dors-tu ? »

« — C'est bien, dit Gaillard Rouge, je comprends ce dont il s'agit. Donnez-moi du pain, du vin, un morceau à manger et un fauteuil, je me charge du reste. Allez à vos affaires. »

Le successeur de Simon descendit et Gaillard Rouge se mit à regarder de nouveau, par le judas, le fils de cette *madame Veto* qu'il avait tant de fois maudite en chantant la *Carmagnole*. Le *petit Capet* n'était guère moins âgé que son nouveau gardien ; cependant Gaillard Rouge semblait un homme fait à côté du frêle enfant. Les longs cheveux blonds de Louis XVII retombaient en désordre sur son visage amaigri, pâle et, comme la face du Christ, tout meurtri des soufflets de ses bourreaux. Vêtu d'une veste en guenilles trop large, les pieds nus, les mains gonflées par le froid, blotti sur lui-même pour se soustraire à l'âpreté d'un hiver rigoureux, il regardait avec attention le soupirail. Le cœur de Gaillard Rouge tressaillit de joie ;

car il crut que le prisonnier attendait les signaux de quelque intelligence au dehors. Mais comme, après une longue heure d'attente, il ne vit rien qu'un petit oiseau qui, de temps à autre, venait voleter à l'entrée du soupirail, il finit par se lasser d'observer l'intérieur du cachot, et se mit à déjeuner de bon appétit.

L'oiseau semblait attendre que la figure de l'espion eût disparu du judas; car, dès que Gaillard Rouge se fut retiré, on entendit à la grille du soupirail un petit appel joyeux trois ou quatre fois répété. Puis le moineau sautilla sur le bord du soupirail, regarda finement de droite et de gauche, allongea le bec, pencha sa jolie tête couronnée d'une pourpre sombre, et répéta sa chanson en gonflant sa poitrine parée d'une fourrure grisâtre, dont les plumes se glaçaient de mille reflets d'un argent mat. A la vue de l'oiseau, les traits maladifs de l'enfant s'étaient épanouis; il regarda furtivement à son tour si personne n'était là pour le persécuter, et fit un geste que l'oiseau comprit à merveille, car il quitta le soupirail et vola sur la tête de Louis. Tout le corps de l'enfant frissonnait de bonheur et de plaisir aux caresses du moineau, qui battait des ailes, sautillait et voletait de l'épaule de son ami à ses bras, à ses mains, à sa poitrine, à sa tête. Puis, quand ils se furent fait bonne fête, le visiteur songea au sérieux, se mit à trottiner dans la chambre et ramassa, deçà delà, les miettes sur le carreau. Les miettes n'étaient point abondantes : aussi revint-il vers l'enfant avec un air de désappointement qui fit naître un sourire sur des lèvres qui n'avaient point, hélas ! souri depuis bien longtemps.

« Trianon, dit-il d'une voix si basse que le murmure n'en arriva même pas à l'oreille inquiète de Gaillard Rouge ; petit Trianon, je ne vous ai point oublié. »

Et il alla chercher sous la couverture du lit un peu de pain caché soigneusement, et qu'il avait réservé sur son déjeuner. Il émietta ce pain avec lenteur, et s'amusa longtemps à voir l'oiseau saisir de son gros bec chacune des miettes avant qu'elles ne touchassent la terre. Néanmoins, cela ne satisfaisait point le gourmand. Tout en mangeant, il regardait avec envie le morceau de pain qu'égrenait le prisonnier.

« Oui, oui, je sais ce que tu veux, dit encore la douce voix. Tu veux tout comme hier, et puis ensuite tu t'envoleras et tu me laisseras seul dans ma prison. »

L'oiseau, qui ne voyait plus les miettes de pain pleuvoir, s'arrêta et leva la tête ; on eût dit qu'il comprenait les paroles qu'on lui disait. Il battit doucement des ailes, sauta sur le bras du pauvre prisonnier, s'empara du morceau de pain, s'élança lestement par le soupirail et disparut.

Une larme tomba sur les joues caves de l'enfant, dont le visage devint sombre et terne. L'isolement rendait au captif toutes ses douleurs et tous ses souvenirs. Ses souvenirs ? mon Dieu ! Son père qui, après avoir pardonné à ses bourreaux, l'embrasse en pleurant, et qui dit qu'il va mourir ; sa mère, sa mère, aux bras de laquelle il est arraché ; et puis sa tante, dont on lui a joyeusement appris l'assassinat ; et puis sa sœur, sa sœur peut-être aussi dans le paradis avec les autres martyrs ! Tant mieux ! La mort est bien meilleure que la vie dans un cachot ! Oh ! qu'il voudrait mourir aussi ! Mon Dieu, ne voulez-vous donc pas mettre un terme à ce qu'il souffre ? N'est-il pas temps enfin qu'il monte aussi, lui, au ciel?

Et, par un mouvement involontaire, il se laissa tomber à genoux, joignit ses mains, tourna vers le ciel, à travers ses barreaux, un regard pieux, et commençait à murmurer une prière, lorsqu'il entendit un horrible éclat de rire.

Il se retourna et vit, derrière le judas entr'ouvert, le hideux visage de Gaillard Rouge, crispé par les convulsions d'une hilarité impie.

« L'imbécile ! hurla enfin le petit misérable ; l'imbécile ! il dit ses prières ! Mais tu ne sais donc pas, *Capet*, que le bon Dieu, c'est des bêtises !..... »

Et il vomit une longue suite de blasphèmes qu'on ne saurait répéter sans honte et sans crainte.

« Au lieu de *ça*, continua-t-il, chante-moi *la Carmagnole*. »

L'enfant ne répondit pas.

« Chante-moi *la Carmagnole*, je te dis. »

Le fils de Louis XVI et de Marie-Antoinette se mit à pleurer.

« Chante-moi *la Carmagnole*, *Capet*, ou je te casse les reins ! » s'écria Gaillard Rouge avec un effroyable jurement.

Et comme le martyr résistait encore, le petit bourreau ouvrit la porte, se précipita dans le cachot, saisit son prisonnier par le bras, et se mit à lui hurler *la Carmagnole* aux oreilles. Cela dura un quart d'heure, après lequel il jeta violemment l'enfant royal à terre, et le laissa meurtri et glacé d'effroi.

Cependant la nuit descendait peu à peu, le vent sifflait

d'une façon sinistre, un froid plus aigu se répandait dans le cachot, et le gardien, après avoir entr'ouvert la porte et jeté un morceau de pain noir sur le lit, ordonna au prisonnier de se coucher.

« J'ai bien soif, murmura l'enfant d'une voix étouffée par la crainte, j'ai bien soif.

— N'y a-t-il pas d'eau-de-vie dans ta cruche ?

— Oh ! cela me brûle et me tue. Un peu d'eau, au nom du ciel, un peu d'eau ! »

Gaillard Rouge, en entendant parler du ciel, trouva la chose si plaisante qu'il se laissa tomber, en se tenant les côtés, tant il riait, sur le grabat du prince.

« Prends garde, lui dit le geôlier, prends garde ! Car tu ne te relèveras pas seul, si tu restes longtemps sur cette paillasse. » Puis, s'adressant au royal prisonnier :

« De l'eau, dit-il, de l'eau ? Par le froid, le brandevin vaut mieux, ça réchauffe ! Ce gredin-là n'est jamais content. Allons, *zutte !* »

Il frappa du pied le pauvret, sortit ensuite avec Gaillard Rouge, ferma la porte, et rien ne troubla plus le bruit du cachot que les chansons républicaines de Gaillard Rouge, le bruit des verres qu'il vidait, et d'heure en heure le cri qu'il jetait :

« Capet, dors-tu ? »

Il ne dormait point, hélas ! Demi-nu par un violent froid, sans abri contre le vent glacial que vomissait le soupirail, il demandait une fois encore à Dieu de le rappeler de la terre... quand il sentit un petit mouvement sur son lit. Il eut peur d'abord, mais bientôt il se rassura et une sorte de joie entra même dans son cœur. Un petit corps qu'il avait reconnu se glissait sous la couverture, et venait s'abriter contre sa poitrine. C'était l'oiseau, c'était *Trianon* qui demandait asile à son ami. Louis n'osait faire le plus léger mouvement dans la crainte d'effaroucher le moineau, tandis que ce dernier usait largement du bon accueil qu'on lui faisait. Effrontément blotti à la place la plus chaude et la plus douillette de la paillasse, il réchauffait son petit corps gelé, et finit par s'endormir profondément. On ne saurait comprendre quel bonheur éprouvait le prisonnier. Il n'était plus seul au monde, il avait un ami près de lui, un petit ami que Dieu semblait lui envoyer! Dieu ne l'abandonnait donc pas tout à fait sur la terre !

Le lendemain, quand il s'éleva, Trianon (Louis XVII lui avait donné ce nom en souvenir des lieux où il avait passé jadis d'heureux jours près de sa mère), Trianon, dis-je, sortit de dessous la couverture. Il lissa coquettement ses plumes ébouriffées, fit sa toilette avec soin, et salua et remerçia, par des battements d'ailes et des cris, l'enfant qui le contemplait, plongé dans une sorte d'enivrement. Ensuite, en vrai moineau, il songea à la provende. Non-seulement il ramassa les miettes éparses, mais encore il mordit dans le morceau de pain de son ami, qui le laissait faire et osait à peine manger lui-même de peur de l'interrompre. Le repas lut long, il fut même excellent. La neige était tombée la nuit en abandance par le soupirail, et le petit-fils de Marie-Thérèse put en ramasser un peu et boire ainsi autre chose que la liqueur de feu qu'on lui donnait pour le tuer.

Il faisait froid, il neigeait : Trianon, après avoir regardé par l'ouverture du soupirail, prit la prudente résolution de ne point s'exposer à un si mauvais temps. Il s'était bien trouvé du gîte la nuit ; il pensa que ce gîte ne serait pas moins agréable le jour. Il y avait, au pied du lit, une sorte de nid chaud et commode formé par les lambeaux de la couverture ; ce fut là qu'il établit son domicile, et qu'il se donna les aises d'un *far niente* voluptueux. On ne voyait dépasser au-dessus de l'étoffe de laine qu'une tête rougeâtre et un gros bec noir ; cette tête suivait des yeux l'enfant, qui lui-même ne cessait de le regarder. Quand il récita sa prière du matin, pour la première fois, depuis bien longtemps, Louis XVII ne demanda point à Dieu de mourir.

Cependant Gaillard Rouge commençait à s'ennuyer de son inaction. Il trouvait monotone d'avoir, pour toute distraction, à regarder par les trous d'un judas un pauvre enfant malade, qui ne semblait même pas entendre les injures qu'on lui criait. S'il avait pu le battre du moins! Battre un *Capet!* à la bonne heure, cela aurait été amusant. Mais la consigne le défendait. Maintenant la Convention ne voulait pas qu'on assommât son prisonnier. C'était là une idée singulière et absurde, mais qu'il n'en fallait pas moins respecter. Que diable faire?... Tout à coup il aperçoit Trianon qui se prélassait dans les plis de la couverture.

« Un oiseau ! Il a un oiseau ! »

Et il ouvrit brusquement la porte pour s'élancer sur le lit et s'emparer du moineau ; mais celui-ci, leste et malin, sauta d'un bond sur le soupirail et disparut.

Le mauvais enfant proféra un horrible blasphème, s'en alla, referma brutalemant la porte derrière lui, et laissa

Louis XVII le cœur palpitant d'effroi en songeant au péril qu'avec couru Trianon, son cher Trianon! le seul ami qu'il eût ici-bas!

« Trianon ne reviendra plus, dit-il quand il eut repris un peu de sang-froid. Il sera bien avisé, car ce méchant petit garçon lui ferait mal. Il le tuerait peut-être! Tant mieux s'il ne revient point! hélas! »

Voilà ce qu'il pensait, et pourtant il pleurait, et il sentait autour de lui un vide affreux. Mais Trianon n'était point un moineau à s'effrayer ainsi du premier coup. Un quart d'heure après, il vint montrer sa jolie tête à travers les barreaux du soupirail, s'assura que l'ennemi avait fait retraite et sauta sur l'épaule de son ami. Il joua quelque temps avec lui, becqueta ses cheveux, mordit légèrement ses doigts et finit par reprendre la place de tout à l'heure dans les plis de la couverture. L'enfant aurait à la fois voulu qu'il s'en allât et qu'il restât. Il tressaillait de satisfaction et de peur; ses yeux se portaient tour à tour du judas à l'oiseau : il sentit l'effroi pénétrer jusqu'à la moelle de ses os, lorsqu'il aperçut, à travers les trous de la plaque de fer, les yeux gris de Gaillard Rouge. Il lui fallut longtemps pour se rassurer, et par prudence il voulut faire partir Trianon. Mais Trianon, lorsqu'il se sentit poussé par la main de l'enfant, crut qu'il s'agissait tout bonnement de jouer, et ne comprit jamais que son hôte voulait le renvoyer. Le pauvre petit n'osait le pousser trop brusquement de peur que l'oiseau n'interprétât mal ses intentions. Il arriva donc que Trianon répondit par de joyeux coups de bec à la main qui voulait, par tendresse, le faire sortir de son nid. La lutte s'anima, le moineau fit bonne résistance; il se défendit, il attaqua, il se retrancha dans sa fortification, enfin il déploya une stratégie ingénieuse. Il était au plus fort d'une sortie sur la main du prince, quand un corps lourd s'élança brusquement sur le lit, Louis XVII jeta un cri de désolation ; c'était un chat, un chat furtivement introduit par Gaillard Rouge à travers un trou ménagé au bas de la porte.

Le chat avait saisi de ses griffes le pauvre oiseau. Acculé dans un coin du cachot, il tenait sa proie qui se débattait en vain et menaçait de ses grondements le prince accouru au secours de Trianon. Les ongles du méchant animal n'arrêtèrent point l'enfant éperdu. Il se jeta sur le chat, qui lui déchira les mains, l'obligea à lâcher le moineau, et celui-ci, tout blessé qu'il était, pouvait fuir encore et gagner le soupirail, quand Gaillard Rouge se précipita dans le cachot, abattit l'oiseau d'un revers de main, jeta le prince à terre et s'écria :

« Au diable la consigne et la Convention ! »

Le chat profita de cet incident pour se ruer de nouveau sur Trianon, qu'il égorgea et qu'il dévora.

Lorsque le prince revint de l'étourdissement causé par le coup qu'il avait reçu à la tête, il ne restait plus que des plumes éparses dans le cachot. Gaillard Rouge riait aux éclats.

Depuis ce moment-là, Louis XVII ne dit plus une parole à ses geôliers. Chaque fois qu'il entendait la voix de Gaillard Rouge un frisson convulsif parcourait tous ses membres, et la seule faveur qu'il demanda au médecin Desault, lorsque la Convention envoya ce dernier près de lui, fut d'éloigner le méchant enfant.

Gaillard Rouge, qui ne savait ni lire ni écrire, et dont les talents d'égorgeur ne trouvaient plus d'emploi, devint un de ces fangeux lazzaroni sans feu ni lieu, qui vivent à Paris d'aumônes et de rapines; misérables brutes dont la seule joie est l'ivrognerie! La police correctionnelle le vit sur son banc, les prisons l'eurent pour hôte, et une fois on le ramassa gisant sur le pavé. La paralysie avait frappé d'immobilité tous ses membres; on le porta à l'hôpital.

C'est là que, bourrelé de remords, je l'ai vu prier et pleurer, en demandant à l'ange qui avait été sa victime une parole d'intercession près de Dieu!

LES JOUES BLANCHES

Au théâtre, il y a une nature de comique qui ne s'est guère jamais modifiée et qui ne se modifiera jamais que par des nuances sans caractère bien tranché. La préférence incontestable que le public accorde à ce genre, sur tout autre talent bouffon, doit également durer; une telle faveur est une conséquence naturelle, non du caprice, mais de l'immense supériorité du vrai sur le faux, du naturel sur l'art.

Je veux parler du comique naïf qui résulte, chez l'acteur, de son organisation et même de sa conformation, plutôt que de ses études et de son intelligence.

Brunet possédait, au plus éminent degré, ce don du niais naturel. Il semblait avoir transmis sa royauté plaisante à Alcide Tousez. Alcide Tousez entrait en scène, et l'on riait rien qu'à le voir! Il marchait, la gaieté redoublait! Il agitait le bras, on éclatait. Quelques paroles bredouillées sortant de ses grosses lèvres, et l'on n'y tenait plus! tant il savait donner de valeur drôlatique à des mots presque toujours insignifiants. Pour produire cette hilarité générale, pour dérider tous les visages, même les moins familiers avec le gros rire, il lui suffisait de se montrer accoutré d'un costume plus ou moins burlesquement disposé; voilà tout! On eût placé Alcide Tousez à côté du plus grand, du plus profond, du plus savant, du plus admirable des comédiens modernes, il l'eût éclipsé...

Cette nature, je n'ose dire ce talent, possédait, du reste, mille variétés infinies dans son uniformité, et allait du butor au niais, de la bêtise à la finauderie : elle savait même s'élever parfois jusqu'à la naïveté, jusqu'à la grâce. Témoin, pour Brunet, la plupart des Jocrisses; témoin, pour Alcide Tousez, la *Sœur de Jocrisse*. On ne pouvait donner plus de charme au manque d'intelligence, plus de sensibilité à une organisation incomplète, plus d'esprit à la stupidité. L'artiste prêtait à des mots sans originalité, à des plaisanteries ramassées partout, à des facéties triviales et usées, une valeur féerique. De couleurs grossières, mal combinées et crues, il faisait d'adorables fantaisies. Enfin, il agissait puissamment à la fois sur la partie vulgaire de son auditoire, et sur les esprits d'élite qui venaient lui demander des distractions. Tout riait, et tout riait aux éclats dans les loges, à l'orchestre, au parterre, sous les combles! C'était, je vous l'assure, un singulier spectacle que ces corps qui s'agitaient et se tordaient; que ces têtes balancées par un mouvement convulsif, que ces bouches qui s'ouvraient, que ces yeux qui s'emplissaient de larmes joyeuses, que ces exclamations confuses et stridentes à la fois, qui se mêlaient et se heurtaient de manière à produire un tumulte sans nom!

Un soir, Alcide Tousez s'était montré encore plus adorablement bouffon que de coutume. Le rire de la salle entière éclatait sur toutes les notes possibles du son et convulsionnaient les visages. Un des spectateurs qui suffoquait et qui sentait cet accès de gaieté dégénérer, chez lui, presque en souffrance, chercha à retrouver un peu de calme et d'haleine en détournant son attention du théâtre, pour la reporter dans la salle. Tout à coup il resta saisi d'étonnement et d'admiration à l'aspect d'une jeune fille placée dans une des loges de face. Jamais l'imagination d'un poëte, dans ses créations les plus fraîches, n'a rêvé des joues plus roses et un teint d'un éclat pareil. Tout à coup comme si la mort eût touché de sa main glacée cette fleur ineffable, il vit les joues de la jeune fille pâlir... Par un mouvement spontané, elle se rejeta dans le fond de la loge. Une large ombre portée tomba sur le front de l'étrangère comme un diadème ténébreux, et vint ajouter encore à la pâleur fantastique de ses traits. La tête appuyée dans ses mains, elle restait là, immobile; comme pétrifiée. On aurait dit un ange forcé d'assister a une orgie humaine, et ne prenant d'autre part qu'une profonde et triste compassion pour des plaisirs si grossiers.

Dès lors une sorte de fascination attacha, durant le reste de la soirée, sur la blanche et mystérieuse figure les regards du curieux. Il en oublia la scène et l'acteur lui-même. Les joyeuses billevesées d'Alcide n'arrivèrent plus jusqu'à son oreille : tout entier à sa contemplation, il se demanda quelles étranges et fatales souffrances avaient pu donner à cette jeune fille la pâleur d'une trépassée. Mille suppositions bizarres et invraisemblables naquirent et se mêlèrent dans son imagination, déroulant les innombrables caprices de leurs plis chatoyants et fantasques. La chaleur de la salle, la lumière sidérale du gaz, les bruits des spectateurs, ajoutèrent encore à son enivrement et à ses dispositions extatiques. Ce fut donc comme une vision qu'il aperçut, tout à coup, disparaître l'inconnue et la loge s'emplir d'obscurité. Quand il reporta les yeux autour de lui, les spectateurs sortaient, la salle se vidait, et le rideau était baissé.

Il voulut se jeter dans la foule pour retrouver les traces de l'inconnue ; mais au milieu de cette masse compacte de gens empressés de s'en aller, il ne parvint qu'à donner des coups de coude, à recevoir en échange des bourrades, et à faillir se rompre le cou. Quand il se trouva dehors, il interrogea chaque visage qui passait, mais en vain : il ne put reconnaître ni la face de marbre, ni les cheveux d'or de la jeune fille ! Il lui fallut ensuite traverser Paris désert et silencieux, car il était une heure du matin, et rentrer chez lui avec l'impatience et le malaise que cause un désappointement. Aussi trouva-t-il l'air de la nuit aigre et malfaisant ; son portier lui parut cent fois plus lent que de coutume à tirer le cordon, et il tempêta contre son valet de chambre, qui se complaisait à disposer son lit d'une manière incommode. On peut toujours juger du degré de mécontentement que l'on éprouve contre soi-même par l'irritation que l'on ressent contre les autres.

Il passa toute la nuit sans dormir, car, malgré lui, il attachait une extrême importance à cet incident en réalité si futile.

Le lendemain, tout en riant de sa niaiserie et de son enfantillage, il se mit à parcourir les lieux publics, à errer dans les promenades, à visiter les musées, à entrer, chaque soir, dans tous les théâtres pour y trouver l'étrangère. Il ne la rencontra nulle part. Plus il reconnaissait l'inutilité de ses recherches, plus il s'acharnait et plus il s'évertuait à revoir celle qui ressemblait si fort aux madones d'albâtre peint du moyen âge, avec leurs yeux noirs, leur visage blanc et leur chevelure blonde.

Huit jours s'écoulèrent ainsi, huit jours durant lesquels il épuisa sa patience dans cette recherche inutile. Enfin, il s'arma de courage et de résignation, résolut de ne plus s'occuper de l'inconnue, se claustra chez lui, se cramponna dans son fauteuil et en revint à l'étude, comme Louis XIV en revenait à la pauvre la Vallière, quand il désespérait de réussir près de madame de Montespan. — Faute de mieux !

Mais en vain, les deux pieds sur les chenets, les yeux fixés sur la flamme ondoyante d'un feu de fruits de pin, il se prélassait, blotti, dans son moelleux fauteuil, et appelait à son aide, par le bien-être physique, le bien-être moral. Une seule figure se montrait parmi les caprices des cendres ardentes ; une seule pensée flottait dans sa rêverie : l'inconnue ! toujours l'inconnue ! Absorbé, perdu dans ses regrets, dans ses suppositions et dans ses désappointements, tout à coup il vit le fauteuil placé à côté du sien s'avancer, une robe blanche y prendre place et une toute petite main présenter une lettre. Il leva la tête : mon Dieu ! c'était l'inconnue.

« Voici bien longtemps que je vous cherche, monsieur, » dit-elle.

Il la regarda avec suprise, car, encore engourdi par la torpeur du feu et du doux sommeil que cause la chaleur, il lui semblait se trouver au milieu des hallucinations d'un rêve.

« La personne qui m'adresse à vous, monsieur, continua-t-elle, m'avait mal indiqué votre adresse sur cette lettre. Depuis huit jours il m'a fallu, je vous l'assure, bien des démarches pour découvrir que vous demeuriez ici. »

Huit jours ! Et lui aussi, depuis huit jours, il cherchait l'inconnue, n'avait qu'une pensée, qu'une volonté, ne ressentait qu'un désir, la revoir !... Par un étrange miracle, la voilà qui vient à lui, qui s'assied devant lui avec son doux regard qui n'appartient pas à ce monde, avec son sourire d'une mélancolie et d'un charme si pénétrants, avec sa pâleur d'ange !

Tandis que ces idées se pressaient dans son cerveau, frappé par une commotion si peu prévue, et encore sous l'engourdissement d'un demi-sommeil, il ouvrit machinalement la lettre apportée par l'inconnue, et ses yeux en parcoururent machinalement les caractères sans les comprendre.

« Puis-je compter, monsieur, que vous voudrez bien me rendre le service que vous demande pour moi votre ami ?

Il faut l'avouer, ce fut alors seulement qu'il lut la signature de la lettre : c'était celle de l'illustre auteur des *Amours des Anges*, de Thomas Moore.

« Mon cher ami, disait le grand poëte, miss Sarah Sidney a besoin des soins de vos médecins les plus savants pour se guérir d'une maladie grave et funeste. Vous comptez, parmi vos amis, la plupart des célèbres praticiens de la Faculté parisienne. Devenez donc près d'eux le guide et le protecteur de la jeune et intéressante personne que vous confie votre vieux confrère.

« THOMAS MOORE. »

« Miss, répondit-il, pardonnez-moi la bizarrerie et l'inconvenance de mon accueil, je dois vous en faire l'aveu, je me suis cru quelques instants le jouet d'un songe, en voyant arriver près de moi, comme par un coup de baguette de fée, celle dont la pensée me préoccupait vivement. »

Alors il fit à miss Sarah l'aveu franc et sincère de tout ce qu'il avait éprouvé depuis huit jours et de la profonde impression qu'avaient produite sur lui sa beauté et sa pâleur.

« C'est à cause de cette pâleur que j'ai quitté l'Angleterre et que je viens à vous, dit-elle d'une voix douce et mélodieuse. Mais, pour vous apprendre la cause de cette maladie, il faut que je vous dise l'histoire de toute ma vie. Nos relations, ajouta-t-elle avec un sourire ineffable, ont commencé par un mystère ; une confidence continuera dignement cette situation romanesque.

« Ma mère, monsieur, mistress Sarah Chetlenham, était une jeune actrice d'une grande beauté et dont les heureux débuts à Drury-Lane promettaient une artiste supérieure. Un ministre protestant la rencontra par hasard et l'aima. Ma mère balança longtemps à sacrifier son goût pour le théâtre et les succès qu'elle y obtenait au sort obscur que mon père lui offrait avec sa main. Tandis qu'elle hésitait encore entre l'amour et la renommée, Kean devint éperdûment amoureux de la jeune fille, et la poursuivit de sa passion avec une telle frénésie, qu'effrayée elle quitta la scène et alla se réfugier dans le petit presbytère de mon père, à quelques milles de Londres.

« Là, elle se résigna sans murmure et même avec bonheur aux travaux domestiques que lui imposait sa nouvelle position. Chaque jour, l'heureux ecclésiastique bénissait le ciel et le remerciait de la compagne douce. simple et dévouée qu'il lui avait donnée. Aucun souci ne troublait jamais le jeune ménage, si ce n'est parfois les inquiétudes de la pauvreté. Eux qui jusque-là avaient vécu comme les petits oiseaux du bon Dieu, au jour le jour, maintenant songeaient à l'avenir et désiraient ardemment se trouver plus riches. C'est qu'il leur était né un enfant ; c'est que j'étais venue au monde, monsieur !

« Mon père, excité par ce sentiment de sollicitude pour mon avenir, résolut de tenter une publication littéraire qui devait, espérait-il, lui valoir des sommes considérables. Hélas ! après bien des efforts, des travaux et des soins inutiles, il fallut reconnaître la mauvaise direction de cette spéculation. Mon père n'en recueillit que des dettes et le chagrin profond d'avoir empiré ses affaires déjà si difficiles. Enfin, un jour la nécessité se montra dans le presbytère tellement impérieuse, que ma mère prit la résolution extrême de recourir à son ancien camarade Kean et de lui dépeindre sa situation. Kean répondit par une lettre respectueuse et par l'envoi de cent livres sterling.

« Avec cette somme, mon père paya ses dettes, se débarrassa de ses créanciers, et se mit ensuite à l'œuvre avec ardeur pour gagner l'argent nécessaire au remboursement du prêt fait par Kean. Déjà il avait économisé près de la moitié de la somme, lorsqu'un matin un étranger se présenta chez lui.

« — Monsieur, dit-il à mon père, Votre Révérence n'est-elle pas débitrice envers M. Kean d'une somme de cent livres ?

« — Si fait, répondit mon père, et je compte pouvoir la lui rembourser tout entière avant cinq années. En attendant, je suis prêt à lui en rendre aujourd'hui la moitié.

« — Je suis l'intendant de M. Kean, remettez-moi les cinquante livres et veuillez me faire, pour le reste, une lettre de change à un an d'échéance. »

« Mon père, froissé par cette demande, signa sans une seule objection la lettre de change que rédigea l'intendant. Quand le terme du payement arriva, quoique le pauvre ministre eût donné les jours et les nuits aux plus rudes travaux, il avait pu rassembler à peine vingt livres et se vit dans l'impossibilité de payer la lettre de change. Les gens de loi poursuivirent mon père au nom de Kean ; l'infortuné fut mis en prison, on vendit nos meubles, et ma mère, chassée, sans ressource, sans protecteur, se réfugia avec moi dans un grenier.

« J'avais six ans à cette triste époque, monsieur. Je

n'oublierai jamais les larmes et le désespoir de ma mère, qui faisait des travaux de couture pour gagner au moins du pain. Un jour, elle cessa de travailler, écrivit une lettre à un de ses anciens camarades et me recommanda de porter moi-même ce billet dès que je la verrais s'endormir.

« Elle s'endormit bientôt, monsieur. Je lui obéis ; je portai la lettre sans savoir, hélas ! que le sommeil dont ma pauvre mère dormait était celui de la mort. Mon père avait succombé la veille dans sa prison au désespoir et à la honte. En apprenant cette fatale nouvelle, le cœur de ma mère s'était brisé et j'étais devenue orpheline.

« Je passai la nuit à pleurer et à prier chez l'ancien camarade de ma mère. C'était un honnête père de famille et un artiste de talent, quoique la fortune ne lui eût jamais souri. Quand il eut lu la lettre de ma mère, il se rendit sur-le-champ près de Kean, qui, suivant son habitude, s'enivrait dans une taverne voisine de Drury-Lane. Lorsque l'acteur célèbre eut jeté les yeux sur la lettre de ma mère, il devint d'une pâleur extrême, et les fumées du vin qui troublaient sa raison se dissipèrent aussitôt. Il fit appeler son intendant.

« — Misérable, lui dit-il, voilà ton ouvrage. Je préfère le désordre et la pauvreté à la richesse qui vaut des malédictions et qui tue des infortunés. Je te chasse, ne reparais jamais devant moi. »

« Ensuite il alla chez le caissier du théâtre, demanda une somme de quatre cents livres, la remit à mon vieux protecteur et ajouta :

« — Demande pardon pour moi à cette enfant ; supplie-la

de ne point maudire Kean! Voici de quoi subvenir à son éducation ; quand elle sera d'âge à se marier, je lui donnerai une dot. »

« L'ancien camarade de ma mère, Patrick, plaça les quatre cents livres chez un banquier, me mit dans un pensionnat et veilla sur moi comme l'eût fait un père.

« J'atteignis ainsi l'âge de dix-huit ans, époque à laquelle Kean devait me donner une dot. Hélas! Kean était alors aussi pauvre que moi, quoique la faillite du banquier dépositaire de ma petite fortune me laissât sans ressource! Criblé de dettes, épuisé par les excès, après avoir parcouru l'Amérique, il était revenu à Londres donner le triste spectacle d'une intelligence qui s'obscurcit et d'un talent qui s'efface.

« Je ne pouvais donc plus recourir à Kean. D'ailleurs, je ne l'aurais point fait, se fût-il trouvé dans la plus grande opulence. Ses dons m'avaient toujours été pénibles. Mon cœur se soulevait à la pensée de recevoir le pain que je mangeais de la main qui avait tué mon père et ma mère.

« Cependant il fallait prendre une résolution et songer à des moyens d'existence. Après bien des hésitations, je résolus de me consacrer au théâtre : le nom de ma mère me facilita les études de cet art et l'entrée d'une carrière si difficile. Je débutai à Covent-Garden ; bientôt ma jeunesse, ma bonne volonté et le nom que je portais, car j'avais adopté le nom de ma mère, me valurent un succès inespéré.

« J'étais au théâtre depuis un an à peine, lorsque mon directeur engagea Kean pour quelques représentations. Malgré ma répugnance, il me fallut accepter un rôle dans la pièce de *Ben Nazir*, que l'acteur célèbre voulait jouer.

« Cependant je ne le vis pas avant le jour du spectacle; Kean était fort souffrant et ne vint point aux répétitions; ce fut son fils Edmond qui se chargea de le remplacer et de nous indiquer la mise en scène et les effets de théâtre dans lesquels nous devions seconder son père.

« Enfin le moment de la représentation arriva. Vous dire l'émotion que j'éprouvai serait impossible. J'allais me trouver en présence de celui dont le funeste bienfait m'avait rendu orpheline et à qui je devais cependant mon éducation! Kean arriva sur le théâtre, porté dans un fauteuil jusqu'à l'entrée des coulisses. Lorsqu'il parut devant le public, j'étais en scène comme l'exigeait mon rôle. Tandis que d'enthousiastes et frénétiques applaudissements saluaient de toutes parts l'artiste, je le vis pâlir sous le rouge qui couvraient ses joues; ses jambes se dérobèrent sous lui, son corps semblait agité par une fièvre convulsive.

« — Les morts sortent donc maintenant du tombeau? murmura-t-il en me regardant. Pitié, Sarah! pitié! le ciel m'est témoin que je ne suis point coupable de ta mort! que je ne l'ai point voulue, que j'ai puni celui qui m'a fait le complice involontaire de ce crime. »

« Je voulus le détromper, mais je ne le pus; j'éprouvais une telle émotion que mes lèvres ne trouvèrent pas de paroles.

« — Pardon, continua Kean d'une voix sourde, pardon! Rentre dans la tombe; je t'y suivrai bientôt... Allons, dit-il en passant ses mains sur son front, tout cela est un rêve, on ne joue point la comédie avec les spectres. »

« Pour mettre un terme à cette scène terrible, je fis un impérieux effort sur moi-même, et, triomphant de ma faiblesse, je parvins à dire la première réplique de mon role : *Oh! qu'après une si longue absence le retour est doux à mon cœur!*

« Sans doute, ma voix lui rappela encore ma mère, comme l'avait fait la ressemblance de mes traits, car cette fois il tomba à genoux, poussa des gémissements affreux et s'élança vers moi avec désespoir. Je voulus fuir, il me poursuivit, et tout à coup je me vis dans les bras d'un insensé qui s'efforçait de m'étouffer.

« Je ne sais ce qu'il advint ensuite. Quand je repris connaissance, après un long évanouissement, on m'avait transportée chez moi, et mes amis m'entouraient en pleurant. Ce fut alors, monsieur, que j'appris toute la terrible fatalité de la scène funeste dont j'avais failli être victime. La raison déjà fortement ébranlée de Kean s'était égarée tout à fait sur la scène, parce qu'il avait cru voir en moi ma mère. L'infortuné était devenu fou !

« Depuis cette soirée, monsieur, ma santé, profondément altérée, m'a obligée de suspendre mes études théâtrales. Une tristesse profonde me consume. Chaque soir, à onze heures, mon visage se couvre de la couleur livide que vous avez vue, et un violent spasme me jette dans un état nerveux qui déconcerte le savoir de tous les médecins de Londres. Sir Thomas Moore a pensé que l'air moins humide de Paris et que les soins de vos docteurs triompheraient de tant de souffrance et d'un état si grave. Croyez-vous que ces espérances ne seront point déçues et que la science guérira les funestes impressions produites sur moi par la terreur ? »

Le lendemain, le nouvel ami de miss Sarah la conduisit chez un des plus célèbres médecins de Paris. Celui-ci écouta en silence le récit de la singulière maladie de l'actrice et des circonstances qui l'avaient causée. Quand il eut tout entendu, il dit en souriant :

« Venez me voir demain soir, je vous guérirai. »

En effet, le lendemain, miss Sarah passa la soirée chez le docteur.

La pendule du salon avait été arrêtée.

La conversation, d'abord un peu languissante, ne tarda point à s'animer. On prit le thé et on fit de la musique. Tout à coup, après un duo de la *Semiramide*, le docteur tira sa montre et s'écria :

« Il est minuit et demi ! »

Après quoi il prit la main de miss Sarah et lui dit :

« Vous le voyez, mademoiselle, la peur et l'attente causaient seules vos visions. J'ai trouvé moyen de vous distraire et de vous préoccuper à l'heure périodique de la crise. La crise n'a pas eu lieu. Encore quelques tentatives du même genre, et vous cesserez d'être visionnaire. »

Miss Sarah témoigna une grande joie de ce résultat inespéré.

« Merci ! dit-elle avec une grande effusion de reconnaissance ; merci, docteur ! Grâce à votre bonne et savante supercherie, je pourrais désormais reprendre mes études théâtrales et reparaître sur la scène où m'appelle une si puissante vocation. Merci ! oui, vous avez raison ; la peur et l'attente causaient seules toutes ces illusions.

— Rentrez paisiblement chez vous, mademoiselle. Dormez en paix ; demain, tâchez de maîtriser votre imagination à l'heure que vous croyiez, ce matin encore, si fatale et si lugubre Une guérison tout à fait complète ne dépend que de votre volonté. »

Miss Sarah causa quelques instants encore avec le docteur et sortit gaiement du salon. Tout à coup, au moment où l'on plaçait son manteau sur ses épaules, elle pâlit, jeta un cri et recula par un mouvement d'horreur.

« Kean ! s'écria-t-elle ; Kean avec mon père et ma mère ! »

Et elle tomba sans connaissance aux pieds du docteur, accouru à sa voix.

Ce dernier paraissait consterné.

« Mon Dieu ! dit-il d'une voix troublée, tandis qu'on transportait dans le salon l'actrice évanouie, y aurait-il donc quelque chose de réel dans ces apparitions ? Les fantômes existeraient-ils autre part que dans l'imagination de la malade ? — J'avais avancé d'une heure la pendule ! »

La semaine suivante à l'Opéra, on remarquait une jeune anglaise vers laquelle tous les regards se tournaient avec admiration, tant sa beauté resplendissait d'une merveilleuse fraîcheur.

A onze heures, elle sortit précipitamment de sa loge.

SIR RICHARD ARKWRIGHT

Le nom de sir Richard Arkwright n'éveillera sans doute aucun souvenir sur un grand nombre des lecteurs qui le verront placé en tête de cet article. Cependant Arkwright est l'*Americ Vespucci* d'une de ces grandes découvertes qui créent une industrie, utilisent un des produits de la nature, améliorent le bien-être général du monde entier, et qui, à l'aide de quelques rouages et de quelques leviers, font, selon nous, plus que les progrès sociaux, que les plus hautes théories philosophiques. Je veux parler de l'art de filer le coton par des moyens mécaniques.

Le Christophe Colomb de cette grande idée, le premier qui l'ait connue, car, nous l'avons dit, Arkwright n'en est que l'*Americ Vespucci*, est un pauvre tisserand de Blackwel, nommé Hargrave.

Hargrave, qui ne savait pas même lire, inventa d'abord un procédé pour carder le coton, comme notre Jacquard inventa plus tard son fameux métier, par une de ces révélations que Dieu daigne faire parfois aux plus humbles et aux plus simples.

Cette importante machine ne précéda que de quelque temps une mécanique destinée à filer le coton cardé, et à laquelle il donna le nom de *spinning-jenny*.

Assurément ces deux machines, encore grossières et incomplètes, laissaient une large part au travail manuel, mais les tisserands du comté de Lancastre ne s'en émurent pas moins, et Hargrave ne tarda pas à devenir la victime de l'injustice et des persécutions que Jacquart eut également à subir au milieu de populations ignorantes et injustes. Après des menaces et des reproches, on en vint à des violences contre celui qui, disait-on, diminuait le travail des ouvriers, et voulait les réduire à l'inaction et à la misère. Un jour, la chaumière de Hargrave fut envahie par une bande de furieux qui brisèrent ses machines, le battirent et le chassèrent du comté, en le menaçant de le tuer, si jamais il y remettait le pied.

Hargrave se réfugia à Nottingham, où il essaya de tirer parti de sa découverte. Mais personne ne voulait l'écouter; les scènes violentes qui en avaient fait un proscrit dans son village natal ne tardèrent point à se renouveler. Commme il était père de famille, et que la misère l'étreignait de ses mains inexorables, il lui fallut briser lui-même sa carde mécanique et son *spinning-jenny*, faire amende honorable et publique de son génie, et, pour gagner du pain à ses enfants, travailler par les procédés grossiers mis en usage à cette époque.

Il mourut bientôt à la peine, laissant quatre orphelins, que l'on mit à l'hôpital.

Ceci se passait en 1732.

Hargrave mort et ses enfants à l'hôpital, quelques industriels commencèrent à réfléchir que les *spinning-jenny* ne manquaient pas d'utilité, et les tisserands s'avisèrent qu'elles pouvaient faciliter leur besogne et rendre leurs journées plus lucratives. En quelques années, les *spinning-jenny* se trouvèrent adoptées dans toute l'Angleterre, y compris le comté de Lancastre.

Quoi qu'il en soit, les étoffes de coton ne se fabriquaient encore qu'à l'aide d'un mélange avec le lin; la première de ces subtances formait la *trame*, et la seconde la *chaîne*.

Un enfant, né parmi les plus pauvres comme Hargrave, devait opérer une révolution complète dans l'industrie des toiles de coton; il était né dans ce même comté de Lancastre, qui avait persécuté et banni l'inventeur des *spinning-jenny*.

Richard Arkwright avait pour père un pauvre barbier de Preston. Ce barbier comptait déjà douze enfants lorsque Richard vint au monde. Sa mère qui manquait de langes pour le nouveau-né, l'enveloppa dans une vieille veste de son père.

Un journal de sa vie qu'Arkwright a laissé, fait un tableau à la fois triste et comique des expédients auxquels se trouvait réduite pour subsister cette nombreuse famille.

« Mon père, dit-il, était un homme grand, alerte, habile, beau parleur et d'une gaieté sous laquelle, en y réfléchissant depuis, j'ai reconnu que se cachait une profonde tristesse. Il avait été marin, puis colporteur. C'est dans une des excursions nécessitées par cette dernière profession qu'il avait rencontré ma mère, jeune fille d'une rare beauté. Williams Arkwright était un riche parti pour une pauvre Irlandaise qui jamais de sa vie n'avait chaussé de souliers, et qui pensa mourir de joie en apprenant qu'elle allait habiter une ville, et devenir à Preston la reine d'une boutique fermée par des vitres en vrai verre.

« En effet, mon père ouvrit un petit magasin de mercerie ; il en confia la direction à ma mère et résolut de continuer à explorer, sa balle sur le dos, les campagnes environnantes ; mais sa femme, vêtue d'une jolie robe, les cheveux poudrés et des souliers aux pieds, était si jolie et attirait tant de chalands, surtout quand son mari voyageait, que Williams résolut de renoncer aux voyages. Comme il avait plus d'une corde à son arc, de colporteur il se fit barbier, et sa bourse ne s'en trouva pas plus mal, grâce à la légèreté de main dont il fit preuve en maniant le rasoir, à la verve par laquelle il égayait ses pratiques et surtout à la présence de la jolie femme qui se tenait au comptoir.

« Cependant les enfants se succédaient dans la famille de mon père, et quelque laborieux qu'il fût, quelque fidèle que lui restât sa clientèle, la pauvreté entra dans le logis ; la beauté de ma mère s'effaça, et le pauvre Williams recourut au *gin* pour se distraire de ses chagrins.

Bientôt la liqueur funeste rendit tremblante la main du barbier, naguère si sûre ; un jour il fit au menton de l'alderman une large estafilade ; dès lors la misère entra encore plus avant dans notre logis.

« Trois de mes frères se firent matelots ; les autres quittèrent Preston pour gagner leur vie comme ils l'entendraient, et je restai seul avec ma pauvre mère.

« Un soir, il m'en souviendra tant que je vivrai, pâle, tremblante et froide, mourante de faim, après avoir rasé deux ou trois pratiques restées fidèles par compassion pour elle, ma mère me prit sur ses genoux. J'avais à peu près dix ans. « Mon pauvre petit Richard, me dit-elle ; « mon pauvre petit Richard, où sont tes frères maintenant ? Tes frères que font-ils ? » Puis, comme pour chasser ces pensées douloureuses, elle se mit à chanter ou plutôt à murmurer une ballade irlandaise. Jamais je n'oublierai cette voix faible qui finit peu à peu par s'éteindre. Il y avait une heure que je ne l'entendais plus ; la nuit était venue, et j'avais fini par m'assoupir, quand mon père rentra. Ivre, selon son habitude, il voulut embrasser ma mère ; car, au milieu de ses habitudes d'ivrognerie, il gardait une sincère tendresse pour sa femme.

« Il tressaillit au contact glacé de la joue de la pauvre créature. « Dieu me damne ! dit-il, j'ai cru embrasser « une morte ! » et il alluma une chandelle. Hélas ! c'était bien une morte qu'il avait embrassée. J'étais orphelin. »

Le père de Richard voulut que l'enfant apprît sous lui la profession de barbier. Et ce fut un rude professeur de rasoir que cet homme presque toujours ivre, et dont les remords troublaient à demi la raison. Toujours menacé, toujours brutalisé, le petit garçon devint triste et songeur, et on ne tarda point à remarquer en lui une raison au-dessus de son âge. Aussi devint-il non-seulement le plus habile barbier de Preston, mais encore un marchand de cheveux fort adroit et un fabricant de perruques dont la réputation ne resta point renfermée dans la petite ville qu'il habitait. Il en résulta une sorte d'aisance pour Arkwright, qui finit par s'acheter une carriole, avec laquelle il s'en allait de village en village, soit pour porter les perruques qu'on lui avait commandées, soit pour acheter les cheveux avec lesquels il fabriquait ces perruques.

Mais, quelque habileté qu'il apportât à sa profession, une idée le prédominait ; il croyait avoir trouvé le moyen de réaliser ce problème impossible et tant poursuivi du mouvement perpétuel. La grande intelligence de cet homme, qui ne s'était point encore révélée à lui-même, se fût peut-être usée à de pareilles inepties, quand le hasard donna à cette vive intelligence une direction utile.

Un soir que Richard revenait dans sa carriole et cherchait, comme d'habitude, une force s'alimentant d'elle-même, il faillit écraser un jeune homme qui commença par s'emporter contre le distrait, et qui finit par accepter une place à côté de lui dans la voiture. Une sorte d'intimité ne tarda point à s'établir entre eux ; Arkwright parla du mouvement perpétuel, son idée fixe, et John Kay, horloger habile et qui voyageait pour raccomoder les pendules, comme Richard pour raccomoder les perruques, démontra à son nouvel ami l'absurdité de ses recherches.

« Pourquoi, s'écria-t-il, n'appliquez-vous point à une idée saine l'intelligence que vous perdez à de pareilles niaiseries ? Il y a un nom et une fortune à se faire, en inventant une machine pour filer le coton. Inventez-la, puisque vous vous sentez inventeur. »

Ce mot fut un trait de lumière pour Richard. Il proposa à Kay de travailler avec lui ; et ils étaient à peine arrivés à Warrington, où les appelaient leurs affaires, qu'ils se mirent à étudier les *spinning-jenny* de ce pauvre Hargrave, et divers essais de machines inventées entre autres par Hayes, qui avait établi des métiers cylindriques à carder, et qui, victime de l'ingratitude des tisserands, était mort comme Hargrave, après avoir vu ses métiers brisés par la populace, et annuler la patente qui lui assurait la propriété de son invention.

Les deux amis ne tardèrent point à se mettre à l'œuvre, et après une année de travail en commun, ils produisirent un métier à filer qui, bien qu'incomplet encore, présentait de grands avantages sur ceux dont on se servait alors.

Ils s'adressèrent à M. Athecton pour construire leur métier et l'exploiter en commun. Ce riche manufacturier refusa de s'associer à Richard et à John, mais il leur prêta deux de ses ouvriers qui construisirent le métier.

Ce métier, terminé et patenté, présentait assez d'avantages pour qu'un banquier de Preston consentît à se faire leur associé. Hélas ! il advint à Kay et à Arkwright ce qu'il était advenu à Hargrave et à Hayes. Les tisserands brisèrent leurs métiers, les chassèrent de la ville et maltraitèrent tellement Kay, que celui-ci faillit en mourir, renonça à inventer des métiers à filer le coton, et reprit sa profession moins dangereuse d'horloger.

Mais Richard avait l'âme autrement trempée ; il se retira à Nottingham, et il s'occupa de nouveaux essais pour améliorer de plus en plus les moyens qu'il avait trouvés de filer le coton. Tout entier à son idée fixe, il ne tarda point à inventer un nouveau métier, et un riche fabricant de bas de Nottingham lui donna l'argent nécessaire pour faire ses expériences et construire ses métiers. Ces expériences coûtèrent 20,000 liv. sterl. ou 500,000 fr. et durèrent cinq ans.

En 1763 Arkwright obtint un brevet pour un métier à filer, et il établit à Nottingham un moulin mû par des chevaux. En 1771, il recourut à une chute d'eau pour manœuvrer ce moulin.

Le *métier à filer* d'Arkwright peut à juste titre être considéré comme une invention admirable. La machine qui servait à dévider le coton, surtout par sa simplicité et par la sûreté de ses résultats, était une véritable œuvre de génie, et partout on s'empressa de l'adopter.

Mais en même temps qu'on les adoptait, on en contestait la propriété et même l'invention à leur auteur. On prétendait que ses métiers n'étaient qu'une imitation d'un moulin à fabriquer le fer, et que les perfectionnements qu'il avait créés ne lui appartenaient pas en propre ; on s'appuya sur ces allégations pour lui contester son brevet. En 1772, il subit un procès long et coûteux, dont l'issue fut un jugement qui établit la justice de ses droits ; un autre procès eut lieu en 1775, et un troisième en 1785, pour d'autres perfectionnements apportés à l'art de la filature.

Heureusement pour Richard, la fortune, qui lui avait été si longtemps contraire, finit par le combler de ses faveurs. Le fabricant de bas de Preston, M. Smulley, qui lui avait prêté l'argent nécessaire pour faire ses expériences, partagea avec Arkwright les immenses bénéfices que récolta ce dernier, et qui s'élevèrent à des sommes fabuleuses; ils percevaient sur chaque fuseau qui entrait dans les manufactures un droit qui produisit plusieurs millions.

Sur ces entrefaites, Watt venait de construire, avec Bolton, des machines à vapeur, que Richard Arkwright s'empressa d'appliquer à ses métiers pour les faire mouvoir; enfin, et en 1790, d'immenses fabriques, construites à Cromford, village du comté de Derby, et qui rapportaient déjà à leur propriétaire des produits considérables, centuplèrent encore ces produits.

Deux années après, Arkwright mourut comblé de richesses et d'honneurs. En 1786, le roi d'Angleterre l'avait nommé chevalier sur une adresse présentée par les notables de Wickworth, et lui adressa ces paroles en lui remettant ses titres de noblesse :

« En vérité, monsieur, vous avez fait de bien grandes choses pour notre glorieuse et vieille Angleterre. »

Depuis la mort de sir Richard Arkwright, les procédés employés pour la fabrication du filage et du tissage de coton ont fait d'immenses progrès et ont subi de nombreuses améliorations, mais on ne peut s'empêcher de reconnaître que presque tous reposent sur les principes mécaniques qu'a inventés le fils du barbier de Preston.

Par une bizarrerie qui démontre que Dieu à côté du génie place toujours quelque faiblesse, comme pour mieux attester le néant de l'homme, on ne pouvait jamais évoquer, devant sir Richard, les souvenirs de sa jeunesse, si pauvre et si éprouvée, sans exciter son mécontentement. Ses ennemis ne lui épargnèrent pas ce genre de petite persécution, auquel il se montra, nous sommes forcé de l'avouer, plus sensible qu'il n'eût convenu à une aussi haute intelligence.

Sir Richard Arkwright aimait passionément le faste; son domaine de Cromford rivalisait de luxe avec les plus riches châteaux de l'Angleterre : il légua à sa famille une fortune de plus de 500,000 liv. st.

A l'époque de la mort de sir Richard Arkwright, un garçon de café, âgé de vingt et un ans, rêvait le projet de disputer à l'Angleterre l'approvisionnement des étoffes de coton, dont le grand industriel l'avait dotée. Sans fortune, sans autres ressources que sa haute intelligence et son amour du travail, il commençait dès lors cette œuvre immense qu'il accomplit quelques années plus tard, et qui lui valut les encouragements et l'amitié du premier consul. Le génie de Bonaparte ne pouvait manquer de comprendre le génie de Richard Lenoir. Aussi, devenu empereur, décora-t-il de sa main le manufacturier, et, dans un moment de crise commerciale, lui accorda-t-il un prêt de 1,500,000 fr.

Hélas! les épreuves et les revers qui avaient commencé la carrière d'Arkwright frappèrent Richard Lenoir au déclin de la sienne. Les désastres de 1812 vinrent détruire ses filatures, anéantir son commerce, et le réduire à un état voisin de la pauvreté. Après avoir compté sous ses ordres vingt mille ouvriers et dépensé un million par mois, il mourut en 1839 dans une obscurité profonde, et se rappelant à l'heure suprême ces paroles de l'empereur : « C'est surtout par des hommes comme vous, Richard Lenoir, que la France est vraiment une grande nation. »

UNE ANGLAISE

S'il faut en croire les savants, la science décidément finira par tout expliquer, même les passions ! D'après certains adeptes, l'amour, oui, l'amour ne serait qu'une influence de fluides magnétiques dont on ne tardera pas à pouvoir se débarrasser en recourant aux passes par lesquelles les initiés réveillent les somnambules endormis.

Un rêveur a prétendu que la sympathie de deux escargots pouvait remplacer la poste et damer le pion au télégraphe électrique, cette merveilleuse conquête du dix-neuvième siècle. Quant aux visionnaires, aux Nostradamus, aux Mathieu Lænsberg et autres prophètes au petit pied, les médecins qui se sont occupés de la démence disent sans pitié que leurs visions sont des hallucinations, et leurs prédictions des bavardages de cerveaux malades. Ils font plus, hélas ! ils le démontrent. Bicêtre et Charenton sont pleins de pensionnaires qui voient des anges ou des démons, qui entendent des voix mystérieuses et qui prédisent l'avenir en termes presque aussi embrouillés que les véritables maîtres du genre.

Quoi qu'il en soit, voici, vaille que vaille, une histoire de visionnaire. L'époque où elle s'est passée n'est pas encore bien éloignée de nous. Cette histoire m'a été contée par un contemporain des deux héroïnes qui jouent un rôle dans le récit ; les noms de ces deux héroïnes se trouvent entourés d'une auréole de célébrité qui donnera peut-être un peu d'intérêt à l'histoire en question. Comme aimait à le dire mon illustre ami Carême, ce grand maître du premier des arts, de l'art culinaire : « Bien souvent la sauce fait passer le poisson. »

Vers le milieu de l'année 1795, ou, pour parler le langage de l'époque, en l'an III de la République française une et indivisible, peu de temps après la déplorable affaire de Quiberon, une femme fut faite prisonnière au moment où elle cherchait à pénétrer en France par les frontières suisses. Cette femme ne parlait pas le français. Lorsqu'on eut trouvé un interprète pour l'interroger sur les motifs qui l'avaient déterminée à tenter sans passeport une entreprise aussi périlleuse, elle répondit qu'elle s'exposait à tous ces dangers pour visiter le château où le barbare sir de Fayel avait fait manger à Gabrielle de Vergy le cœur de son amant. Une pareille allégation parut si ridicule qu'on ne put croire dans son bon sens la femme qui la faisait, et on expédia la prisonnière pour Paris, sous bonne escorte, comme une espionne de l'Angleterre. Elle arriva dans cette ville et fut déposée à la Conciergerie le jour même où Tallien disait à la tribune :

« Les flots ont rejeté sous le glaive de la loi ce vil ramas de stipendiés de Pitt, ces exécrables auteurs de tous nos maux ; ils ont osé remettre le pied sur la terre natale, la terre natale les dévorera..... »

Jugez donc quel accueil reçut à la Conciergerie la compatriote de Pitt ! On l'accabla de mauvais traitements, et on s'amusa sans pitié de ses terreurs exprimées dans un jargon entremêlé de rares paroles françaises étrangement estropiées. Quand on eut épuisé sur elle tous les modes de dérision et d'insultes on finit par la jeter dans le cachot le plus humide et le plus incommode de la Conciergerie. La porte de cette triste demeure n'avait pas plus de quatre pieds de haut, et il fallait, pour y entrer, se courber tout à fait; alors on se trouvait dans un lieu éclairé par une meurtrière horizontale haute de quatre pouces et large de quinze; l'eau suintait le long des murs et tombait sur un pavé de briques rouges; enfin, le mobilier se composait d'un lit de sangle et d'un paravent.

Le lit servait de couche et de chaise; avec le paravent, quand la détenue se déshabillait le soir, elle fermait à demi une fenêtre ouverte sur le cachot et qui laissait surveiller aux geôliers attablés dans la pièce voisine les moindres mouvements de la prisonnière.

L'étrangère, en pénétrant dans ce bouge effrayant, recula pleine de terreur et demanda si l'on n'avait point, pour une femme, de prison moins terrible. Pour toute réponse, le geôlier parodia le langage anglo-français de la pauvre effrayée et lui répliqua : « Vous madame Mylord, être bien difficile, puisque vous être dans le palais de madame Capet. »

Puis, charmé de cette plaisanterie qu'il trouvait excellente, il sortit et ferma la porte épaisse de huit à dix pouces que bardaient en outre de larges plaques de fer. Après quoi la prisonnière entendit grincer trois ou quatre gros verrous, et le geôlier se mit à conter à ses collègues qu'il était allé rejoindre, comment il avait drôlatiquement répondu à la Goddam.

Cependant l'étrangère s'était agenouillée et regardait autour d'elle avec une pieuse émotion; chacun des objets de ces tristes lieux devenait tour à tour pour elle l'objet d'une respectueuse attention.

« Je me plaignais, s'écria-t-elle, je me plaignais d'être jetée dans ce cachot, et ce cachot fut celui de la fille de Marie-Thérèse! de la reine de France! de la belle, de la noble Marie-Antoinette! Je cherchais des aliments à mes émotions; j'ai entrepris un voyage en France pour visiter les lieux célèbres par les souvenirs douloureux qu'ils rappellent... Le sort me sert à souhait, et voilà qui vaut bien le château du sire de Fayel et sa terrible histoire de cœur sanglant. Oh! je sens mon imagination s'exalter; jamais une inspiration plus vive et plus grande ne s'est emparée de mon esprit. A l'œuvre! car le roman que j'ai commencé en Suisse ne pouvait s'achever dans des lieux plus propres à inspirer des pensées émouvantes et terribles. »

Elle tira de sa poche un petit rouleau soustrait jusqu'alors à l'attention des geôliers et passa la main sur son front; elle s'approcha de la meurtrière le plus possible, afin de ne rien perdre du peu de jour que cette ouverture laissait pénétrer dans le cachot, prit un crayon et se mit à écrire rapidement et à couvrir dix ou douze pages de lignes serrées entre elles, et formées par des caractères pour ainsi dire microscopiques. Elle ne s'arrêta qu'à la nuit. Alors, comme elle se disposait à reployer le manuscrit et à le renfermer dans sa poche, elle sentit une rude main saisir la sienne et lui arracher les papiers... Le geôlier était entré doucement dans le cachot sans que la prisonnière, préoccupée par son travail, eût entendu les pas de l'espion.

« Ah! ah! madame Goddam, cria-t-il d'une voix triomphante, vous croyez pouvoir griffonner à l'aise du papier, tramer à votre guise des complots contre la République, et entretenir des intelligences avec les ennemis de la nation! Nous verrons cela! Les lettres que je tiens seront remises aujourd'hui même au citoyen Tallien, et nous saurons ce que vous vaudra cette nouvelle tentative contre la liberté, entendez-vous, misérable agent de Pitt et de Cobourg? »

En effet, le soir même Tallien reçut le manuscrit de l'étrangère. Comme il ne savait pas lire l'anglais, il sonna et demanda son secrétaire. Sur la réponse du domestique que le secrétaire n'était pas rentré, il prit les papiers et passa dans l'appartement de sa femme. Celle-ci terminait sa toilette, et le conventionnel oublia d'abord quelques instants les motifs qui l'avaient fait sortir de son cabinet, quand il se trouva en face de la ravissante créature. A demi penchée dans une attitude charmante, elle nouait autour de sa jambe et enlaçait aux doigts de ses pieds chargés de bagues les bandelettes étroites d'un cothurne de pourpre. Sa tunique, de forme rigoureusement grecque, laissait complétement nus ses bras, se rattachait sur l'épaule par une agrafe de diamants et voilait à peine sa poitrine. Enfin ses cheveux, noués comme ceux de la Polymnie du Louvre, s'harmonisaient, de la façon la plus voluptueuse, avec des traits d'une pureté grecque, et servaient admirablament une physionomie qui rappelait à la fois la Niobé antique et les traits charmants de mademoiselle Mars, alors si jeune et si belle.

A la vue de son mari, madame Tallien jeta un de ces petits cris de gracieuse frayeur que la surprise arrache aux femmes.

« Quel sujet si grave vous fait ainsi à l'improviste pénétrer dans mon cabinet de toilette? demanda-t-elle en souriant.

— On vient de saisir sur une espionne des papiers qui renferment, dit-on, les preuves d'un complot dangereux. Mon secrétaire est absent : comme ces papiers sont écrits en anglais, je viens vous prier de me les traduire. »

Madame Tallien prit le manuscrit, le parcourut des yeux et lut d'une voix railleuse :

« Le vent jette ses plaintes mélancoliques à travers le « feuillage, l'orfraie se lamente, et la pluie tombe sur la « terre à grands flots. La terreur que m'inspire ma prison « devient plus affreuse encore ; des fantômes semblent « surgir de toutes parts et agiter leurs blancs suaires! Oh! « que le malheur appuie sur mon front une main froide « et sans pitié!

« Ainsi parlait Julia, et ses mains tremblantes se promenaient avec effroi, en tâtonnant sur les murs humides « des souterrains du château de Mazini... »

— Voilà un singulier complot, interrompit madame Tallien : voyons l'enveloppe... : Chapitre XII. — *Le souterrain du château de Mazini*... Puis un nom de femme : Anne Radcliffe... Oui, c'est le nom de la suspecte... Radcliffe? Vite, citoyen, un ordre de mise en liberté ! vite, qu'on délivre cette femme ! qu'on me l'amène. C'est la grande romancière de l'Angleterre ! c'est l'auteur célèbre des *Mystères d'Udolphe*, et non pas une espionne, encore moins une conspiratrice. »

Alors Tallien se rappela le but romanesque du voyage entrepris par l'étrangère, reconnut également la méprise de son agent et la sienne, et se prit à rire de la meilleure grâce du monde.

Puis il donna des ordres pour que l'on mît sur-le-champ en liberté Anne Radcliffe et qu'on l'amenât chez madame Tallien.

Celle-ci, oubliant sa toilette et le bal dont elle se faisait tout à l'heure une fête, se mit à parcourir l'appartement avec tous les témoignages d'une joie enfantine et d'une vive curiosité. Elle allait voir enfin et d'une manière aussi piquante qu'inattendue l'auteur dont les romans l'avaient tant de fois émue par des récits étranges, des apparitions de fantômes et des prisonniers morts de faim en d'horribles cachots ! Elle comptait les instants, elle interrogeait sans cesse l'aiguille de la pendule... Enfin, un bruit de voiture se fit entendre dans la cour de l'hôtel. Madame Tallien s'élança, une porte s'ouvrit et les deux femmes célèbres se trouvèrent en face l'une de l'autre.

Mistriss Anne Radcliffe s'arrêta éblouie par la lumière du salon, qui blessait ses yeux encore tout chargés de l'humide obscurité de la Conciergerie ; madame Tallien recula surprise et pour ainsi dire consternée devant la singulière figure qui se tenait devant elle.

En effet, jamais contraste plus complet et plus absolu n'exista entre deux femmes.

Je l'ai dit, madame Tallien ressemblait, avec sa tunique de gaze, à une statue grecque, belle et animée. Un art merveilleux et savant faisait valoir les moindres perfections de sa taille souple, de son pied mignon et de son bras voluptueux. Les diamans enlacés à sa chevelure brillaient moins que son œil de créole, et les plus prévenus contre elle ne savaient point résister à la grâce de son sourire. Chez Anne Radcliffe, au contraire, tout se trouvait sec, froid, roide, anguleux, négligé outre mesure. Les désordres de toilette, inévitables résultats de son arrestation, de son voyage et de sa captivité, faisaient vraiment de cette étrangère quelque chose de bizarre et d'inouï ; enfin, quoiqu'elle ne comptât guère que trente-deux ans, on aurait pu sans peine et sans trop de libéralité, en ce moment, lui en supposer quarante.

Un peu revenue de sa première surprise, madame Tallien s'avança vers l'étrangère et lui dit en anglais combien elle s'estimait heureuse d'avoir fait mettre en liberté et d'accueillir chez elle un écrivain aussi célèbre que mistriss Anne Radcliffe.

L'Anglaise exprima en bons termes sa reconnaissance, puis toutes deux prirent place devant la cheminée, dont la flamme claire et la chaleur vivifiante firent un grand plaisir à la prisonnière délivrée et lui rendirent une activité d'esprit que le froid de son cachot semblait avoir engourdie.

Bientôt une conversation vive, piquante, intime, pleine de charme et d'abandon, s'établit entre ces deux femmes, et ne fut interrompue que par l'ordre que donna madame Tallien à sa femme de chambre de faire dételer sa voiture et de tenir sa porte fermée à tous les visiteurs.

Mistriss Anne Radcliffe avait beaucoup voyagé et parlait de ses voyages avec grâce et originalité : personne ne savait mieux écouter et ne prenait plus de plaisir à écouter que madame Tallien dont l'esprit se trouvait rehaussé par la plus charmante paresse. L'entretien se prolongea donc fort avant dans la soirée ; elles oublièrent l'heure, et au moment où mistriss Radcliffe racontait je ne sais quelle hardie équipée de son voyage en Suisse, la pendule du salon sonna tout à coup minuit... Un frisson parcourut les membres de l'étrangère, son visage se couvrit de pâleur, elle s'interrompit et porta autour d'elle des regards pleins d'effroi et d'égarement. On aurait dit que les fantômes se tenaient devant elle; elle les suivait de ses yeux, elle tremblait, elle se cachait la tête dans les mains, et plus d'un quart d'heure se passa dans cette agitation. La terreur avait presque gagné madame Tallien elle-même, qui ne savait quel parti prendre et qui n'osait pas adresser la parole à mistriss Radcliffe. Enfin, celle-ci se leva par un mouvement brusque, ouvrit la porte, la montra du doigt, ordonna de sortir à un être quelle nomma du nom de Henry, puis elle parut éprouver un grand soulagement.

« Enfin, s'écria-t-elle, il est parti ! »

Alors une crise nerveuse la saisit, et, secouée par de

violentes convulsions, elle tomba aux pieds de madame Tallien, qui lui prodigua les soins les plus tendres.

Lorsque la malade revint à elle, ses regards se portèrent avec surprise sur la belle et affectueuse créature qui la secourait. Elle sembla rappeler des souvenirs qui lui échappaient et reconnut enfin celle qui la tenait dans ses bras: alors ses larmes coulèrent avec abondance, elle cacha sa tête dans le sein de madame Tallien et murmura:

« Oh! c'est un horrible secret! »

Madame Tallien, sans paraître remarquer les paroles échappées à l'étrangère, essaya de lui rendre du calme; quand elle fut parvenue à l'apaiser un peu, elle la conduisit elle-même à l'appartement qu'elle avait fait disposer à l'avance pour celle que le hasard lui avait confiée d'une manière si imprévue.

Le lendemain, mistriss Radcliffe parut dans le salon de madame Tallien, lorsque celle-ci l'eut fait prévenir qu'elle pouvait la recevoir. Calme et reposée, vêtue à la française, elle paraissait plus jeune de dix ans, et ne manquait vraiment pas d'une certaine beauté sous le costume nouveau qu'elle avait adopté.

Elle ne dit pas un mot de la scène de la veille, se montra gaie, spirituelle, aimable, et prit à la conversation, qui se tenait en anglais, une part active et animée; seulement, quand l'horloge sonna onze heures et demie, elle pâlit, devint pensive et disparut peu d'instants après.

Il en fut de même le lendemain et les jours suivants.

Ce mystère intriguait beaucoup madame Tallien, mais

elle avait trop de tact et respectait trop les convenances pour interroger à ce sujet l'étrangère confiée à son hospitalité.

Un mois s'écoula de la sorte, au bout duquel mistriss Anne Radcliffe, un soir qu'elle se trouvait seule auprès de madame Tallien, ne put s'empêcher de témoigner le chagrin qu'elle éprouvait de se voir retenue prisonnière en France et de ne pouvoir retourner dans sa patrie.

Aussitôt madame Tallien se leva, alla prendre des papiers que renfermait un des meubles de forme grecque qui se trouvaient alors à la mode, et les remit à l'étrangère. C'était un passe-port daté du soir même où mistriss Radcliffe était sortie de la Conciergerie.

« Puisque vous voulez quitter vos amis de France, dit madame Tallien en souriant, partez, ingrate ! »

L'Anglaise prit les belles mains de sa bienfaitrice et les porta tendrement à ses lèvres.

« Oh ! non, pas ingrate ! répliqua-t-elle. Mais voici la fin de l'année qui arrive, et un devoir pieux, un devoir solennel m'appelle dans mon pays. Il y a, au fond d'un pauvre village près de Londres, deux tombes qui, pour la première fois depuis cinq ans, resteraient sans fleurs et sans prières, si le 25 décembre je ne retournais pas dans mon pays. C'est une fatale histoire que je dois vous confier, ajouta-t-elle en baissant la voix, car je n'ai plus d'autre secret pour vous que celui-là. Écoutez. »

Elle passa la main sur son front, et parut agitée d'une émotion douloureuse et violente.

« Il y a dix ans, commença-t-elle, je vivais près d'une

tante malade qui avait obtenu de ma mère de me garder chez elle pour la soigner dans ses vieux jours, lui fermer les yeux et hériter après sa mort de sa fortune assez considérable. Dix-huit mois s'étaient écoulés depuis que j'avais quitté ma famille, lorsqu'un jour un jeune homme vint me rendre visite, et m'apporter des nouvelles de ma mère et de ma sœur. Je fis l'accueil le plus affectueux à celui que me recommandaient vivement et comme un frère les deux êtres que je chérissais le plus au monde. Il vint souvent me voir, me parler de son amour, et se fit aimer. J'avais besoin d'épancher mon cœur trop plein de bonheur dans le cœur d'une amie ; j'écrivis donc à ma sœur mon amour pour Henry Froumeuth, et je lui parlai de nos projets de mariage... Quatre jours après, je reçus de ma mère une lettre où elle disait :

« Ta sœur est morte! ta sœur s'est empoisonnée.
« L'homme que tu aimes était son fiancé. Adieu je ne
« survivrai pas moi-même au malheur qui me frappe.
« Dieu me pardonne, car je vais mourir comme ta sœur ! »

« Je partis pour la maison de campagne qu'habitait ma mère, à huit milles de Londres. Hélas ! la lettre n'avait dit que trop vrai : il ne me restait plus que deux cadavres !

« Quand je revins, quatre jours après, à Londres, Henry se présenta chez moi, pâle et dans un état d'agitation effrayante.

« — Anne, me demanda-t-il d'une voix lugubre, m'aimez-vous encore ?

« — Malédiction sur le traître et sur l'assassin ! m'écriai-je.

« — Écoute, dit-il, tu m'as tué et je mourrai bientôt, mais la mort ne te délivrera pas de mon amour, car mon âme s'attachera à toi et ne te quittera qu'au jour où le cercueil se refermera sur toi-même.

« Je lui ordonnai par un geste de sortir. Il m'obéit silencieusement. Le lendemain il se présenta chez moi. Je défendis qu'on le laissât entrer... Il revint chaque jour ainsi, sans jamais pouvoir pénétrer jusqu'à moi... Un soir, on trouva son cadavre étendu sur le seuil de la maison de ma tante... Depuis ce temps, tous les soirs, à minuit, il vient, il me tend les bras, il m'appelle, et je suis obligée de le chasser. Ni le travail, ni les voyages, ni les distractions n'ont jamais pu me soustraire à cette effroyable apparition. »

Elle cacha son visage dans ses mains, car la pendule sonna tout à coup minuit...

« Henry ! Henry ! s'écria-t-elle, je vous maudis ! n'espérez de moi ni pardon ni prières ; retournez dans l'enfer qui vous a vomi. C'est de ma mère et de ma sœur que vous devez attendre votre pardon ! »

Et elle retomba dans une crise nerveuse semblable à celle dont madame Tallien avait déjà été témoin le jour de l'arrivée de mistriss Anne Radcliffe.

L'étrangère partit le lendemain pour Londres, où elle publia successivement les *Mystères d'Udolphe* et l'*Italien, ou le Confessionnal des Pénitents noirs*.

Nous ne pouvons guère juger aujourd'hui de l'effet que produisirent ces romans à l'époque de leur apparition. Néanmoins tous les témoignages des critiques contemporains s'accordent à dire que ces livres obtinrent un succès immense, inouï, et, selon les apparences, non moins grand que la popularité dont Walter Scott jouit de nos jours.

Voici, du reste, comment Marie-Joseph Chénier apprécie le talent de cette femme dans son *Tableau historique de la littérature française.*

« Les divers romans d'Anne Radcliffe offrent des caractères fortement prononcés, des situations terribles que l'auteur amène et accumule, au hasard de s'en tirer péniblement ; de belles descriptions de l'Italie et du midi de la France ; d'énergiques tableaux, de vrais coups de théâtre, et même quelques tons de Shakespeare, de ce génie éminemment anglais qui, depuis deux siècles, féconde encore dans sa patrie tous les champs de l'imagination. Ces romans, considérés dans leur ensemble, se rattachent à une seule idée d'un grand sens. Partout le merveilleux domine ; dans les bois, dans les châteaux, dans les cloîtres, on se croit environné de revenants, de spectres, d'esprits célestes ou infernaux ; la terreur croît, les prestiges s'entassent, l'apparence acquiert presque de la certitude, et quand le dénoûment arrive, tout s'explique par des causes naturelles. Délivrer les esprits crédules du besoin de croire aux prestiges est un but très-philosophique, mais les plans n'ont pas l'étendue et la portée dont ils étaient susceptibles.

« L'exécution en serait tout à la fois plus originale et plus utile, si le lecteur était forcé de rire des choses qui lui ont fait peur. Tout ce qui blesse la raison, tout ce qui tend à la dégrader est justiciable du ridicule ; ses traits sont les plus fortes armes contre les sottises importantes. Horace l'a dit, et Voltaire l'a prouvé. Le genre d'Anne Radcliffe n'exige que des facultés médiocres, aussi n'a-t-elle pas manqué d'imitateurs. »

Aujourd'hui les romans d'Anne Radcliffe ne nous paraissent plus que l'œuvre d'une imagination malade, dévergondée, pleine d'hallucinations et de folie. Ses plans décousus ne manquent pourtant pas d'une sorte d'intérêt, de surprise et de mélodrame. Les caractères des personnages ne présentent aucune vérité d'observation, mais on y reconnaît partout les caprices d'une fantaisie déréglée, et d'une complète dépravation de sens et de goût.

Anne Radcliffe se maria en 1807, sans pouvoir, par son mariage, se soustraire aux hallucinations qui la poursuivaient. Retirée à Lincoln, près de Londres, elle y mourut le 7 février 1823, à l'âge de soixante-trois ans. Le *New-Monthly-Magasine*, du mois de mai 1823, annonce cette nouvelle de la manière suivante :

« La littérature anglaise vient de perdre mistriss Anne Radcliffe, auteur de plusieurs romans estimés. Sa mort a été accompagnée des singulières visions qui l'avaient poursuivie depuis un événement romanesque de sa jeunesse. »

FOURCROY

Il y a de grands noms que la calomnie à entachés d'imputations absurdes et infâmes, sans que le temps lui-même ait pu parvenir à les effacer. Semblables à ces mutilations faites par les barbares aux statues antiques, elles les défigurent, elles leur ôtent de leur valeur, elles ne permettent pas d'en comprendre la sublime beauté: d'un chef-d'œuvre elles font presque un grotesque ridicule, ou un épouvantail odieux.

Parmi les plus illustres victimes qui portent ainsi les stigmates de la haine et du mensonge il faut citer Fourcroy. — Fourcroy, dont toute la vie fut pure, honorable, dévouée, marquée chaque jour par un service rendu à la science.

Une stupide tradition l'accuse d'avoir contribué à la condamnation de Lavoisier !

Cet affreux reproche, inséparable du nom de Fourcroy, ce malheur qui poursuit le savant, même après sa mort, est l'histoire de toute sa vie marquée au sceau de la fatalité, depuis le jour de sa naissance jusqu'au moment où il termina sa longue et pénible carrière. Son père exerçait à Paris l'état d'apothicaire, mais en vertu d'une charge qu'il tenait de la maison d'Orléans. La corporation des pharmaciens obtint la suppression générale de ces sortes de charges. Cet événement détruisit brusquement tout le présent et tout l'avenir de la famille Fourcroy; la misère y prit la place de l'aisance, et la mère du pauvre enfant, comme lui frêle et délicate, astreinte aux plus rudes travaux, réduite à se passer de servante et à aller tirer elle-même, de ses petites mains mignonnes et de ses bras délicats, les pesants seaux d'un puits, se rompit un vaisseau dans la poitrine et mourut. Antoine Fourcroy avait alors sept ans. Sept ans! A cet âge un pauvre petit garçon a bien encore besoin d'une mère qui le console par ses baisers des amères contraintes de l'étude, de la vie de travail et de la réalité. Un enfant oublie le soir, le maître, les leçons, la captivité de la classe, les livres en langue étrangère et les souffrances des pensum, quand il revient près de sa mère, lorsqu'il entend sa douce voix, lorsque cette amie remplace le pain vieux et sec de la pension par quelque bonne friandise, lorsqu'elle le plonge dans un bon petit lit dont elle rassemble autour de la chère créature les plis bien chauds et bien doux. La mère de Fourcroy lui prodiguait tous ces trésors d'une tendresse extrême. Elle pardonnait presque à la misère et à la souffrance, puisqu'elle parvenait à les tenir écartées de son fils. Aussi, lorsque des hommes noirs vinrent en chantant chercher le corps de la sainte femme enfermé dans un cercueil, le pauvre enfant comprit qu'il ne lui restait plus aucune joie au monde et voulut mourir aussi. Il se jeta donc dans la fosse où l'on venait de descendre la bière ; il cria donc au bon Dieu de l'appeler à lui ; il lui demanda de réunir l'orphelin à sa mère. Un étranger vint le prendre par le bras, l'arracha de force loin de ces tristes lieux et le conduisit dans un collége. Là, point de soins maternels, point de caresses, point d'affection ! Une loi commune, sévère, impassible, — une loi enfin, ce mot dit tout, régit chacun. Il faut s'y soumettre, ou bien le châtiment est là ; le châtiment qui tient lieu de persuasion, de raisonnement, de conviction ! Une mélancolie profonde s'empara d'Antoine : quand il n'étudiait pas, il pleurait. On lui fit un crime de ses larmes et l'on employa pour le consoler le moyen universel, le spécifique général et infaillible du collége : le châtiment. Quand le préfet des études surprenait Fourcroy à pleurer, il le faisait fustiger ; cependant le jeune garçon se distinguait parmi ses camarades, obtenait de bonnes places dans les concours, se montrait docile, laborieux... Mais il pleurait et le préfet ne voulait pas qu'il pleurât ; il ordonnait donc qu'on le battît.

Ce fut au milieu de cette vie brisée par un stupide et brutal despotisme que Fourcroy atteignit sa quatorzième année. Alors son père, sur qui l'adversité ne se lassait pas de frapper de nouveaux coups, tomba malade et se vit dans l'impossibilité de payer désormais le prix de la pension de son fils. Le préfet se trouva charmé de renvoyer un écolier que les verges n'avaient pu rendre à la gaieté et lui apprit qu'il fallait qu'il retournât chez ses parents. Un domestique le ramena à son père : celui-ci n'avait pas de pain à donner à ses autres enfants ! Antoine, quoique bien jeune encore, trouva dans cette terrible position une énergie au-dessus de son âge. Il déclara que non-seulement il ne voulait pas augmenter la misère de sa famille, mais qu'il était même résolu à tout tenter pour l'en faire sortir. Il alla donc, lui pauvre enfant, inconnu et timide, demander de porte en porte du travail et du pain. Un épicier du voisinage le prit dans sa boutique pour lui copier ses mémoires et enseigner la lecture et l'écriture à ses enfants. Durant quatre années, Fourcroy fit ce misérable métier : enfermé tout le jour dans le comptoir du marchand, le soir il s'efforçait d'éduquer les deux stupides bambins dont l'intelligence étroite et terne ne pouvait rien refléter des enseignements de celui qui devait un jour rassembler, au pied de sa chaire, tout ce que la France comptait de glorieux et de savant. L'épicier accusa le maître de l'incapacité de ses enfants et il le mit à la porte.

Fourcroy se trouva, en sortant de chez l'imbécile bourgeois, aussi pauvre que le jour où il y était entré ; car le peu d'argent reçu durant ces quatre dures années avait servi à soulager la misère de ses sœurs et de son père, atteint d'une maladie incurable. N'osant affliger sa famille de la fatale expulsion qui le laissait sans ressource, il se mit à errer au hasard dans les rues de Paris, se trouva en face d'un petit théâtre, et par une bizarrerie qu'explique le désordre dans lequel se trouvaient ses idées, il employa la seule pièce de trente sous qui lui laissait la chance d'avoir du pain pour le lendemain à acheter un billet de parterre. Il n'avait jamais assisté à la comédie, et ce spectacle le charma tellement, qu'il conçut le projet de se faire comédien ; comme il était prompt et résolu dans ses desseins, il alla trouver aussitôt le directeur et lui demanda d'entrer dans sa troupe. Le directeur était Audinot; il se laissa conter l'histoire du jeune homme, lui fit réciter quelques tirades, et lui proposa d'entrer parmi les figurants, avec promesse de confier un petit rôle au nouveau coryphée dès qu'il aurait acquis un peu l'habitude des planches. Fourcroy accepta; la misère lui laissait-elle le droit de refuser? Pendant un mois il parut le soir sur le théâtre, affublé des haillons de Turc ou de brigand, car les Turcs et les brigands étaient alors à la mode aux petits théâtres de Paris.

Cependant cette vie de désordre et de crasseuse pauvreté allait mal à Fourcroy, et il la supportait avec impatience. Un jeune homme avec lequel il s'était lié d'amitié et qui, poussé comme lui par une fausse vocation dramatique, figurait dans les chœurs, obtint sur ces entrefaites ce que désirait avec tant d'ardeur l'apprenti comédien. Il obtint un rôle et débuta; mais ce début fut accompagné de circonstances si humiliantes, on siffla le pauvre garçon avec tant d'acharnement, on lui jeta tant de pommes, que Fourcroy quitta ce soir-là le théâtre pour n'y plus rentrer. Il préférait le travail le plus humiliant aux chances d'une pareille avanie, qu'il fallait supporter en face et sans vengeance.

Le célèbre médecin Vicq d'Azir donnait gratuitement ses soins au père de Fourcroy. Il se trouvait près de son malade lorsque le jeune homme vint raconter à celui-ci qu'il ne voulait plus de la vie de théâtre. Vicq d'Azir l'encouragea dans cette bonne résolution, le fit jaser, remarqua en lui de l'intelligence, et proposa de le prendre comme secrétaire. Vous jugez avec quelle joie Antoine accepta cette offre, qui lui ouvrait un paradis! Le voilà donc qui entre chez Vicq d'Azir, qui travaille le jour pour son maître, et la nuit pour son propre compte. Rien ne le rebute, rien ne le fatigue; toujours une plume ou un scalpel à la main, logé dans une mansarde tellement étroite, que sa tête, coiffée à la mode de ce temps, ne peut passer qu'en diagonale à travers la lucarne lorsqu'il veut un peu respirer à l'aise, il lutte ardemment contre les obstacles qui ferment le chemin, et se crée encore cent ressources pour venir en aide à son père. Il prépare des squelettes qu'il vend, donne des leçons et traduit des romans anglais pour un libraire. Mais ce libraire refuse de donner au jeune homme la somme qu'il lui a promise; le fripon prétend ne s'être engagé qu'à payer la moitié de cette somme... C'était deux cents écus, je crois. La déloyauté du misérable faillit exercer sur la destinée de Fourcroy une bien fatale influence. Il était à la veille de se faire recevoir médecin patenté. Le brevet de docteur revenait alors à plus de six mille francs, et les six cents livres du libraire devaient servir à compléter une somme aussi considérable, dont Vicq d'Azir, qui lui-même n'était pas riche, fournissait la moitié.

Un ancien médecin, le docteur Dietz, avait laissé des fonds à la Faculté pour qu'elle accordât, tous les deux ans, des licences gratuites à l'étudiant pauvre qui les mériterait le mieux. Fourcroy résolut de concourir pour cette espèce de prix, et il y apportait des droits incontestables. Mais, par malheur, il existait alors une querelle ridicule entre la Faculté chargée de l'enseignement de la médecine et de la collation des grades, et une commission que le gouvernement venait d'établir pour recueillir les observations propres à reculer les bornes de l'art. Or, Vicq d'Azir faisait partie de cette commission, et se trouvait même revêtu du titre de son secrétaire. La Faculté se vengea du maître sur l'élève, et, malgré la supériorité de Fourcroy sur tous ses concurrents, lui refusa les licences gratuites. Jugez de son désespoir! La société médicale s'empressa généreusement d'acheter à Fourcroy le diplôme dont on le privait si lâchement. Il devint docteur, mais il ne put se faire nommer *docteur régent;* le titre lui en fut refusé à l'unanimité par les examinateurs. Cet acte inique et honteux empêcha Fourcroy, dans la suite, de professer aux écoles de médecine, « et donna, dit Cuvier dans son *Éloge de Fourcroy*, à cette compagnie, le triste agrément de ne point inscrire dans ses registres le nom de l'un des plus grands professeurs de l'Europe. »

Cependant ces tristes débats avaient attiré l'attention sur le jeune médecin. Le célèbre professeur de chimie Bucquet l'appela près de lui et le proclama son élève et son continuateur. Souvent il obligea Fourcroy à monter en chaire et à professer à sa place. Chaque fois, le suppléant montra tant d'éloquence et de savoir, que Buffon vint plusieurs fois prendre place parmi les auditeurs que la réputation naissante de Fourcroy attirait à la Sorbonne. Antoine ignorait cet honneur ; timide, se défiant de sa prope valeur, il ne comprenait ni la réalité, ni l'étendue de ses succès. Un matin, de très-bonne heure, on frappe à la porte de son unique et petite chambre. Il quitte le lit dans lequel il travaillait faute de feu, court ouvrir la porte, et se trouve face à face avec un inconnu.

« Monsieur, lui dit ce dernier, je vous éveille un peu matin, mais le motif de ma visite en excusera l'indiscrétion. Je viens vous annoncer que vous êtes nommé professeur de chimie au Jardin des Plantes, en remplacement de Macquert, mort depuis deux jours. »

Et comme Fourcroy, interdit, confondu, balbutiait, pleurait et ne savait que répondre :

« Monsieur, ajouta l'inconnu, que la joie et la stupéfaction du jeune homme amusaient et touchaient à la fois, le comte de Buffon vous attend à déjeuner. Je me mets à table à dix heures. »

Je ne vous ferai point suivre pas à pas les travaux scientifiques de Fourcroy ; ils embrassent l'histoire naturelle, l'anatomie, l'hygiène, la chimie.

Deux fois on fut obligé d'agrandir l'amphithéâtre du Jardin des Plantes pour recevoir la foule des auditeurs qui s'empressaient à ses leçons !

La Révolution survint, et dans son terrible tourbillon elle arracha Fourcroy de sa paisible et glorieuse chaire, pour le jeter sur les bancs de la Convention nationale. Il eut la triste destinée d'y succéder à Marat, et l'homme de science et de raison prit place là où s'asseyait naguère le féroce et ignorant démagogue. Sans doute Fourcroy se vit forcé de faire des concessions à l'ignoble langage du temps et de se plier en apparence aux mœurs brutales de ses collègues, mais il ne se servit jamais de son pouvoir que pour arracher des victimes au bourreau. Darcet lui dut la vie, et il fit pour sauver Lavoisier tous les efforts possibles; mais Lavoisier appartenait à une famille de fermiers généraux, il l'avait été lui-même, et rien ne pouvait le protéger. Fourcroy eut donc la douleur de voir périr son rival, et de s'entendre accuser de sa mort. Un jour qu'il professait au Jardin des Plantes, il prononça le nom de Lavoisier. Aussitôt un murmure sourd se répandit dans l'auditoire et une voix osa s'élever pour s'écrier :

« Assassin! »

Fourcroy se leva pâle, mais avec la noble fierté de l'innocence; il jeta un regard ferme sur son auditoire et répéta lentement le nom de Lavoisier. Des applaudissements unanimes lui répondirent cette fois et protestèrent contre l'insulte et la calomnie qui venaient de frapper l'illustre professeur.

Cependant cette pensée qu'on l'accusait d'un crime dont il détestait la pensée et auquel il s'était opposé, remplissait sa vie d'amertume et donnait à son caractère une mélancolie acerbe dont il n'était pas toujours maître. A force d'injustices on l'avait presque rendu injuste; il reçut avec indifférence tous les honneurs dont on récompensa son haut mérite. Membre du Conseil des anciens, appelé au Conseil d'État, directeur général de l'instruction publique, on lui doit l'institution des trois écoles de médecine de Paris, de Montpellier et de Strasbourg. Par ses soins on fonda trente lycées, douze écoles de droit, et plus de trois cents colléges. Les règlements de toutes les écoles étaient de lui; car il professait que l'État doit l'instruction au peuple, et qu'éclairer les classes pauvres, c'est les améliorer.

Pour récompense de tant de nobles efforts, lors de la création de l'Université, non-seulement un autre reçut le titre de grand maître et recueillit le fruit des travaux de Foucroy, mais encore on obligea celui qui depuis cinq ans remplissait les fonctions de directeur de l'instuction publique à quitter le poste qu'il avait occupé d'une manière éminente et avec tant de profit pour le pays. On ne borna point là cette double injustice et les mauvais procédés contre Fourcroy : tous les conseillers d'État reçurent des dotations; lui seul resta excepté de cette faveur. Ce fut un coup mortel que cette dernière preuve de la disgrâce de l'Empereur qu'il avait encourue. Il ne tarda point à éprouver des palpitations violentes, et le premier il reconnut dans ces symptômes alarmants les ravages déjà caractérisés d'un anévrisme au cœur. Le savant médecin ne pouvait se méprendre sur la gravité de sa maladie, et il se résigna à mourir avec un courage et une sérénité que n'aurait point éprouvés une âme chargée de remords. Il travaillait comme d'habitude, vivait fort retiré, et consacrait à sa famille tout le temps qu'il ne donnait pas à l'étude. Malgré la violence des douleurs qu'il éprouvait, son caractère se montrait d'une douceur que Fourcroy n'avait pas toujours gardée pendant qu'il se trouvait au pouvoir. Enfin, le 16 février 1809, au moment où toute sa famille entrait chez lui avec des fleurs pour célébrer le jour de sa fête, il quittait la table sur laquelle il écrivait pour tendre la main à toutes ces mains qui s'étendaient vers lui; lorsque tout à coup il s'écria : « Je suis mort ! » et tomba sans mouvement aux pieds de ceux qui venaient l'embrasser.

Dieu l'avait rappelé à lui, pour lui tenir compte des souffrances et des épreuves par lesquelles il lui avait fait expier ici-bas le triste sort de sa supériorité intellectuelle. Et quelles épreuves, hélas ! sont plus terribles et plus redoutables que la calomnie, la calomnie qui s'assied sur un cercueil et qui poursuit sa victime, même après la mort !

QU'IL NE FAUT PAS LIRE

SI L'ON A PEUR DU CAUCHEMAR.

Il y a dans Paris des hommes qui se sont conquis, à force de mérite et de travail, les quatre bonheurs les plus enviés ici-bas : la science, la considération, la renommée et la fortune. Presque tous n'ont pu arriver à ce but qu'après avoir traversé les premières périodes de l'âge mûr. Vous allez croire sans doute qu'ils jouissent paisiblement de ces victorieux moyens de bien-être, et qu'arrivés au sommet des désirs humains, ils s'arrêtent pour se reposer.

Écoutez-moi bien : Je connais un de ces hommes, — et c'est là l'histoire de presque tous ; — il se fait éveiller à quatre heures du matin, afin de trouver deux heures durant lesquelles il puisse écrire les idées hardies et puissantes amassées dans son cerveau. S'il ne prenait point avec tant de courage sur son sommeil, le jour où la mort le frapperait il ne resterait de sa science rien qu'un nom; ses immenses travaux demeureraient perdus pour sa gloire; chaque jour on en recuillerait les bienfaits sans savoir à qui on les doit. Ces deux heures, on les lui dispute, et la plupart du temps il faut qu'il les cède. Avant qu'il fasse jour, souvent même au plus profond de la nuit, on accourt chez lui, on l'éveille, on l'appelle à grands cris, avec du désespoir et des larmes. Alors il quitte tout, repos et travail, car là où on l'appelle, il y a des souffrances à soulager et du bien à faire. Le voilà donc qui se jette dans sa voiture et qui court, au plus vite galop de son admirable attelage, porter le soulagement et la vie au chevet d'un mourant. Tandis qu'avec le merveilleux diagnostic qu'il doit à son organisation supérieure plus encore qu'à ses études, il reconnaît la cause du mal et indique les moyens de le combattre, on est venu plusieurs fois l'interrompre et l'appeler. D'autres créatures qui souffrent réclament son aide. Il ne peut pas faire un pas sans que l'on sache d'où il vient et où il va; on le poursuit, on le réclame partout.

La matinée se passe ainsi : quand arrive l'heure de son cours à l'hôpital qu'il dirige, souvent il n'a point encore pris d'aliment. Le savant docteur qui prescrit d'admirables règles d'hygiène les néglige pour lui-même. N'importe ! Il s'essuie le front et il déjeune debout et à la hâte. Tout en allant de lit en lit, ses élèves le suivent et recueillent avec respect ses moindres paroles, car chacune d'elles jette une puissante clarté dans la science chirurgicale. Un Spartiate s'étonnerait devant son laconisme, qui dit tout avec le moins de mots possible. La clinique terminée, il professe une courte leçon, et, entouré de personnes qui viennent réclamer ses soins pour des malades, il traverse la cour de l'hospice suivi d'une véritable foule. Il écoute, comprend, répond, promet, prescrit, s'élance dans sa voiture et se rend chez lui, où son antichambre, son salon et sa salle à manger regorgent de personnes qui l'attendent avec anxiété. Il reçoit tour à tour dans son cabinet chacun des clients, et malgré les maladies étranges, diverses, opposées qui viennent successivement lui présenter leurs symptômes multiples et mystérieux, jamais son attention ne se fatigue, jamais la netteté de son coup d'œil ne s'obscurcit. Et pourtant voilà que de toutes parts on vient le réclamer et l'arracher à sa consultation. Il ne se trouble point, il ne s'effraye point ; il reste calme, patient, serein et lucide. Enfin, à quatre heures, il remonte en voiture. L'attelage que l'on met à cette voiture est le troisième qu'il va fatiguer depuis le matin. Il recommence à courir Paris. Je n'ai jamais pu découvrir à quelle heure et comment il dîne : ni la famille, ni les affections, ni le bonheur d'une soirée au coin du feu ne lui sont possibles. Il va, il va toujours, il va sans cesse. Juif errant poussé par les impitoyables mains de la science et de la charité. Minuit sonne souvent quand il rentre chez lui, heureux si quelqu'un ne l'attend point à la porte pour lui dire :

« Monsieur, si vous ne venez pas, ma mère va mourir. »

Alors il sent une larme qui mouille ses yeux, car la bonté de son cœur égale son immense savoir. Il repart avec le pauvre fils éploré et ne revient que longtemps après, mourant de fatigue, brisé, affamé de repos et de sommeil!... Et je vous l'ai dit, son domestique a reçu l'ordre de l'éveiller à quatre heures du matin, n'importe l'heure à laquelle son maître s'est couché! n'importe comment! n'importe quelles plaintes jette le pauvre endormi. Le domestique ne peut s'éloigner qu'après avoir vu le médecin hors du lit, enveloppé dans sa robe de chambre, assis devant son bureau et en face de sa lampe qui brille. Puis la victime de la science recommence comme elle a fait hier, comme elle fera demain. Il a des amis qu'il aime tendrêment, qui lui porte une affection fraternelle, et il ne les voit que lorsqu'il sont malades. Un jour, l'un d'eux recourut à la ruse innocente d'une maladie supposée pour deviser un quart d'heure avec lui. L'excellent homme rit de la plaisanterie, s'en réjouit, fit à la hâte un joyeux petit déjeuner où il s'amusa comme un enfant, puis en partant il dit :

« N'use plus de ce moyen; donne-m'en ta parole, car si tu devais y recourir encore, dans le doute je ne pourrais plus venir te voir. Je n'appartiens qu'à ceux qui souffrent. »

Et il partit au galop de ses chevaux.

Depuis ce matin-là, c'est-à-dire depuis un an, les deux amis ne s'étaient point vus. L'autre jour l'écrivain flânait paisiblement sur le boulevard, rêvant au soleil, s'arrêtant aux vitres de chaque magasin, s'extasiant devant les charmantes femmes si mignonnement parées qui passaient devant lui, et rêvant à je ne sais quelle pensée d'étude fermentée dans son cerveau... Tout à coup, il voit une voiture qui accourt de loin; il en distingue la forme, la livrée, les magnifiques chevaux, et le voilà qui fait signe au cocher de s'arrêter. Le cocher qui reconnaît un malade de son maître, obéit ; la portière s'ouvre, et les deux amis, l'un à côté de l'autre, se pressent la main, échangent de bonnes paroles et se racontent gaiement les mille choses folles qu'ont à se dire deux personnes qui s'aiment, lorsqu'elles ne se sont point vues depuis longtemps. Cependant la voiture allait, allait toujours, et l'écrivain, étonné qu'elle parcourût un si long espace et ne s'arrêtât point devant le logis de quelque malade, s'enquit enfin du lieu vers lequel on l'emmenait.

« Dans le faubourg Saint-Germain, chez un docteur américain arrivé depuis peu de jours à Paris et témoin d'expériences curieuses faites à Lancastre sur la vie de l'homme. Cela doit t'intéresser. Assiste à cette conférence. »

La voiture s'arrêta enfin. Ils montèrent un de ces larges escaliers du dix-huitième siècle que l'on ne trouve plus que de l'autre côté de l'eau, et on les introduisit dans un appartement meublé avec une exquise recherche. Un jeune homme d'une grande beauté et d'une extrême distinction de manières vint au-devant d'eux ; il s'exprimait avec facilité en français, et il dit en peu de mots l'admiration enthousiasme que lui inspirait l'illustre médecin. Cependant ce dernier était impatient d'aborder le sujet d'entretien qui lui avait fait abandonner, durant une heure, ses malades, et il le fit avec la naïve et bonne brusquerie qui le caractérise.

« Vous avez fait de curieuses expériences sur un condamné ? » dit-il.

L'Américain passa sa main blanche, et qu'eût enviée une femme, dans les boucles dorées de ses cheveux blonds, sourit avec grâce et rougit un peu, mais seulement par la timidité qu'il éprouvait en présence d'un glorieux maître de la science médicale.

« Oui, docteur, répliqua-t-il. Le condamné se nommait Henri Cobler. C'était une espèce de sauvage, moitié peau-rouge et moitié Européen. Il avait commis seize assassinats, et parlait de ses crimes avec l'aisance et presque la satisfaction d'un chasseur qui raconte ses prouesses sur le gibier. Habitué depuis vingt ans à se jouer de sa vie et de la vie des autres, il envisageait la mort avec sang-froid. On ne pouvait, n'est-il pas vrai, trouver un sujet plus « agréable » pour faire les études que nous projetions? »

Mon ami répondit à cette question, quelque peu américaine, par un mouvement de tête et un murmure monosyllabique.

L'étranger reprit :

« Il fut résolu que l'exécution aurait lieu dans l'intérieur de la prison. Le shérif déclara qu'il donnerait son agrément à toutes les dispositions que la loi ne défendait point. On fit venir de la Faculté de Pensylvanie une batterie voltaïque neuve, formée de deux cents paires d'après la méthode de Wollaston. Enfin on choisit un comité de vingt-deux personnes, parmi lesquelles je me trouvais, pour opérer et pour surveiller les opérations.

« Cependant Cobler ne savait pas encore quel jour il devait subir sa peine. Quand ce jour fut venu, j'accompagnai le président du comité dans la prison du condamné, avec lequel nous eûmes une conversation sur des choses indifférentes. Il paraissait assez paisible, et se prêta de bonne grâce à remplir d'air sortant de ses poumons une fiole que le président ferma le plus hermétiquement possible. Le pouls de Cobler, que j'interrogeai, en feignant de donner la main au malheureux, marquait quatre-vingts pulsations par minute. Il se plaignait d'un léger mal de tête.

« C'est le défaut d'exercice et de grand air qui en est cause dit-il avec un sourire forcé ; bientôt je prendrai le grand air.

« Je sentis, pendant que cette pensée lui advint à l'esprit, son pouls marquer tour à tour cent dix-sept pulsations. Son cœur battait avec tant de violence que l'on aurait pu en compter les mouvements à travers l'étoffe de sa veste.

« En ce moment, le greffier entra et lut à Henri Cobler l'arrêt du shérif qui fixait au lendemain l'exécution. Le condamné pâlit, ses traits se décomposèrent ; un frisson convulsif qu'il cherchait à réprimer parcourut tous ses membres ; ses pieds se crispèrent si violemment que l'un des souliers de toile qu'il portait se creva. Durant toute la nuit, qu'il passa en prières avec le ministre, une fièvre ardente le dévora. Le lendemain matin, quand il parut sur l'échafaud, il avait vieilli de dix ans. La fatale plate-forme s'abattit le 20 décembre, à deux heures dix-sept minutes. Quelques mouvements qui ressemblaient à des efforts se manifestèrent : à deux heures vingt minutes, l'âme de Cobler était devant son Créateur. »

Le médecin américain rapporta ensuite diverses observations sur la manière dont le sang se glace dans un cadavre tué de mort violente. Trois minutes après l'exécution, le pouls donnait cent quarante pulsations ; puis il battit durant deux minutes deux cent quarante fois ; la cinquième et la sixième minute en amenèrent trois cents ; il y en eût cent cinquante-cinq à la septième : à la huitième il n'y avait plus rien.

Les deux auditeurs du docteur américain se regardèrent avec épouvante et se demandèrent par un coup d'œil muet comment il s'était trouvé des hommes assez dévoués à la science pour faire de semblables études.

L'étranger reprit, après une courte pose et avec le même sang-froid que s'il eût parlé de l'opéra de la veille :

« Quant au cœur, pendant quatre minutes ses bruits devinrent sourds, mais rien ne dérangea leur rhythme ; ensuite on les entendit reprendre de la force ; il n'y avait plus de bruit appréciable à la douzième minute. »

Il faut faire grâce aux lecteurs, à qui ceci ne paraît déjà peut-être que trop horrible. Mais le titre les a prévenus de ce qu'ils trouveraient dans ce chapitre ; qu'ils se tiennent, en outre, pour avertis que la suite n'a rien de moins hideux.

« Lorsque le corps fut descendu de l'échafaud, quarante-sept minutes après l'exécution, on le porta dans une pièce voisine, sur une table isolée avec de la cire. On coupa la corde ; on établit, au moyen d'une perforation de la trachée-artère, une respiration artificielle, et l'on plaça deux pôles de la batterie électrique, le positif sur le côté gauche du col, le négatif sur la septième côte gauche. Je frissonnai d'horreur, monsieur ! Car tous les organes de la respiration tressaillirent : le nez se dilata, la poitrine se gonfla, les lèvres s'ouvrirent et s'agitèrent ! J'entendis distinctement l'air entrer et sortir des poumons. On changea de place le pôle négatif ; quand on le posa au-dessous de l'ombilic, le cadavre, messieurs, semblait avoir retrouvé une existence complète. Une bougie présentée aux narines fut soufflée par la force de l'expiration, les bras s'agitaient, les cuisses et les jambes tremblaient, les paupières s'entr'ouvraient et laissaient voir un œil vitreux. Enfin, tout à coup Cobler, ou plutôt ce qui avait été Cobler, se dressa sur son séant, étendit les bras, releva la tête ; et l'opérateur qui promenait le pôle négatif sur le sujet recula lui-même d'horreur. On aurait dit que le cadavre ressuscitait. »

Je vous tiens quitte des détails scientifiques et des expériences que le comité de Lancastre continua à faire. De haut intérêt pour les hommes de l'art, ils ne le seraient point pour ceux qui demandent à ces causeries des émotions ou des distractions. Après deux heures d'entretien, le docteur et son compagnon prirent congé du médecin anglais, qui racontait des choses si pleines d'épouvante, avec son imperturbable sang-froid, ses mains blanches, ses joues roses, ses cheveux blonds, et qui était monté sur l'échafaud pendant une exécution pour mieux étudier les dernières convulsions d'un homme, pour poser sa main sur le cœur de l'agonisant, pour en compter les pulsations et les sentir peu à peu s'éteindre.

« Vous êtes pâle, mon ami, dit le docteur en sortant.

— On le serait à moins. A quoi peuvent servir ces atroces expériences ?

— A surprendre quelques traces du grand secret de la vie, répliqua-t-il. Dieu ne livre les plus faibles parcelles de ses divins secrets qu'à la persévérance, au courage et au travail. La science rend cruel. Si vous saviez à combien d'animaux coûte chaque jour la vie, l'étude des moindres phénomènes de l'organisation! Les caves du Collége de France regorgent de victimes. Il y a là de pauvres chiens qui meurent de faim, d'autres qui expirent à demi disséqués. Dans un livre que mon célèbre confrère, le docteur Amussat, a publié sur l'*Introduction de l'air dans les veines*, il y raconte ingénûment que ses expériences ont accablé de cruelles tortures et tué des milliers de lapins, des bandes de chevaux, des meutes de chiens et des troupeaux de moutons. Il est vrai que nous n'allons point encore, comme les Américains, jusqu'aux hommes livrés aux bourreaux ; nous nous contentons de faire des amputations en plein amphithéâtre et de professer au chevet des agonisants. Mais, je vous le répète, la science est à ce prix-là ; c'est à prendre ou à laisser ; on n'a point d'autre choix. La fin sanctifie les moyens. Du reste, croyez-m'en, quelle que soit l'habitude que l'on ait de pareilles choses, le cœur ne s'y blase jamais. Il faut plus de courage qu'on ne le croit pour promener le scalpel sur une pauvre créature que la maladie a frappée, et dont l'existence dépend souvent du sang-froid avec lequel on opère. Aussi la profession de chirurgien, si noble dans son but, exige-t-elle une abnégation et un dévouement que le monde ne soupçonne pas, et pour lesquels il ne se montre que trop injuste. »

Nous voici revenus sur le boulevard ; reprenez votre promenade et votre douce flânerie. Moi, je vais visiter des malades, entendre des plaintes et faire des ingrats.

LE FOU

I

UNE JEUNE FILLE

Par un soir du mois de mai 1828, une chaise de poste attelée de deux chevaux entra dans la cour d'un hôtel de Toulouse. Personne n'occupait le siége extérieur, réservé à un domestique, derrière la caisse de la voiture. Deux voyageurs se trouvaient seuls dans l'intérieur. L'un était un vieillard qui semblait sexagénaire ; l'autre une jeune fille qui ne comptait guère plus de vingt ans.

Le jeune fille ordonna, par un signe, à l'un des garçons qui se tenaient sur le seuil de l'hôtel d'ouvrir la portière. Le vieillard resta impassiblement assis dans le coin où il se blottissait.

La voyageuse descendit la première : on put remarquer sa pâleur et sa beauté, tandis qu'elle invitait, du geste et de la voix, le vieillard à sortir de la voiture. Elle s'exprimait en anglais, et de temps à autre une toux sèche et douloureuse venait interrompre ses sollicitations. Celui à qui elle s'adressait semblait ne s'émouvoir en aucune façon ni des invitations ni de l'état maladif de l'étrangère. La tête penchée sur la poitrine, les mains jointes sur les genoux, les jambes nonchalamment étendues, il restait plongé dans une préoccupation profonde.

Sa compagne porta autour d'elle des regards inquiets et prononça quelques mots anglais en s'adressant aux gens de l'hôtel. Personne ne lui répondit, et l'aubergiste, qu'elle paraissait interroger particulièrement, répliqua avec l'accent toulousain le moins irrécusable :

« Je ne sais point parler anglais, madame. »

L'expression de physionomie du digne hôtelier fit comprendre à la jeune fille le sens de cette réponse. Elle en parut attristée, leva les yeux au ciel, montra du doigt le vieillard, et expliqua par une pantomime expressive et rapide qu'il était malade et qu'il fallait l'aider à descendre de voiture.

Deux domestiques se mirent aussitôt à l'œuvre. Ils s'attendaient à trouver un paralytique qu'il faudrait enlever sur les bras comme un enfant. A leur grande surprise, le voyageur opposa une vive et robuste résistance à leurs tentatives. Il recula, il les repoussa, il jeta des cris de détresse que la douce voix de l'étrangère ne parvint point à apaiser. Il fallut presque employer la violence pour parvenir à le tirer de la chaise. Dès que ses pieds eurent touché la terre, il se tut. Le tremblement convulsif qui agitait tous ses membres s'apaisa peu à peu ; son œil bleu et vague cessa d'exprimer l'effroi, mais non pas la défiance. Il regarda craintivement autour de lui, rabattit sur son visage la casquette à large visière, qui couvrait sa tête chauve, et alla se réfugier sous le vestibule dans le coin le plus obscur.

La jeune fille, après avoir payé le postillon, rejoignit le vieillard, passa doucement son bras sous le sien, et l'emmena, non sans peine et non sans efforts, vers l'appartement qu'on venait de leur préparer. On put alors remarquer combien la pauvre enfant était souffrante. Aucune animation ne tempérait la blancheur mate de son teint, excepté sur les pommettes, que colorait la fiévreuse rougeur particulière aux malades atteints de consomption. Ses grands yeux bleus brillaient de la flamme sinistre qui caractérise encore cette maladie. Pour ne point succomber à l'oppression qui la suffoquait, elle dut s'arrêter deux ou trois fois en montant les marches de l'escalier.

Arrivée dans la première des deux chambres qui lui étaient destinées, elle se laissa tomber avec découragement sur un fauteuil, et quelques larmes coulèrent en silence sur ses joues. Pendant ce temps-là, debout à la place où l'avaient laissé les domestiques, le vieillard s'efforçait de plus en plus de cacher son visage.

« Ils m'ont reconnu ! il m'ont reconnu ! dit-il enfin avec terreur. Ils m'ont reconnu, oui ! Ils vont dire mon nom à tout le monde ! On le répétera avec dégoût ! La populace viendra le crier sous mes fenêtres ; elle brisera les vitres, elle lancera des pierres, elle me maudira! A la Tamise! à la Tamise!

— Non, mon oncle, ces craintes n'ont rien de réel; cessez de vous y livrer. Nous avons quitté l'Angleterre; nous sommes en France; personne ne nous connaît dans ce pays étranger.

— Personne? répéta-t-il, personne! Hélas comment peux-tu croire, Diana, que mon nom soit ignoré en France! Elle l'a prononcé longtemps avec terreur, quand elle était l'ennemie de l'Angleterre... Plus tard, elle l'a répété comme l'Europe, comme le monde entier, avec admiration... Hélas! cette célébrité s'est changée en honte! La France, l'Europe, l'univers croient et disent comme Londres : Honte à lui! Honte!... A la Tamise! à la Tamise!

— Mon oncle, calmez ces funestes idées. Éloignez de vous....

— Tandis que j'étais assis sur le banc des accusés, devant la cour de la chancellerie, en proie aux attaques de la calomnie et de la haine; tandis que l'Angleterre, à laquelle j'avais tout consacré, talent, veilles, fortune, se jouait indignement avec mon vieil honneur et le mettait en question, crois-tu que la France soit restée indifférente et inattentive? Non, elle suivait avec intérêt les phases de ce procès inouï.

— Mais votre innocence a été proclamée, mon oncle; la cour vous a renvoyé de l'accusation.

— Oui, mais la calomnie ne s'est point tue. Elle a persisté à répandre partout les menteuses et perfides accusations que la loi lui défendait de répéter tout haut. Jadis, quand je traversais les rues de Londres, on s'arrêtait pour me voir passer; on disait :

« Le voilà, celui qui a défendu énergiquement la cause de la noble Angleterre. A lui seul, il vaut des armées entières : Walcheren, l'Espagne, Alger, Waterloo, sont là pour le prouver. Maintenant, on se détourne de moi; mes meilleurs amis feignent de ne point m'apercevoir, et, si quelqu'un me reconnaît, il pousse le coude de son voisin et dit :

« Honte! honte à ce vieillard! il a souillé sa gloire et « ses cheveux blancs pour de l'or. »

« Oh! Diana! Diana! ma pauvre Diana! »

Il cacha son visage dans ses deux mains et demeura quelques instants dans cette attitude désolée; puis, relevant la tête avec énergie :

« Et cependant, dit-il en marchant à grands pas, je suis innocent, Dieu le sait, et la cour de la chancellerie l'a hautement reconnu. Je suis innocent. Plutôt que de subir le déshonneur, j'aurais préféré la misère et la mort!... Mon Dieu, que vous me faites expier cruellement ma renommée, puisque celui qui a tout fait pour sa patrie est obligé de la fuir comme un coupable; puisque celui qui s'était conquis un nom glorieux payerait, au prix de son sang, l'oubli et l'obscurité de ce nom! »

Un léger bruit se fit entendre au dehors. Il tressaillit et se tut.

« Ils viennent, dit-il, ils viennent! ils veulent me voir, ils veulent me dire face à face : Voleur! voleur! honte! honte! A la Tamise! »

Il se courba, il rabattit tout à fait sur son visage sa

casquette de voyage, et, marchant avec précaution, il alla doucement se cacher derrière un rideau.

La jeune fille, qui n'avait cessé, durant cette triste scène de démence, de pleurer avec amertume, fut prise d'un violent accès de toux, accompagné de mouvements nerveux et convulsifs.

« Mon Dieu ! dit-elle, mon Dieu ! donnez-moi la force de résister au mal qui me consume, jusqu'au moment où mes soins ne seront plus indispensables à ce pauvre vieillard. Si je succombe avant que la lettre que je vais écrire soit parvenue en Angleterre, s'il me faut mourir avant qu'elle ait amené en France mon frère, pour veiller sur cet infortuné, que deviendra-t-il, privé de sa raison et abandonné à des soins étrangers? »

Elle se mit à une table et écrivit la lettre suivante :

« Mon frère, hâtez-vous de quitter l'Angleterre, partez sur-le-champ pour Toulouse ; ne perdez ni un jour, ni une heure. Je le sens, Dieu va me rappeler à lui peut-être demain, peut-être dans un instant! Et que deviendra, sans moi, le malheureux vieillard auquel j'ai consacré ma vie? Hélas ! ce sacrifice était au-dessus des forces d'une pauvre fille frêle et maladive. Je n'ai point tardé à y succomber. Mon frère, qu'il est cruel de voir souffrir ainsi un vieillard que l'on sait innocent et pur entre tous ! Dieu seul connaît les douleurs que j'ai endurées en présence de cette intelligence naguère si brillante et maintenant éteinte; de cet homme naguère entouré de tous les bonheurs possibles sur la terre, et maintenant accablé de tous les maux imaginables! Les terreurs de mon oncle n'ont fait que s'augmenter; sa démence prend un caractère de plus en plus absolu, sans le délivrer de la fatale idée fixe qui le dévore. Il ne reste qu'une seule pensée dans son front brûlant : celle de la tache infâme faite par la calomnie à son honneur. Venez, Georges, venez vite? Je succombe sous le fardeau de tant de souffrances... Mon oncle va rester seul en pays étranger, et, pour comble de malheur, un incident imprévu complique cruellement les difficultés de sa position. Le domestique qui nous accompagnait, et qui nous servait d'interprète, John, a disparu tout à coup, emportant avec lui une partie de nos bagages et tout l'argent que je possédais. Il ne me reste que deux cents francs en or, renfermés heureusement dans une bourse que je portais sur moi. Je vous le répète, mon frère, partez tout de suite pour Toulouse. Adieu, je n'ose pas espérer que Dieu me fasse la grâce de me laisser vous serrer la main avant de mourir. Si telle est sa volonté, qu'elle soit faite. J'implorerai sa miséricorde dans le ciel pour vous, et surtout pour le noble et malheureux vieillard que je vais abandonner.

« Votre sœur, DIANA. »

Après avoir écrit cette lettre, elle la cacheta, sonna et la remit à un domestique pour qu'il la jetât tout de suite à la poste. Ensuite elle prit un petit dictionnaire de poche anglais et français, le feuilleta, et montra, à côté du mot qu'elle avait cherché, la traduction de ce mot. Le garçon appela le maître d'hôtel, qui lut : *médecin*.

Il envoya aussitôt chercher un médecin du voisinage. Celui-ci, en entrant dans la chambre de l'étrangère, resta presque épouvanté des rapides et effrayants ravages exercés par la maladie sur cette jeune fille.

« Parlez-vous anglais? lui demanda-t-elle dans sa langue maternelle, dès qu'elle l'eut aperçu. »

Il répondit à cette question, qu'il devina, en secouant la tête par un mouvement négatif. Il s'approcha d'elle ensuite pour l'interroger, au moyen de signes, sur les souffrances qu'elle éprouvait. Ces signes d'ailleurs étaient presque superflus, car les énergiques symptômes de la consomption parlaient assez haut. Elle montra rapidement du doigt sa poitrine et le ciel, comme pour déclarer qu'elle ne gardait aucun espoir de guérison et qu'elle connaissait la gravité de son état. Après quoi elle désigna son oncle par un geste de désespoir.

Le vieillard se tenait encore caché derrière les rideaux, l'oreille aux aguets, l'œil épouvanté, et dans l'attitude d'un homme qui redoute quelque péril. Quand il vit le médecin s'avancer vers lui, il couvrit son visage de ses deux mains et murmura :

« Ce n'est pas moi! ce n'est pas moi! je ne suis pas celui que l'on accuse d'une lâcheté! »

Comme l'insensé s'exprimait en anglais, le médecin ne comprit rien à ses paroles, mais il lui fut aisé de voir que la raison du vieillard se trouvait altérée. Il revint vers Diana; celle-ci se mit à pleurer avec amertume. Elle sentait l'existence l'abandonner; et elle ne pouvait même pas donner au médecin les instructions et les éclaircissements nécessaires pour adoucir un peu l'état mental de l'infortuné qu'elle allait peut-être laisser seul sur la terre; il mourrait abandonné. A plusieurs reprises elle essaya de se faire comprendre en recourant à la pantomime. Mais ses gestes étaient insuffisants pour exprimer les nuances délicates d'une semblable maladie et les causes morales qui avaient produit une si grave secousse intellectuelle. Elle ne tarda point à voir que le médecin ne la comprenait pas. Elle se tordit les mains avec douleur; une violente crise se manifesta et provoqua d'horribles accès de toux. Durant dix minutes, le docteur, malgré les secours qu'il lui prodigua, crut qu'elle allait succomber. Enfin il la vit renaître peu à peu; mais il reconnut qu'un nouvel accès serait bientôt inévitable, et le premier l'avait laissée trop faible et trop épuisée pour qu'elle pût résister encore.

Elle lùt ces sinistres présages dans la physionomie du médecin et voulut, comme pour mettre le temps à profit, se soulever sur le lit où il l'avait déposée. Elle retomba. Un second effort lui permit de saisir une plume et du papier. Elle se prit alors à tracer, d'une main défaillante, quelques notes. Les regards qu'elle portait sans cesse vers le fou apprirent au médecin que ces notes concernaient le vieillard. Quand elle eut fini, et ce ne fut pas sans de pénibles efforts qu'elle était parvenue à écrire sept ou huit lignes, elle se pencha vers le médecin, lui adressa un regard suppliant et lui remit le papier. Après avoir fait comprendre qu'il fallait chercher quelqu'un qui pût traduire les instructions qu'elle venait de transcrire, elle se laissa retomber sur le lit, joignit les mains et attendit la mort.

Le vieillard, en la voyant immobile, sembla s'inquiéter. Il surmonta ses terreurs, et, malgré la présence d'un étranger, il s'avança doucement et avec crainte vers la jeune fille. Ce ne fut pas sans mille précautions et non sans toujours se cacher le visage qu'il approcha du lit et qu'il s'agenouilla près du chevet de Diana. Elle sembla se ranimer en voyant près d'elle l'objet de son dévouement et de sa douleur. Elle tendit la main à son oncle, attira celle du vieillard vers elle et murmura une prière pour appeler sur sa tête la protection céleste. En ce moment suprême, elle n'avait de sollicitude que pour lui. Peut-être comprit-il, malgré le trouble de sa raison, le malheur et l'abandon qui le menaçaient, car il répéta deux fois d'une voix émue :

« Diana ! Reste, Diana ! »

Elle souleva péniblement la tête et s'efforça de sourire pour le rassurer.

« Reste, Diana, reprit-il, reste. Si tu t'en vas, je n'aurai plus personne pour leur dire que je ne suis pas celui qu'on accable de mépris. Le peuple me poursuivra de nouveau, il me jettera des pierres. Ceux qui me reconnaîtront se détourneront de mon chemin. A la Tamise ! à la Tamise !

— Mon Dieu ! mon Dieu ! s'écria-t-elle, mon Dieu ! ne prendrez-vous point pitié de moi? Ne lui rendrez-vous pas la raison avant que je meure? »

Sur ces entrefaites, le médecin cherchait à comprendre la note écrite par la jeune fille. Il devinait bien, çà et là, la signification de quelques mots, mais le sens général lui en échappait. Il sortit pour chercher quelqu'un qui pût lui en donner une traduction fidèle.

En rentrant dans la salle de l'auberge, il ne put réprimer un mouvement de joie : deux voyageurs, arrivés depuis peu de temps, se tenaient assis près de la cheminée. L'accent de leur prononciation attestait une origine anglaise. Le médecin leur présenta la note de Diana et les pria de la lui traduire. Un des étrangers jeta nonchalamment les yeux sur le papier, mais à peine en eût-il lu la première ligne qu'il la rendit au médecin.

« Un homme obligé de fuir son pays n'est pas mon compatriote, dit-il durement.

— Mais, monsieur, qu'importe ! Vous ne pouvez me refuser de traduire cette note. Il s'agit d'un vieillard qui a besoin de soins et d'une jeune fille qui se meurt. Ne pas me dire le sens de cette courte lettre, c'est me laisser dans l'impossibilité de leur donner des secours ; c'est m'empêcher de remplir les devoirs de ma profession et de l'humanité. C'est les tuer peut-être ! »

Les deux Anglais, sans répondre et comme s'ils n'eussent même pas entendu, se levèrent, quittèrent la cheminée et se placèrent à table devant leur dîner qu'on venait de servir. Le médecin, plein de colère et d'indignation, rentra dans la chambre de la malade. Celle-ci devina que sa note n'avait point été lue ; une larme brûlante, la dernière qu'elle devait verser, brilla sous sa longue paupière. Elle montra son oncle au médecin, le lui recommanda par un geste solennel et suppliant, et l'entoura de ses bras amaigris.

Le fou se laissa faire sans rien comprendre. La lueur d'intelligence qu'il avait naguère témoignée semblait maintenant tout à fait éteinte. Il regardait le médecin avec anxiété et murmurait ses phrases habituelles :

« Ce n'est pas moi ! je n'ai point fait ce dont on m'accuse! Innocent! je suis innocent! Cachez-moi! Le peuple va me jeter des pierres. A la Tamise! à la Tamise! »

Tout à coup Diana tressaillit. Elle releva la tête, et une joie vive éclata sur son visage. Elle venait, dans la salle voisine de son appartement, d'entendre prononcer quelques mots anglais. Elle montra le papier au médecin et lui fit signe d'aller en demander la traduction. Il répliqua en donnant à comprendre qu'il avait essuyé tout à l'heure un refus.

La jeune fille se souleva sur son lit avec de pénibles efforts. Quoique le médecin cherchât à la dissuader et à la retenir, elle posa ses pieds sur le parquet; elle essaya de marcher, ou plutôt de se traîner jusqu'à la salle voisine. Plusieurs fois ses forces la trahirent, mais elle n'en persista pas moins dans son projet.

Quand elle entra dans la chambre où se trouvaient les étrangers, on aurait dit un fantôme sortant de la tombe; les Anglais eux-mêmes, malgré leur flegme national, leur apathique insouciance et leur cruel refus, ne purent se défendre d'émotion à la vue de cette mourante, si jeune et si belle. Elle leur présenta le papier et les invita, par un geste suppliant, à traduire au médecin ce qu'il contenait. Un d'eux prit la note et se disposait à faire ce qu'elle demandait, lorsqu'il la vit tout à coup chanceler et tomber. Le médecin accourut pour la soutenir. Elle murmura quelques mots inintelligibles, porta les yeux et étendit la main vers la chambre où se trouvait le vieillard et exhala un long soupir.

« Dieu a pris pitié de ses souffrances, dit le médecin, qui interrogeait le pouls de la pauvre enfant. Il l'a rappelée à lui. »

On peut se figurer facilement le désordre et le trouble que causa dans l'hôtel le lugubre événement d'une mort survenue avec de si tristes circonstances. Tandis que les Anglais et les femmes se hâtaient de s'éloigner de cette triste scène, les domestiques aidaient le médecin à transporter le cadavre dans l'appartement du vieillard. Celui-ci ne comprit rien à la triste réalité de la scène qui se passait sous mes yeux. En voyant tant de monde arriver près de lui, il se réfugia dans un coin, non sans murmurer et sans répéter sans cesse :

« Ce n'est pas moi! ce n'est pas moi! ne me jetez pas de pierres! je suis innocent. A la Tamise! à la Tamise! »

II

A LONDRES

Quelque habitué que fût le médecin au spectacle de la mort et aux scènes lugubres qui l'accompagnent, il ne put réprimer une vive émotion en voyant le cadavre de cette jeune fille, dont le regard semblait chercher encore le vieillard pour le protéger. Il jeta pieusement un voile sur ce visage, encore beau malgré la mort, et il alla rejoindre l'aubergiste pour s'entendre avec lui sur les soins à donner au vieillard qui se trouvait tout à coup abandonné d'une manière si fatale.

Le maître d'hôtel était occupé à régler les comptes des voyageurs anglais, qui se disposaient à repartir sur-le-champ.

« Eh quoi ! messieurs, s'écria le docteur, une de vos compatriotes vient de mourir, un vieillard de votre nation reste sans protecteur ; vous pouvez donner quelques éclaircissements sur eux, et, au lieu de les procurer, vous vous hâtez de quitter Toulouse ! »

Les deux étrangers, en gens qui prévoient des ennuis, des tracas, et peut-être des retards, ne répondirent point, payèrent leur écot, remontèrent dans leur voiture et donnèrent au postillon l'ordre de partir.

« Qu'allez-vous faire de ce vieillard ? » demanda le médecin à l'aubergiste.

Celui-ci haussa les épaules.

« Je vais envoyer chercher le juge de paix. Il dressera procès-verbal ; il examinera les papiers de cet homme, et il disposera de lui comme il le jugera convenable. Croyez-vous que je veuille faire de mon hôtel un hôpital ? C'est déjà bien assez d'y avoir un mort ! Voici deux voyageurs qui me quittent, parce qu'ils ne veulent pas se trouver sous le même toit qu'un cadavre. S'il m'arrivait d'autres clients et qu'ils apprissent ce qui gît là dans cette chambre, ils rebrousseraient chemin, et iraient loger autre part. Dieu veuille que je puisse me débarrasser bien vite de pareils hôtes ! »

Il envoya, en effet, chercher aussitôt le juge de paix ; celui-ci ne tarda point à arriver. Il voulut d'abord mettre les scellés : mais l'hôte fit observer judicieusement que cette formalité n'atteindrait que ses propres meubles, attendu que les étrangers n'avaient apporté avec eux aucune malle. La seule chose qu'ils possédassent était la chaise de poste remisée dans la cour et qui les avait amenés.

En effet, il ne se trouvait ni caisse ni bagage dans l'appartement. Une bourse contenant huit ou dix pièces d'or formait tout l'avoir des deux étrangers.

Le juge de paix fit signe alors au vieillard d'avancer. Celui-ci s'était réfugié dans un coin, selon son habitude insensée. Il fallut presque user de violence pour l'amener devant le magistrat.

« Quel est votre nom? » lui demanda en langue anglaise le juge, qui se trouvait savoir parler cette langue.

Le vieillard se cacha le visage dans les deux mains et refusa obstinément de répondre.

« Du moins vous ne craindrez pas de me dire le nom de cette jeune fille qui vient de mourir, » reprit le magistrat, espérant, par ce biais, tirer de l'insensé quelque lumière.

Le vieillard tressaillit. « Morte! dit-il morte! Diana est morte! »

Il s'élança vers le lit, souleva le voile qui couvrait le visage de la jeune fille, et frissonna de tous ses membres en la voyant immobile et marquée du sceau fatal du trépas. On crut un instant que ce spectacle redoutable allait lui rendre la raison ; il balbutia des mots sans suite ; des sanglots s'échappèrent de sa poitrine, et il finit par s'agenouiller devant le lit.

« Eh bien, dit le magistrat, comment cette jeune fille se nomme-t-elle?

— Diana! Diana! murmura le fou.

— Est-elle votre enfant ou votre parente?

— Mon enfant, oui, l'enfant de mon cœur. Pour moi, elle a renoncé à son pays, à sa famille, à son fiancé. Elle m'a suivi dans l'exil, elle est morte!

— Pourquoi donc avez-vous quitté votre pays? quels motifs vous ont forcé à l'exil? »

Cette question rejeta dans la confusion les idées du vieillard, qui semblaient reprendre quelque clarté.

« Le peuple! dit-il, le peuple! Des pierres, des cris, des malédictions! A la Tamise! à la Tamise! Oh! que l'injustice de son pays est cruelle pour un noble cœur! pourquoi ne suis-je point mort? Il n'y a de repos que dans la tombe!... Heureuse Diana qui se repose!...

— Mais en France, en pays étranger, vous n'avez rien à redouter de vos compatriotes. Dites-moi votre nom, je vous en requiers de par la loi.

— La loi! la loi!.. Ah! je la connais, la loi!... Des juges qui interrogent avec une adresse perfide et qui tendent des piéges où l'on trébuche! des hommes noirs qui ne disent: Vous êtes innocent, qu'après avoir appris à la nation entière que vous étiez accusé!... Et puis la nation ne veut plus croire à cette innocence! Le peuple est là avec des cris et des pierres... Il faut cacher, comme une honte, la gloire du nom qu'on a illustré avec tant d'efforts et au prix des plus pénibles travaux!... Laissez-moi, laissez-moi, je n'ai pas de nom, je n'en ai plus! »

Après de nouvelles et longues tentatives, il fallut que le magistrat renonçât à tirer du vieillard des éclaircissements que son état flagrant de démence aurait d'ailleurs dépourvus de toute valeur légale. Le juge de paix fit constater l'acte de décès d'une jeune fille étrangère, inconnue, et du nom de Diana. Quant au vieillard, il décida que tout ce qui lui appartenait, c'est-à-dire la chaise de poste, serait vendue à son profit, et qu'on le déposerait dans une maison d'aliénés jusqu'à ce qu'on vînt le réclamer, sauf à aviser plus tard à de nouvelles mesures, si personne ne se présentait pour se charger de lui.

Le maître d'hôtel sollicita du juge de paix la translation immédiate du vieillard hors de son auberge.

« La présence d'un fou chez moi, allégua-t-il, peut amener des accidents fâcheux. S'il se livrait à des actes de fureur, je n'ai aucun moyen de les réprimer. Il va peut-être s'aviser de briser mes meubles et chercher à s'enfuir. »

Le magistrat se rendit à ces judicieuses raisons et donna ordre à deux agents de police, qu'il avait amenés avec lui, d'emmener et de conduire l'étranger dans un hospice qu'il leur désigna. Ces hommes se mirent sur-le-champ en mesure d'exécuter les ordres qu'ils venaient de recevoir. Ils trouvèrent le vieillard assis près du lit de Diana et plongé dans une méditation profonde. Ils l'invitèrent à les suivre; il sourit, leur fit signe de parler bas, et leur montrant le cadavre :

« Chut! elle dort, ne la réveillez pas. Je vous accompagnerai dès qu'elle cessera de reposer. Il y aurait de la cruauté à troubler son sommeil. Elle a supporté tant de fatigues et de chagrins ! »

Les hommes de police se concertèrent par un regard, se glissèrent derrière l'étranger, le saisirent brusquement et se disposèrent à l'entraîner. Alors il résista, il jeta des cris, et fit preuve d'une vigueur qu'on n'eût point supposée à voir sa chétive apparence. La lutte dura longtemps. Exaspérés par plusieurs coups qu'ils avaient reçus, les agents finirent par jeter leur adversaire sur le lit. Là ils parvinrent enfin à le garotter. Ils le chargèrent ensuite sur leurs épaules et l'emmenèrent.

Durant cette affreuse lutte, le cadavre de Diana avait été jeté à terre et foulé aux pieds. Ce fut ainsi que le trouva une vieille femme chargée par le juge de paix de rendre les derniers devoirs à la dépouille mortelle de l'étrangère. Elle l'enveloppa du linceul, l'ensevelit seule, et la déposa dans le cercueil, après avoir pris ses bijoux et coupé ses beaux cheveux blonds pour les vendre.

« Les morts, dit-elle avec un sourire effroyable, les morts n'ont pas besoin de cheveux! »

Le lendemain soir, on emmena le cercueil au cimetière sans aucune pompe religieuse; car on ignorait si la trépassée appartenait au culte catholique ou à la foi protestante. Une fosse l'attendait dans un coin réservé aux pauvres ; on l'y déposa, puis on rejeta la terre par-dessus, et tout fut fini!

Peu de temps après, une chaise de poste arriva dans la cour de l'hôtel où Diana était morte. Deux jeunes hommes se trouvaient dans cette voiture. A peine eurent-ils échangé quelques paroles avec l'aubergiste que ce dernier les vit pâlir et donner les plus profonds témoignages de trouble et de douleur.

« Ma sœur! ma pauvre sœur! s'écria le plus jeune.

—Diana! ma chère et malheureuse fiancée! » murmura l'autre, qu'on voyait près de défaillir.

Ils donnèrent aussitôt l'ordre qu'on les conduisît, le frère de Diana, à l'hospice où se trouvait enfermé son oncle, son compagnon au cimetière où reposait Diana.

Au cimetière, il fallut que le fossoyeur cherchât longtemps la place où gisait le corps que l'on demandait. On avait depuis un mois enterré tant de jeunes filles !

A l'hospice il ne fallut pas de recherches.

On ouvrit un registre et l'on répondit :

« *Numéro, 3,623. — Un vieillard supposé Anglais, âge et domicile inconnus. — Décédé le 29 mai 1828.*

— Deux cadavres ! De cette belle et pure jeune fille, de ce grand et illustre citoyen, il ne reste plus que deux cadavres ! Hélas ! quelle maladie a donc frappé le vieillard ? »

Le commis consulta ses notes et lut :

« *Démence furieuse. — Depuis le moment de son incarcération, il n'a cessé de témoigner une vive agitation. — Fièvre violente. — Refus de prendre des aliments. — Mort. — A l'autopsie, inflammation des méninges du cerveau ; tubercules dans les poumons.* »

Le jeune Anglais se retira consterné ; le commis le rappela.

« Veuillez, monsieur, me dire le nom du défunt. Il serait important de constater ce nom sur le livre des décès de l'établissement.

— C'est un nom illustre, monsieur. L'infortuné mort dans cette maison d'aliénés, en se débattant dans les entraves d'une camisole de force, est un des plus célèbres citoyens de la Grande-Bretagne ; la Grande-Bretagne l'a tué par son ingratitude et par son injustice. Enregistrez le nom de sir William Congrève. »

— L'inventeur des terribles fusées qui portent son nom ?

— Vous ne citez là qu'un de ses titres à la renommée, et ce n'est pas le plus glorieux ; car, s'il a servi à assurer la défense et la force militaire de son pays, on peut n'y voir, après tout, qu'un moyen de destruction. Mais grâce à Dieu, je puis citer avec orgueil d'autres inventions aussi admirables et plus utiles. Nos pêcheurs de baleine lui doivent un procédé qui ôte à la chasse de ce cétacé tous ses périls et presque toutes ses fatigues. Il a donné à nos fabriques de poudre des perfectionnements qui tiennent du prodige ; il a créé un moteur où l'eau combinée avec l'air peut créer une force prodigieuse. Grâce à lui, la contrefaçon des bank-notes est devenue impossible. Enfin, il achevait des études qui devaient doter le monde d'une invention destinée à faire manœuvrer les vaisseaux sur la mer, sans voiles, sans mâts et sans les ressources de la vapeur. Un coup funeste et fatal, ourdi par la calomnie et l'ingratitude, a interrompu brusquement et pour toujours ces travaux, et les a anéantis. Des misérables ont accusé sir William Congrève de je ne sais quelle odieuse et invraisemblable escroquerie. Il n'en fallut pas moins que le surintendant de la Tour de Londres, que le vieillard qui avait siégé plusieurs fois comme membre du Parlement, que le grand inventenr admis avec empressement dans le sein de la *Société royale de Londres*, s'assît sur le banc des accusés devant la cour de la chancellerie. Cette cour, après de longs et douloureux débats, proclama l'innocence de mon oncle ; mais on avait trompé la bonne foi publique et perverti l'opinion des citoyens. Au sortir de l'audience une aveugle et furieuse populace, qui ne voulait voir dans l'acquittement de sir William Congrève qu'une injustice et qu'une indigne partialité pour l'homme puissant, l'assaillit, l'insulta, lui jeta de la boue et des pierres, le poursuivit d'odieuses clameurs, et voulut le jeter à la Tamise. Il ne leur échappa que par miracle. Tant d'injustice troubla la raison de sir William Congrève; la lumière de ce grand génie s'obscurcit et devint vacillante!... Hélas! jugez de mon désespoir! jugez de la douleur qui frappa toute notre famille! Il fut décidé, d'après l'avis des plus célèbres médecins, que mon oncle partirait aussitôt pour le continent. On espérait que l'absence, le changement des lieux et la distraction des voyages amèneraient d'heureuses améliorations dans l'état mental de sir William Congrève et opéreraient même une guérison complète. D'impérieuses affaires, desquelles dépendaient mon honneur et ma fortune, me retenaient à Londres pour quelque temps encore. Diana, ma sœur, fiancée à un jeune homme qu'elle aimait; Diana, prête à contracter un mariage qu'avait retardé seul le procès intenté à sir William, n'hésita pas à se dévouer pour son oncle et partit avec lui.

« Nous les vîmes s'éloigner, le cœur plein d'espérance et avec la certitude qu'ils reviendraient bientôt, mon oncle pour continuer ses travaux, ma sœur pour recevoir à l'autel la foi de son fiancé. Un domestique, attaché au service de sir Congrève, accompagnait ces deux êtres chers et leur assurait, nous le croyions du moins, une protection fidèle, intelligente et efficace... Savez-vous comment le misérable a justifié notre confiance? Il a abandonné Diana mourante et sir Congrève sans ressources. Il les a volés! L'appât de deux ou trois cents livres sterling lui a fait commettre le crime le plus lâche et le plus odieux! Mieux eût valu un assassinat.

« Ce dernier coup acheva la pauvre Diana, qu'avaient épuisée la fatigue et le chagrin. Vaincue par l'absence, toujours en présence du triste spectacle de la folie, elle n'a pu résister, elle a succombé... Et personne n'a été là pour recueillir son dernier souffle, aucune main amie n'a serré sa main au moment des suprêmes adieux! L'isolement, l'abandon, le désespoir, se sont assis au chevet de son lit funèbre! Mais du moins ce n'est point dans un hospice, ce n'est point nouée dans les ignobles plis d'une camisole de force, ce n'est point confondue parmi des insensés qu'elle a rendu son dernier soupir. Elle a eu un cercueil. Ses restes n'ont point été comme ceux de mon oncle jetés dans une fosse commune où peut-être sera-t-il impossible de les reconnaître pour leur donner un tombeau! »

Huit jours après, car les formalités légales ne demandèrent pas moins de temps, deux cercueils, couverts, l'un de drap noir, l'autre d'un voile blanc, et placés sur une voiture de deuil, partirent de Toulouse au milieu de la population rassemblée pour voir le cortége funèbre.

Mais cette curiosité n'était rien en comparaison de l'émoi qui agita Londres vers le milieu du mois de mai. Les rues regorgeaient de personnes vêtues de deuil; les plus pauvres eux-mêmes avaient trouvé moyen de se procurer un morceau de crêpe pour mettre à leur chapeau; chacun se dirigeait avec empressement vers le rivage de la Tamise, sur le bord de laquelle, à l'endroit le plus propice à un débarquement, on avait élevé un grand et riche catafalque, tendu de velours avec de larges broderies d'argent. Sur la partie où devait reposer un instant le cercueil, on voyait des armes surmontées d'une couronne de baron. Au-dessous, une figure de la Patrie, agenouillée pieusement, semblait verser des larmes, tandis qu'une statue de la Reconnaissance, les mains pleines de palmes et de couronnes civiques, s'avançait pour en couvrir le mort illustre. Le régiment des Colstream-Guards, en grande tenue et des crêpes sur ses tambours, entourait le catafalque et le protégeait contre l'affluence sans exemple de curieux qui voulaient en approcher.

Tout à coup le canon se fit entendre au loin, l'artillerie du port répondit par un salut, et l'on aperçut sur les flots un bâtiment à vapeur, dont le pavillon en panne traînait tristement dans la Tamise en signe de deuil.

Alors il se fit parmi la foule une rumeur tumultueuse, à laquelle succéda bientôt un profond et pieux silence. Chacun se découvrit, et quelques-uns même s'agenouillèrent. Un pauvre diable, soit par mégarde, soit parce qu'il avait vidé, en attendant l'arrivée du bateau, plus de pintes de porter qu'il ne convenait, garda son chapeau sur la tête. Soudain on l'entoura, on le bouscula, on lui arracha son chapeau; on se porta sur lui à des actes de violence ; bref, les gens de la police eurent beaucoup de peine à empêcher qu'on ne le jetât dans la Tamise : ils n'obtinrent sa grâce qu'en feignant de l'arrêter et en promettant de le conduire en prison pour le punir de sa coupable irrévérence.

Sur ces entrefaites, le steamer toucha au rivage et débarqua sous le catafalque. Aussitôt la musique militaire joua les symphonies les plus lugubres, les tambours battirent aux champs, il y eut un moment où tous les yeux étaient remplis de larmes. . . . .

Lorsqu'on eut rendu ces honneurs aux dépouilles funèbres que ramenait le bateau à vapeur, une nombreuse députation de personnages, pour la plupart à tête chauve, s'avança au pied du catafalque. Là, le président, d'une voix sonore, prononça l'éloge de sir William Congrève. Il énuméra les nombreux et illustres services rendus par le défunt à la science et à la patrie. Il montra cet homme célèbre consacrant ses études, sa vie et sa fortune, à donner des moyens de victoire à l'Angleterre. Il parla avec douleur de la grande invention dont s'occupait Congrève au moment où la mort l'avait frappé. « Sans ce trépas prématuré, s'écria-t-il, maintenant peut-être l'Angleterre, déjà si puissante, marcherait plus encore à la tête de toutes les nations de l'univers. Ses flottes redoutables se trouveraient triplées, la tempête n'aurait plus rien de redoutable pour elles; et la vapeur, cette grande et sublime invention, ce moteur qui fera l'admiration des siècles futurs, se trouverait effacée et vaincue. »

Il essuya une larme et ajouta : « Si Dieu n'a point voulu permettre à Congrève de réaliser sa pensée presque divine, s'il l'a rappelé à lui avant le temps, la patrie ne sait pas moins que le grand ingénieur avait surmonté toutes les difficultés de son projet ; peu d'obstacles, sans importance réelle, en arrêtaient seuls encore la mise à exécution. Donc, quoique nous ne jouissions pas du bienfait dont il devait doter son pays, nous n'en devons pas moins une reconnaissance éternelle et sans borne au grand homme qui l'avait créé. Gravons le nom de Congrève sur nos monuments publics, apprenons à nos enfants à le répéter avec vénération. »

Les sanglots interrompirent la voix du digne président. Des hourras lui répondirent de toutes parts, et attestèrent quelle vive sympathie l'orateur rencontrait dans l'auditoire, et combien on partageait les sentiments de regret et de vénération pour Congrève, sentiments qu'il venait d'exprimer avec tant d'éloquence et de sympathie.

On prononça encore deux ou trois autres discours. Après quoi, diverses députations placèrent des couronnes sur le cercueil.

Ce furent d'abord les artilleurs, pour lesquels Congrève avait inventé les fusées qui portent son nom et qui leur avaient valu tant de victoires.

Les pêcheurs de baleine vinrent ensuite. Car, si maintenant les fatigues et les périls de leur rude métier se trouvaient diminués, il fallait en savoir gré à Congrève, à l'illustre Congrève.

Cinq ou six corps d'ouvriers, redevables à Congrève d'importantes améliorations dans les machines et dans les outils dont ils se servaient, suivirent les pêcheurs de baleine ; mais ce qui produisit le plus d'impression sur les témoins de cette scène, ce fut la présence d'un vieux soldat mutilé auquel Congrève avait sauvé la vie sur le champ de bataille, en Espagne, et qui avait trouvé dans l'ingénieur un bienfaiteur constant et généreux. Il racontait comment Congrève l'avait emporté mourant ; comment il l'avait disputé aux ennemis et par quels soins il était parvenu à le guérir. Il ajoutait avec quelle délicatesse généreuse une pension lui était payée chaque année, sans qu'on voulût lui dire quelle main la lui envoyait.

« Mais je le savais bien, moi ! ajouta-t-il. Quoique mon bienfaiteur s'en défendit, je lisais dans ses yeux la joie que lui causait mon bonheur, et mon cœur me disait que ce bonheur était son ouvrage. Quel autre, mon Dieu, se serait intéressé à un vieil invalide comme moi. »

Je n'ai pas besoin d'ajouter que ce récit faisait couler les larmes de ceux qui l'entendaient, et que de toutes parts des bénédictions se répandaient sur le nom de Congrève, « l'ami du peuple, le bienfaiteur du pays et l'homme le plus généreux et le plus désintéressé. »

Quand l'émotion générale se trouva un peu calmée, un char funèbre, attelé de quatre chevaux richement harnachés, avança pour recevoir le cercueil; mais le peuple ne voulut point souffrir que les chevaux remplissent leur office. On coupa les traits, et chacun se mit à tirer la voiture, qui traversa ainsi les rues principales de la ville de Londres; car, sans tenir compte de l'itinéraire tracé à l'avance pour mener le cercueil à la maison où l'attendait une voiture de poste qui devait le conduire dans le Staffodshire, on se mit à le promener par tous les quartiers, afin que chaque citoyen pût payer son tribut de respect et de regret au grand homme dont on avait à déplorer la perte.

Pendant que ces scènes tumultueuses et enthousiastes se passaient, et que les restes de Congrève subissaient une apothéose de la part de ceux qui l'avaient rendu fou à force d'ingratitude et d'injustice, deux jeunes hommes, vêtus de noir, faisaient débarquer dans la solitude un second cercueil. Ce cercueil, recouvert d'un drap blanc, était celui de Diana.

Les deux jeunes hommes, debout sur le bâtiment, étaient restés tristes, silencieux et presque indignés, durant l'ovation faite au cercueil de Congrève.

« Ils font un dieu de celui qu'ils ont assassiné, dit l'un d'eux.

— Cette pauvre victime leur doit aussi la mort ! ajouta l'autre, sur le visage duquel on lisait visiblement les ravages mortels de la maladie et du désespoir.

— C'est l'histoire de presque tous les grands hommes, interrompit un vieux ministre protestant chargé de dire les dernières prières sur le cercueil blanc. Après la ciguë, l'apothéose.

— Mais cet ange, mais cette jeune fille qu'ils ont tuée en tuant son oncle...

— Sa récompense est là, » reprit le vieillard en montrant le ciel.

Le jeune homme sourit, un espoir céleste anima son visage.

« Oui, dit-il, oui, ceux que les hommes séparent ici-bas...

— Dieu les réunit dans son sein pour l'éternité ! » ajouta le ministre d'une voix grave.

UN NOM RÉPROUVÉ

Vers la fin du mois de novembre 1813, un vieillard suivait lentement le quai Saint-Michel, et semblait se diriger vers le quartier populeux et pauvre qui entourait alors, encore bien plus qu'aujourd'hui, la métropole de Notre-Dame. Il marchait un peu courbé et appuyé sur une canne à pomme d'ivoire ; un chapeau à larges bords couvrait sa tête. Quoique la nuit commençât à venir, il était facile encore de distinguer la douceur vénérable de sa physionomie et l'expression profonde de découragement qui s'y mêlait. Le mouvement de la foule, les effets bienfaisants de la marche, la beauté de la soirée, lui apportaient par intervalle quelque sérénité ; mais bientôt sa morne tristesse le ressaisissait, et ses traits reprenaient leur première amertume. Alors il luttait contre la fatale idée fixe qui le harcelait; il relevait la tête; il regardait autour de lui; il demandait des distractions à tous les objets qui l'entouraient; mais rien ne parvenait à lui ôter le mal dont il souffrait, et bientôt il retombait dans son abattement.

Malgré son grand âge, car il ne comptait pas moins de soixante-quinze ans, le vieillard arriva sur la place Notre-Dame, entra dans plusieurs maisons, monta jusqu'aux greniers de trois ou quatre taudis, visita plusieurs familles où se trouvaient des malades, et consola par de douces et bonnes paroles toutes ces pauvres créatures. Aux souffrants il faisait entrevoir une prompte guérison; à ceux qui les entouraient il donnait des encouragements et des éloges sur leur persévérance et sur leurs bons soins; rarement il s'éloignait sans laisser sur la cheminée la somme nécessaire à l'achat des médicaments prescrits ou à l'acquisition du pain de la journée.

Quand il eut terminé ces œuvres de charité, quand il n'eut plus ni de consultations gratuites à donner, ni d'aumônes à distribuer, il se disposait à regagner sa demeure et s'approchait d'une voiture, car il était bien las, lorsqu'il entendit une voix honteuse qui sollicitait tout bas ses aumônes. Il se retourna et vit un jeune homme.

« Que ne travaillez-vous? dit-il. Je ne suis pas assez riche pour venir en aide à ceux qui peuvent s'aider eux-mêmes. »

Le mendiant ne répondit pas un seul mot, se détourna rapidement, courut à la Grève, et là, après un court moment d'hésitation ou de prière, il allait se jeter dans la Seine, lorqu'il se sentit arrêter par le bras : c'était le vieillard. Il avait compris la fatale résolution du malheureux, et il était accouru, aussi vite que le lui avaient permis ses jambes presque octogénaires, pour arracher l'insensé au suicide.

« Pardonnez-moi un moment de dureté et d'oubli, » dit-il en présentant une pièce de cinq francs au jeune homme.

Le jeune homme repoussa doucement l'écu.

« Autant vaut mourir aujourd'hui que demain, répliqua-t-il. Cette aumône que j'ai sollicitée dans un moment de faiblesse ne servirait qu'à prolonger d'un jour ou deux mon agonie. »

Il voulut s'éloigner, mais il retomba faible et vaincu sur la Grève.

« Donnez, monsieur, dit-il en étendant la main, donnez! La maladie qui me dévore me tuera avant peu de jours. Grâce à votre aumône, je pourrai paraître devant Dieu, sans qu'il lise sur mon front ce mot de réprobation : Suicide ! Donnez, je mourrai sans crime et sans remords. »

Le vieillard prit la main du jeune homme et posa son doigt sur l'artère de son poignet. Il sentit un pouls que secouait avec violence une fièvre ardente, et la lueur rapide jetée par une voiture qui vint à passer lui montra des traits profondément altérés et empreints de tous les caractères fatals d'une maladie grave. Il reconnut encore aux vêtements et aux manières de l'infortuné qu'il n'appartenait pas à la classe ouvrière.

« Votre état demande les soins d'un médecin, dit-il. Fiez-vous à moi, monsieur, et je vous les donnerai.

— J'aime mieux la mort que l'hôpital, répliqua le malade.

— Aussi n'est-ce point là que je vous mène, mais chez de braves gens qui me sont dévoués et qui vous traiteront comme si vous étiez leur fils. Allons ! ne désespérez pas ainsi de votre sort et donnez-moi le bras. Tout vieux que je suis, je saurai bien encore vous soutenir. »

Et il présenta son bras au jeune homme, qui se laissa emmener dans une maison voisine et conduire au troisième étage, dans un petit appartement occupé par d'honnêtes artisans ébénistes.

« Madame Jeanne, dit le médecin en s'adressant à une femme d'une quarantaine d'années, vous m'avez souvent témoigné le désir de m'être agréable, en remerciment des soins que je vous ai donnés. Voici une occasion de le faire. Ce jeune homme de mes amis est malade. Prenez-le en pension chez vous jusqu'à sa guérison. Tenez, recevez cette bourse, vous y trouverez de quoi faire l'acquisition des objets indispensables pour loger votre nouvel hôte.

— Nous donnerions notre propre lit plutôt que de mal coucher quelqu'un amené par vous, monsieur le docteur, » interrompit l'ébéniste.

Et tous les deux s'évertuèrent à préparer une couche au jeune homme qui se soutenait avec peine. Le médecin aida l'artisan et sa femme à déshabiller le malade, après quoi il écrivit l'ordonnance de plusieurs prescriptions, et partit en promettant de revenir le lendemain de bonne heure.

Le lendemain, l'état du pauvre jeune homme avait empiré ; la fièvre prenait un caractère pernicieux, le délire se déclarait et lui faisait proférer mille propos bizarres dans une langue étrangère que le docteur reconnut être la langue allemande. Il appelait sa mère à son aide, il mêlait, à des plaintes et à des paroles de désespoir, des chants nationaux ; il promettait à sa fiancée de l'épouser bientôt. Jamais la maladie n'avait produit un désordre d'idées plus absolu et plus douloureux.

Pendant huit jours et huit nuits, les deux honnêtes personnes à qui le docteur avait confié l'étranger veillèrent au chevet de son lit. Le vieux médecin venait, chaque jour, le visiter plusieurs fois, et enfin tant de soins et de dévouement reçurent leur récompense. Le délire se dissipa, la fièvre perdit de la gravité de son caractère, et l'on put donner quelques aliments légers au convalescent.

Ce fut, ce jour-là, grande fête dans l'humble logis de l'ouvrier; car Antoine avait pris, ainsi que sa femme, un intérêt paternel à ce pauvre jeune homme, qui devait la vie à leurs soins affectueux et dévoués.

Les premières paroles du convalescent furent pour remercier ses hôtes, et pour leur demander le nom du charitable vieillard auquel il devait la vie. A sa grande surprise, ils lui répondirent qu'ils ne savaient pas ce nom. Il donnait des soins à un de leurs voisins ; quand ce voisin avait su que Jeanne était malade, il avait prié le docteur de la guérir, et le vieillard avait entrepris et mené à bonne fin la guérison. Un jour que le savant homme sortait de la demeure où rentraient la santé et le bonheur, Antoine lui avait glissé dans la main trois pièces d'or qu'enveloppait un bout de papier. Il fallut voir la mine sévère que prit sur-le-champ le médecin.

« Croyez-vous, dit-il, que j'exerce mon art pour que vous me donniez le prix d'un mois de votre travail ? Vous n'avez déjà perdu que trop de temps à soigner votre femme ! »

Il sortit, comme si l'ouvrier l'eût offensé, et ce fût huit jours après seulement qu'ils le revirent, quand il leur amena son malade.

Ce récit, que les bonnes gens firent avec une affectueuse simplicité et en accompagnant chaque mot d'un reconnaissant éloge du vieillard, toucha vivement le cœur du jeune homme et ajouta encore à sa reconnaissance pour son bienfaiteur. Quand il le vit arriver le soir, il lui prit la main et la porta respectueusement à ses lèvres.

« Je vous dois la vie ! dit-il. Je vous dois de ne pas avoir commis un crime !

— Un crime, oui, mon enfant ; car c'est toujours une grande faute que de se soustraire par le suicide aux épreuves que Dieu nous impose, et même aux injustices dont nous frappe la société en échange de services que nous lui rendons. Dieu nous tiendra compte des premières ; quant aux secondes, il faut s'en venger par le mépris ou mieux encore par le pardon. »

Le vieillard soupira à ces paroles avec tant de tristesse, qu'il était facile de comprendre combien, en les disant, il faisait d'amers retours sur lui-même.

« Eh quoi ! demanda le jeune homme, vous, si noble, si généreux, si plein de savoir, avez-vous à vous plaindre de la société et des hommes ?

—Laissons-là ces plaies, auxquelles ne doit pas toucher même une main amie, interrompit le vieillard. Voyons, parlons de vos projets, maintenant que vous voilà en pleine convalescence ! Que voulez-vous faire, et comment pourrai-je vous être utile?

— Je vous devrais toute l'histoire de ma vie, quand bien même elle présenterait des secrets ; mais elle est des plus simples et des plus vulgaires. Je suis né à Vienne ; mon père y professait la médecine avec plus de succès de réputation que de succès de fortune. Il est mort pauvre, il y a quatre ans, sans laisser à ma mère d'autres ressources que le très-médiocre revenu d'une petite maison, son seul patrimoine, et l'espoir chanceux d'un héritage en litige à Paris. J'avais étudié sous mon père afin de tâcher de porter dignement son nom, le nom de Sœmmering, illustré par de grandes études scientifiques. Rien n'eût manqué à mes vœux si j'eusse pu me former une petite clientèle, vivre du produit de mon travail et épouser ma cousine Mina, que j'aimais. Mais les jeunes médecins ont peu de chances de clientèle et de fortune. Après une année d'essais inutiles, de vaines attentes et d'espérances déçues, ma mère me donna le conseil de partir pour Paris et de tâcher d'y recueillir l'héritage, seule chance qui pût rendre désormais possible mon mariage. J'obéis, je quittai Vienne, j'arrivai à Paris, je pris connaissance de l'affaire ; mes droits étaient incontestables ; mais il fallait plaider, et je n'avais pas d'avances suffisantes à faire aux avoués et à l'avocat. Joignez à cela que je me trouvais en pays étranger, que je ne connaissais personne à Paris, et que je n'y étais recommandé par personne. A ces difficultés vinrent se joindre des circonstances plus fatales encore. L'Allemagne déclara la guerre à la

France, et il me devint impossible de regagner mon pays ; heureux encore que mon obscurité ne me fît point arrêter comme prisonnier de guerre ! Je vécus quelque temps des leçons d'allemand que je donnais à quelques étudiants ; mais la maladie m'enleva bientôt cette dernière ressource. Vaincu, brisé, presque fou... Vous savez le reste... Je mendiai, monsieur, et, sans vous, je serais mort ! Mort par un suicide, mon Dieu !

— Le nom de votre père m'est connu, monsieur, malgré l'ignorance où nous sommes en France des grands travaux qui se font à l'étranger. Je sais que la médecine et l'histoire naturelle lui doivent d'importances découvertes.

— Mon père a surtout dirigé ses études sur le système nerveux. On lui doit le complément et la vérification des travaux entrepris à l'étranger par Mojou, Castel, Cabanis, Petit et le docteur Sue. »

Le vieillard devint pâle et sa voix semblait altérée quand il demanda :

« Et quel est le résultat de ces travaux ?

— Que de tous les supplices inventés par les hommes, il n'en est pas de plus douloureux que la décollation, » reprit le jeune allemand.

Le médecin, qui s'était levé, comme pour dominer l'agitation qu'il éprouvait, retomba sur sa chaise et voulut parler ; mais ses lèvres ne surent balbutier que des mots sourds et inintelligibles.

« Oui, monsieur, continua le convalescent, mon père a eu le triste courage de renouveler toutes les expériences des médecins dont je viens de vous parler. Pour arracher à la nature ses secrets, il reçut sous l'échafaud les têtes que lui jetait la hache des bourreaux..... Eh bien il a acquis la fatale conviction qu'après la décollation, l'intelligence reste longtemps intacte et avec toute sa puissance dans le cerveau, sans rien y perdre de ses perceptions. Comme Aldini, il s'est démontré que la contraction des muscles survit à la mort durant trois quarts d'heure. Il a vu, plus d'un quart d'heure après leur séparation du tronc, des têtes de suppliciés fermer les yeux lorsqu'on les exposait à la lumière. Après avoir relevé les paupières, il s'est assuré que ces têtes restaient sensibles à l'action des stimulants, que la langue sortie de la bouche et piquée avec une aiguille se retirait rapidement, et que les traits exprimaient alors une sensation pénible. Il a pu constater que l'organe de l'ouïe demeurait quelque temps encore impressionnable. Deux fois j'ai vu près de lui, avec horreur, les têtes de deux empoisonneurs décapités tourner les yeux du côté où on les appelait ! »

Le vieillard tenait son visage caché dans ses deux mains : il pleurait.

« Mon récit vous fait peur, n'est-il pas vrai ? Mon père ne s'est livré à ces épouvantables études que pour combattre le médecin français inventeur d'un cruel instrument de supplice ; instrument auquel, par un juste châtiment, son nom reste et restera attaché : Guillotin ! »

Le vieillard se releva majestueusement.

« Jeune homme, dit-il avec douceur, mais avec autorité, laissez la calomnie au vulgaire, et n'accusez pas un homme de bien sur des bruits populaires et mensongers,

Guillotin, ce Guillotin que vous méprisez, et que haïssait votre père; Guillotin, dont on ne répète le nom qu'avec dégoût; Guillotin, dont le nom restera, vous l'avez dit, éternellement attaché à un instrument de supplice, ne mérite ni ce mépris, ni cette honte, ni cette ignominie. Écoute-moi bien; car les paroles que je vais vous dire ont besoin d'être entendues et crues, une fois du moins, par un cœur pur et loyal!

« Quand l'assemblée nationale s'occupa de refondre l'ancien système pénal, elle proclama, comme base principale de son travail, l'égalité des peines pour toutes les classes de citoyens, la personnalité des crimes dont la honte ne devait plus rejaillir sur la famille du coupable, enfin l'abolition des tortures et des supplices inutiles. Guillotin, ce Guillotin, objet d'exécration jusque dans votre Allemagne; Guillotin, qui depuis six ans faisait les mêmes études que votre père, et qui, soit erreur, soit réalité, était arrivé à des résultats et à une conviction tout à fait opposés, proposa de substituer la décollation aux différents supplices usités jusqu'alors, à la roue, à la corde, au bûcher. Une fois la tête séparée du tronc, la pensée meurt, se disait-il; et avec la pensée meurent les souffrances. Les mouvements nerveux qui agitent faiblement le cadavre sont mécaniques, et ne proviennent d'aucune sensibilité. Fort de cette conviction, il émit sa proposition, qui fut unanimement accueillie; il ne lui restait plus qu'à continuer et à compléter son œuvre, son œuvre philanthropique, puisqu'elle était destinée à rendre moins cruels les derniers moments de ceux que frappe la loi. Il indiqua donc comme moyen d'exécution le plus sûr et le moins douloureux l'emploi d'une machine connue en Italie sous le nom de *Mannaja*, décrite par le P. Labat, et inventée depuis des siècles, comme l'atteste un vieux tableau de l'école byzantine. Voilà le crime de Guillotin ! Voilà ce qui lui vaut l'exécration qui le poursuit. Si du moins on connaissait sa vie entière !—sa vie, il peut le dire avec un juste orgueil,— sans tâche et sans reproche, sa vie pure devant Dieu et devant les hommes ! Mais, hélas ! ils ne savent que le mépriser et le calomnier !

« Puisque vous avez entendu la justification de ses infortunes, puisque vous ne le méprisez plus ;—n'est-ce pas vous ne le méprisez plus, monsieur? — il faut que vous entendiez l'histoire de sa vie entière, afin que vous puissiez le défendre, le justifier, et qu'au moins une voix s'élève une fois en sa faveur ! Né à Saintes, il professa d'abord en qualité de père jésuite au collége des Irlandais de Bordeaux ; mais cette vie consacrée à un enseignement mesquin ne tarda point à lui paraître étroite et stérile. Il quitta donc la soutane et vint à Paris se livrer au goût passionné qu'il éprouvait pour les sciences médicales ; ou plutôt... (Je vous parle ici comme je parlerais devant Dieu ; je ne cacherai donc ni le bien ni le mal), ce qui le fit réellement se consacrer à l'étude de la chirurgie, ce fut le besoin qu'il éprouvait de soulager de pauvres êtres souffrants et de se rendre utile à ses semblables. Des travaux importants et consciencieux attirèrent l'attention sur lui, et il exerça son honorable profession, non sans succès et sans renommée, jusqu'au moment où la Révolution française éclata. Le médecin du corps voulut devenir le médecin de l'intelligence et s'associer au grand mouvement qui devait, il l'espérait du moins, émanciper la nation, il écrivit donc et publia une brochure intitulée: *Pétition des habitants de Paris et des six corps*. La brochure demandait que la représentation du tiers état aux assemblées des états généraux égalât au moins celle des deux ordres privilégiés pris ensemble.

« Cette brochure excita vivement l'attention publique; le parlement s'en alarma et fit comparaître à la barre le hardi citoyen qui l'avait écrite. Ce dernier ne recula devant aucun de ses principes et sortit acquitté par le grand corps de l'État et presque avec son approbation. Et puis, monsieur, la foule l'attendait au sortir du tribunal; une foule immense qui lui battait les mains; une foule qui le ramena en triomphe chez lui; une foule qui disait avec des transports d'enthousiasme et de reconnaissance son nom, ce nom devenu si funeste! ce nom que je n'ose pas moi-même prononcer! ce nom que mes lèvres se refusent à balbutier!

« L'auteur de la brochure au parlement garda longtemps sa popularité et la faveur publique. Nommé par le tiers état de Paris au nombre des électeurs qui devaient désigner les membres pour les états généraux, il concourut ensuite à la rédaction de la *Déclaration des droits de l'homme*, reçut plus tard l'honorable mandat de rédiger un travail sur les réformes sanitaires à opérer dans Paris et d'organiser les écoles de médecine, de chirurgie et de pharmacie; ce fut alors qu'il conçut la fatale pensée d'une réforme dans la jurisprudence criminelle[1].

[1] Le docteur Louis, secrétaire perpétuel de l'Académie de chirurgie,

« Pour récompense, il fut jeté en prison, en prison où ses compagnons d'infortune s'éloignaient avec dégoût de lui, où ils l'accablaient de leurs sarcasmes. Il attendait la mort avec résignation, et presque avec joie, lorsque le 9 thermidor et la révolution qu'il amena rendirent le prisonnier à la liberté. Il voulut alors quitter la France et demander un asile à quelque coin de l'Amérique, où il pût vivre inconnu et se soustraire à l'anathème que la plus absurde prévention attachait sur sa tête. On lui ordonna, au nom du pays, de rester en France et de consacrer le reste de sa vie au service de la patrie. Il n'hésita point et jeta les bases de la célèbre association connue sous le titre d'*Académie de Médecine*, qui rend déjà de grands services et qui plus tard doit en rendre de plus grands encore. On lui offrit des places, des honneurs; mais il refusa tout ce qui pouvait le mettre en évidence, et ne voulut plus, lui malheureux paria, lui puni en expiation d'un bienfait, n'agir qu'en citoyen obscur. Depuis lors, il propage la vaccine, il porte de mansarde en mansarde la consolation, et, s'il n'est pas heureux, si une pensée cruelle domine sans cesse son esprit, du moins il rend quelquefois service et tarit des larmes. Eh bien, mon ami, accuserez-vous encore Guillotin ?

— C'est un ange ! s'écria Jeanne.

— Si jamais j'en entendais dire du mal... fit son mari en retroussant d'un air de menace les manches de sa chemise et en mettant à nu deux bras nerveux.

fut chargé de faire une consultation sur l'instrument de mort. On la soumit à l'approbation de l'Assemblée nationale, et, après un rapport de Carlier, député de l'Oise, la proposition de Guillotin passa en forme de décret.

— Je consacrerai ma vie à le défendre et à combattre un coupable préjugé, ajouta le jeune Allemand.

— Rien ne saurait détruire ce préjugé, interrompit tristement le vieillard. L'injustice a duré jusques aujourd'hui, et elle se perpétuera d'année en année, de siècle en siècle ! Mon nom est immortel ! Mais, hélas ! quelle immortalité, mon Dieu !

« Qu'importe, ajouta-t-il après un moment de silence et de méditation ; qu'importe ! je trouverai justice au ciel... Et je suis près du ciel ! Il reste encore bien peu d'amertume pour mes lèvres dans la triste coupe à laquelle elles s'abreuvent depuis si longtemps. »

Ses pressentiments ne le trompaient pas. Le jeune Sœmmering, de retour à Vienne l'année suivante, grâce à la protection et aux secours du vieillard, apprit que, le 26 mai 1814, le docteur Joseph-Ignace Guillotin était mort à Paris à l'âge de soixante-seize ans.

LE SECOND SOLEIL

S'il est au monde un lieu charmant pour prendre les eaux, assurément c'est Spa. On y trouve réunis tout le pittoresque d'une nature sauvage et tout le confortable de la recherche la plus exquise : on peut y être poëte le matin et épicurien le soir. Enfin quelques heures en chemin de fer séparent seulement Spa de Paris.

Voici à peu près quel genre de traitement hygiénique suivait un des soi-disant malades qui se trouvaient il y a quinze ans à Spa. Pauvre écrivain, poursuivi, durant l'hiver, par les bals, les spectacles, l'étude et le tourbillon du monde, il avait besoin, pour se guérir, d'air pur, de campagnes verdoyantes, de distractions sans fatigue, et peut-être, à la rigueur, d'un peu d'eau puisée à une source minérale.

Doncques, éveillé de grand matin, il parcourait la campagne, allait visiter le magnifique manoir de Justenville, s'asseyait à l'ombre des ruines du vieux château de Franchemont, et revenait toujours de ces excursions artistiques assez tôt pour ne rien perdre des plaisirs de la soirée.

Parmi la foule brillante et joyeuse qui se trouvait réunie à Spa, on voyait errer une sorte de vieux fantôme auquel personne ne pouvait consciencieusement contester la qualité de malade; Lazare, au sortir du sépulcre, ne montrait point assurément une face plus livide et plus amaigrie. Tantôt il suivait avec ferveur les prescriptions du docteur qui préside aux eaux et semblait se rattacher de toutes ses forces à la vie. D'autres fois il se jetait dans les excès les plus dangereux, buvait comme quatre Anglais, non de l'eau, mais du vin; consumait ses nuits au jeu, et passait avec dédain devant les flots fumeux de la fontaine du Pouchon.

L'inégalité des habitudes hygiéniques de l'étranger se retrouvait dans ses habitudes sociales. Tantôt il vivait seul, à l'écart, et répondait à peine aux domestiques qui lui demandaient ses ordres; d'autres fois il se montrait pour tout le monde gracieux, empressé, spirituel, aimable, et faisait oublier l'étrangeté de son aspect par la séduction de ses paroles et par la douceur mélodieuse de sa voix.

Un jour que le feuilletoniste parisien se promenait près de la source de la Sauvenière, préoccupé de je ne sais quel roman dont il élaborait l'idée, l'étranger l'aborda tout à coup.

« Monsieur, dit-il sans autre préambule, si vous cherchez un sujet à traiter, je vais vous en conter un qui, je le pense, prête d'une façon singulière à un développement dramatique. Asseyez-vous là, s'il vous plaît, et prêtez-moi l'oreille.

« La scène se passe d'abord à Copenhague... »

L'homme de lettres trouva le début trop original et trop inattendu pour que l'histoire ne valût pas la peine d'être écoutée. Le vieux malade qui s'exprimait assez facilement en français, recueillit quelques instants ses pensées, appuya les deux mains contre ses genoux, et fixa sur son auditeur le regard étrange de ses grands yeux verdâtres.

« La scène, comme je vous l'ai dit, monsieur, répéta-t-il, se passe à Copenhague. Aucune ville d'Europe, surtout si l'on considère sa population, ne compte un plus grand nombre de colléges que Copenhague : Chrétien Ier y fonda, en 1479, un *alma universitas* avec des statuts rédigés par l'archevêque de Sieud, des dotations de terre et de nombreux priviléges ; Chrétien III l'enrichit des biens enlevés au clergé ; Chrétien VII augmenta le nombre des professeurs, et modifia les statuts de manière à les rajeunir et à en rendre utile et possible l'exécution. Aujourd'hui de nombreuses fondations royales ou particulières donnent des bourses à deux cents écoliers; un cloître sert de logement à cent autres qui reçoivent en outre, gratuitement, la nourriture et les livres.

« L'université de Copenhague compte douze professeurs extraordinaires et seize ordinaires : le grade des premiers et leur traitement correspondent au grade et au traitement de major, sans compter les quatre écus que payent annuellement et personnellement la plupart des élèves à ceux qui les enseignent.

« Le docteur Magnussen était professeur Extraordinaire de philosophie depuis dix-neuf ans onze mois et deux jours à l'université de Copenhague, lorsqu'il tomba gravement malade et mourut.

« La mort de cet homme, l'un des plus savants du Danemark, et dont la vie modeste et laborieuse avait été honorable et pure devant Dieu comme devant les hommes, laissa sa veuve et sa fille Stierna dans un état voisin de la pauvreté. Il ne leur légua pour tout héritage que sa bibliothèque, quelques instruments de physique, une petite maison dans le faubourg, et une somme de trois ou quatre cents écus qui ne pouvait leur donner qu'une rente de cents livres tout au plus. Les pauvres femmes comptaient, pour subsister, sur la pension à laquelle ont droit les veuves de professeur après vingt ans de service de leur mari. Hélas ! il s'en fallait de vingt-huit jours que ces vingt années fussent accomplies ; et le recteur, après avoir consulté les autres professeurs et le ministre lui-même, déclara, les larmes aux yeux, à madame Magnussen, que l'on s'en tiendrait rigoureusement à la lettre du texte, et qu'elle ne serait point inscrite sur la liste des pensions.

« La veuve reçut cette triste réponse à ses démarches avec plus de résignation qu'elle ne s'attendait elle-même à s'en trouver. Elle prit courageusement son parti et résolut de vivre de son industrie et du travail de ses mains.

« La chose était plus difficile à exécuter qu'elle ne le croyait : en vain elle demandait à tous ceux qu'elle connaissait des travaux de broderies, et même de couture, on ne se souciait point de confier à des dames ce que des ouvrières feraient infailliblement mieux d'abord, et ensuite à plus bas prix. La ressource sur laquelle elles comptaient manqua donc à la veuve et à sa fille ; elles se décidèrent, comme dernière extrémité, à tirer parti de leur maison, à louer la chambre du défunt et sa bibliothèque, enfin à prendre deux pensionnaires.

« Il en coûta beaucoup à madame Magnussen d'introduire ainsi chez elle des étrangers, et de devenir en quelque sorte leur servante ; mais elle sut mettre tant de dignité et de simplicité noble dans la manière dont elle s'acquittait de ses humbles devoirs, qu'elle n'en sembla que plus digne d'égards et de respects. Ses premiers hôtes furent d'ailleurs des personnes attachées à l'Université, et pour ainsi dire des amis. L'un était un vieux professeur Extraordinaire qui enseignait la théologie, l'autre un jeune homme appelé, par suite des mutations qu'avait causées la mort du docteur Magnussen, à la chaire ordinaire de médecine. Il se nommait Bertel Granh, et ne tarda point à se faire pardonner par la veuve ses vingt-six ans, grâce à sa conduite régulière, à la douceur de ses mœurs et à son amour passionné pour l'étude. Il ne descendait de sa chambre qu'à l'heure du repas, disait quelques bonnes paroles à madame Magnussen, saluait timidement Stierna, et, au sortir de la table, retournait à ses travaux scientifiques, à moins que ce ne fût jour de fête et qu'on l'invitât à prendre le thé en compagnie de son vieux collègue et de deux ou trois amies de la veuve du professeur.

« Un an après la mort de son mari, madame Magnussen tomba dangereusement malade. Le docteur Bertel Granh lui prodigua des soins si dévoués et si savants, qu'il parvint à conjurer la fièvre qui mettait en péril les jours de la pauvre femme. On célébra, par une fête de famille, la guérison de la convalescente. Stierna bróda un sac à abac pour le docteur Granh, et celui-ci reprit sa vie solitaire et laborieuse comme par le passé.

« Sur ces entrefaites, le vieux professeur Extraordinaire accomplit les vingt ans qui lui donnaient droit à la retraite universitaire, et résolut d'aller finir le peu de jours qui lui restaient au village où il était né. Ce fut une grande affaire dans le ménage de madame Magnussen que la perte de ce pensionnaire, et la grave question de savoir comment le remplacer. Bertel consulté proposa un nouveau professeur, son camarade d'enfance, qui venait enseigner la médecine dans une des trois chaires ordinaires de l'Université. Ole Matthiœsen occupa donc la chambre qui se trouvait vacante, et ne tarda point, comme son ami, à se gagner l'affection de leur hôtesse.

« Le bonheur semblait rentré tout à fait dans le logis de la veuve, et ses prières remerciaient Dieu, chaque jour, des consolations qu'il daignait lui accorder : une mère n'aurait pas été plus paisible et plus heureuse au milieu de ses enfants qu'elle ne l'était près des deux jeunes hommes. Stierna vivait avec eux comme l'eût fait une sœur : elle veillait au blanchissage de leur linge, mettait ses soins et son orgueil à l'entretenir en bon état, et n'aurait pas voulu pour tout au monde leur laisser le moindre souci de la vie matérielle. Il fallait la voir dès le matin, en petit corset, en jupe courte et ses beaux bras nus, mettre sécher sur des cordes tendues dans la cour les cravates et les gilets qu'elle venait de blanchir, et se hâter de préparer le déjeuner dès que l'horloge de la cathédrale sonnait sept heures et demie. Jamais les deux professeurs n'attendaient une minute leur premier repas, et ils s'en allaient ensuite à l'Université les bras fraternellement enlacés, non sans avoir reçu le bonjour maternel de dame Magnussen, et le sourire par lequel leur disaient : Au revoir! les lèvres roses de Stierna.

« Quand ils rentraient à midi, la jeune fille avait remplacé son jolie négligé du matin par une robe simple, mais qui faisait valoir la souplesse de sa taille et laissait au suave contour de son col de cygne toute sa grâce et toute sa pureté. D'ordinaire elle nouait sur le sommet de sa tête ses cheveux blonds à reflets cendrés, qui laissaient ainsi à découvert un front blanc comme de l'ivoire, et sur lequel siégeait une sérénité angélique. Les grands cils presque noirs qui voilaient ses yeux bleus donnaient à sa physionomie naïve et noble une expression de candeur ineffable et qui n'avait rien de terrestre. Cet éclat d'un autre monde se trahissait du reste dans toute sa personne; ses petits pieds ne semblaient point faits pour fouler la poussière d'ici-bas; ses mains, devant lesquelles se fût agenouillé Thorwalden, gardaient une divine blancheur, malgré les travaux domestiques ; enfin on ne pouvait entendre sans émotion sa voix vibrante et mélodieuse! Tout, jusqu'à son nom de Stierna, qui signifie étoile en langue danoise, concourait à rendre plus complète et plus irrésistible cette harmonie de grâce et de virginité céleste.

« A voir les deux jeunes professeurs se rendre à l'Université, appuyés sur le bras l'un de l'autre, à les savoir camarades d'enfance et vivant sous le même toit, on aurait dû naturellement les croire unis par l'amitié la plus tendre et la confiance la plus absolue. Il n'en était rien, cependant. Sous les apparences d'une cordialité fraternelle, ils vivaient plus isolés l'un de l'autre que si de grandes distances les eussent tenus séparés. Toujours prêts à échanger les petits services dont ils pouvaient mutuellement avoir besoin, à se fournir une note, à se prêter un livre, à s'expliquer le sens obscur d'un passage difficile, jamais ils n'avaient éprouvé le besoin de se dire une parole affectueuse et de déposer dans le cœur l'un de l'autre la moindre pensée intime. Graves et mélancoliques, à peine, durant les repas, levaient-ils les yeux sur Stierna, ils ne lui parlaient que pour répondre à ses questions; jamais Matthiœsen ne lui montrait plus d'intimité que Granh, et Granh mettait tous ses soins à ne jamais franchir les limites respectueuses sur lesquelles Matthiœsen s'arrêtait.

« Madame Magnussen et Stierna ne mettaient aucune différence dans leur affection et dans leur manière d'être à l'égard des deux pensionnaires ; mais chez elles cette façon d'agir était naturelle, tandis que chez les jeunes gens elle résultait de calculs réels, d'une convention tacite et d'un parti pris qui eussent été évidents pour des âmes moins naïves et moins confiantes que la veuve du professeur et sa fille.

« Pendant deux années entières, rien ne changea, en

apparence du moins, dans les rapports de ces quatre personnes. Seulement Ole et Bertel devinrent de plus en plus sombres, et un reproche amical de dame Magnussen, une gronderie affectueuse de Stierna, ne parvenaient point toujours à rendre à leurs fronts un peu de sérénité.

« La jeune fille et sa mère attribuaient cette tristesse aux fatigues de l'étude ; quant aux deux professeurs, ni l'un ni l'autre n'ignorait la cause véritable de leur mutuel et sombre accablement! Chacun d'eux avait lu dans le cœur de son camarade. Quelque soin que missent leurs yeux à ne point se rencontrer, plus d'une fois le hasard avait fait entre-choquer les regards de haine qu'ils se jetaient.

« Une nuit, Ole Matthiœsen, qui ne pouvait dormir, avait quitté son lit et cherchait à se soustraire à lui-même par l'étude, cet opium qui, mieux que l'autre peut-être, sait engourdir les passions, suspendre la pensée et l'étourdir par d'enivrants vertiges. Absorbé dans sa lecture, il tressaillit tout à coup, car la porte s'ouvrit brusquement, et la figure sombre et pâle de Bertel apparut.

« — Nous ne pouvons vivre plus longtemps de la sorte, dit ce dernier ; n'est-ce pas votre avis, Ole Matthiœsen ?

« — Oui, Bertel Granh, répliqua Ole en se levant pour détacher de la muraille des pistolets qui s'y trouvaient accrochés. Ce que vous me dites, je le pense depuis longtemps. Quand vous êtes entré, je me demandais si je n'allais point vous aller trouver. La mort de l'un de nous deux, voilà ce qu'il faut!

« — Écoutez-moi, Ole, un duel mettrait toute la ville en émoi; il perdrait pour toujours celui qui survivrait. Forcé de renoncer à son titre de professeur, obligé de fuir du Danemark ou de subir la rigueur des lois, il ne serait satisfait que dans sa haine ; et nous voulons plus, n'est-il pas vrai, Ole ?

« — Je vous comprends, Bertel. Oui, que les chances du hasard décident entre nous ! Celui qu'elles ne favoriseront point devra mourir, mais mourir en secret, sans que personne sache rien de son sort, sans que nul au monde puisse découvrir ce qu'il est devenu !

« — C'est ce que je voulais vous proposer. Eh bien ! prenez cette Bible et ce poignard que je vois à votre ceinture. Voici le mien, car depuis un an nous portons des poignards, Bertel. Dans quelques secondes, les cloches de la cathédrale sonneront minuit. Au moment où le dernier coup commencera à tinter, nous enfoncerons chacun notre lame entre les pages du livre. Celui qui amènera la lettre la plus élevée dans la hiérarchie de l'alphabet, disposera de la destinée de l'autre.

« Ils attendirent quelques instants en silence, les yeux baissés et la poitrine haletante, que minuit commençât à tinter. Au dernier glas, ils glissèrent les poignards entre les pages du volume saint, profané par le pacte sanguinaire. Chacun chercha avidement la lettre amenée par son adversaire.

« — Un D ! s'écria Bertel.

« — Vous avez un B, répondit Ole.

« Un silence mortel s'établit entre les deux ennemis. Ce fut Ole qui l'interrompit le premier.

« — Soit ! murmura-t-il d'une voix basse et creuse, soit ! Je tiendrai ma parole, et vous n'entendrez plus parler de moi. Combien de temps m'accordez-vous ?

« — Trois jours.

« — C'est plus qu'il ne m'en faut. Vous faites le généreux, Bertel, reprit Ole avec une amère ironie, laissez-moi.

« Bertel rentra dans sa chambre, le cœur serré par une main de fer; il se sentait mille fois plus malheureux qu'auparavant. La perte de Ole, loin de soulager les maux qu'il endurait, ajoutait encore à leur âpre violence. Il voulut aller retrouver son ancien ami, et lui rendre sa funeste promesse, mais il trouva la porte de ce dernier fermée au double tour; et quand il frappa en le suppliant d'ouvrir, non-seulement il ne reçut point de réponse, mais dame Magnussen, éveillée par ce bruit inaccoutumé, accourut enveloppée à la hâte dans un manteau, et s'informa avec angoisse si Bertel se sentait malade. Celui-ci, déconcerté, allégua une indisposition, et dut se résigner à boire force tisane et à subir les soins de la digne et obstinée femme, jusqu'au moment où il put, sans invraisemblance, assurer qu'il n'éprouvait plus rien de fâcheux et que son mal se dissipait. Alors seulement dame Magnussen regagna son lit, en se félicitant du succès de sa cure et non sans admirer plus que jamais les vertus merveilleuses de la centaurée mélangée au thé pour guérir les crampes d'estomac et les spasmes nerveux.

« Le lendemain, Ole et Bertel se rendirent à l'Université, en se donnant le bras comme de coutume. Seulement ils n'échangèrent point une seule parole; mais cela leur arrivait souvent, surtout lorsqu'ils avaient une importante leçon à préparer.

« Quand Ole revint à midi, il trouva une lettre ; on l'avait apportée pendant son absence. Il la décacheta, et dès qu'il eut jeté les yeux sur ce qu'elle contenait, il témoigna une joie excessive.

« — La bonne nouvelle ! s'écria-t-il, me voilà riche désormais ! Un parent éloigné me laisse une fortune considérable : cent mille écus ! Il faut que je parte demain matin pour le Holstein, où se trouvent mes nouveaux domaines ! Je ne laisserai, ma foi ! qu'un regret à Copenhague, la douleur de quitter des amis comme vous, madame Magnussen et mademoiselle Stierna ; comme toi, mon cher Bertel, laisse-moi le plaisir d'employer avec toi, avant de partir, le langage d'un frère.

« Je vais écrire ma démission de professeur, Bertel : tu la remettras toi-même au recteur Magnifique, en le priant d'excuser la précipitation de mon brusque départ. Tu l'instruiras de la nécessité qui m'oblige à quitter sur-le-champ Copenhague. Je n'emporterai point de bagage ; cela me permettra d'aller plus vite. Puisque j'échange une vie pauvre pour entrer dans une autre vie... une vie brillante et de plaisirs, sans doute... je veux faire des legs et écrire le testament de ma misère agonisante. Dame Magnussen héritera de mes deux couverts d'argent ; mademoiselle Stierna acceptera cette bague qui me vient de ma mère, et Bertel aura tous mes livres, dont je n'ai plus que faire désormais !

« Il disait cela avec tant de gaieté et de franche folie, que Bertel lui-même se demandait si la fortune supposée de Ole n'était point une réalité.

« — A table, continua Ole, à table ! Que mademoiselle

Stierna nous serve de ses meilleures confitures; que le vin de France sorte de la cave, comme aux grands jours de fête! N'est-ce pas une fête pour vous, mes amis, que la grande nouvelle de ma fortune et de ma liberté?

« On se mit à table, et quand le dîner fut terminé, quand les deux femmes eurent entre-choqué leurs verres contre celui du voyageur, ce dernier présenta un large vidrecome à Bertel?

« — Te voilà bien pâle! ami, lui dit-il. Eh quoi! celui qui reste s'attriste, quand celui qui s'en va se réjouit? Fi des larmes et du chagrin! Embrassons-nous, frère, et adieu.

« En disant cela, il donna l'accolade à Bertel, le baisa sur les deux joues, et serra dans ses bras dame Magnussen. Stierna, émue, s'avança et présenta son front aux lèvres de Ole. Alors toute la gaieté factice du jeune homme s'affaissa, des larmes emplirent ses yeux, des sanglots entrecoupèrent sa voix, et il faillit s'évanouir. On le vit lutter quelques instants contre cette cruelle émotion, mais il la maîtrisa bientôt, effleura de ses lèvres les cheveux de la belle enfant, et s'éloigna avec précipitation.

« Arrivé à l'extrémité du faubourg de Copenhague, il s'arrêta, agita son mouchoir en signal d'adieu, et disparut.

« On avait cessé de le voir depuis longtemps, que Bertel restait encore là sur le seuil, immobile, pâle et atterré.

« — Quel bon jeune homme! murmura dame Magnussen; et dire que nous ne le reverrons jamais plus!

« — Nous le reverrons! s'écria Bertel : je cours le retenir; je veux l'empêcher d'accomplir jusqu'au bout ce fatal voyage!

« Et déjà il s'élançait, quand il entendit les sanglots de Stierna, quand il vit les joues de la jeune fille qui ruisselaient de larmes.

« — Il est trop tard! dit-il en s'arrêtant. La voiture l'emporte au loin sur la route du Holstein. »

Soit fatigue, soit émotion, le vieillard interrompit quelques instants son récit.

Il le reprit ensuite en ces termes :

« Après le départ de Ole, la maison de dame Magnussen devint d'une tristesse profonde. Cette maison, on le comprend, ne perdit point de sa gaieté, car il était bien rare que les quatre personnes qui l'habitaient naguère sortissent des habitudes mélancoliques que les unes devaient à la perte d'un père et d'un mari, les autres aux passions qui les tourmentaient, mais elle perdit de son mouvement et de sa vie. Bertel proposa à la veuve de prendre, pour son compte, la chambre que laissait vide l'absence de Matthiœsen; il donna pour prétexte l'impossibilité où il était de pouvoir se livrer, dans sa petite cellule, aux études de physique qu'il se proposait de faire. En réalité, il avait pour but unique d'empêcher une autre personne de venir habiter sous le même toit que Stierna.

« Cependant, par une contradiction inexplicable en apparence, jamais il n'avait moins recherché la société de la jeune fille. Il semblait même en quelque sorte l'éviter, et il laissait passer des journées entières sans lui adresser une parole. Parfois, néanmoins, la naïve jeune fille surprenait le regard de Granh furtivement attaché sur elle, sans qu'elle pût s'expliquer ni comprendre quels motifs rendaient ainsi ce regard brillant d'un feu sombre et presque sinistre. Par moments elle se demandait avec inquiétude si le départ de son ami n'avait pas troublé la raison du jeune homme, car il se livrait à des accès étranges et qui semblaient presque de la folie. A table, il oubliait de porter les aliments à ses lèvres ; il laissait tomber sa tête pâle sur sa poitrine, et il fallait que madame Magnussen l'appelât trois ou quatre fois par son nom avant de parvenir à le tirer de ce sommeil éveillé. La nuit, on l'entendait errer dans sa chambre, ouvrir la fenêtre, et passer des heures entières à regarder le ciel. Souvent même il pleurait, se livrait à des accès de désespoir, et le nom de Ole s'échappait convulsivement de ses lèvres.

« Un matin il descendit si pâle, si défiguré, que le cœur de Stierna s'émut d'une compassion profonde. Elle alla droit au jeune homme et l'arrêta, quoiqu'il voulût se détourner et passer outre.

« — Ne me fuyez pas ainsi, docteur Bertel, fit la douce créature de sa voix ineffable ; il faut que j'aie une explication avec vous. Depuis longtemps vous ne me parlez plus, vous semblez m'éviter. Vous ai-je offensé sans le vouloir ? S'il en est ainsi, dites-le-moi, pour que j'évite de retomber dans pareille faute. Pardonnez-moi, surtout, car je regrette vivement de vous avoir affligé.

« — Vous ne m'avez point offensé, Stierna. Si je ne vous parle plus, si je vous évite, c'est que je me sens indigne de vous adresser la parole, c'est par honte de vous souiller de ma présence.

« — Que voulez-vous dire, monsieur Bertel ? Au nom

de l'amitié que ma mère et moi nous avons pour vous, mettez un terme à ce triste mystère, expliquez-le.

« — Quand vous le saurez, Stierna, c'est vous alors qui vous détournerez de ma présence, vous qui ne voudrez plus me voir ni m'entendre.

« — Moi ! Bertel ? Moi qui depuis tant d'années vis près de vous ? Moi qui vous aime comme un frère ?

« — Comme un frère ! dites-vous ? Eh bien, si ce frère avait commis un crime, ne le chasseriez-vous point à jamais de votre présence ?

« — Un crime ! Oh ! cela n'est point possible !

« — Et cependant j'ai commis un crime ! Du sang souille mes mains ! Je suis un homicide.

« — Oh ! taisez-vous ! taisez-vous ! j'ai peur, laissez-moi fuir.

« — Vous m'entendrez jusqu'au bout cependant, Stierna ! Maintenant que vous m'avez forcé à ouvrir l'abîme, votre regard pénétrera au fond. Écoutez donc ! J'aimais une jeune fille, un autre aussi l'aimait... J'ai joué au sort ma vie avec celle de mon rival. J'ai gagné, il s'est tué.

« — Horreur ! horreur !

« — Ne voulez-vous point savoir quelle est cette jeune fille, Stierna ?

« — Oh ! non, ne me le dites pas, laissez-moi fuir !

« — Cette jeune personne se nomme Stierna Magnussen.

« — Reprenez ces fatales paroles, Bertel, reprenez-les ; je vous le demande à genoux. Voyez mon trouble, mon désespoir ! dites que vous vous jouez de moi ; que tout cela n'est qu'un jeu cruel ! Moi, je serais votre complice !

Pour moi, l'on aurait versé du sang! pour moi on aurait commis un crime, un meurtre! Oh! c'est quelque chose de plus affreux encore! Un malheureux s'est vu réduit au suicide! Il a perdu à la fois son âme et son corps! Dites, ce n'est point la vérité, n'est-ce pas?

« — C'est la vérité.

« — C'est là vérité, et vous n'avez point encore fui de ces lieux? Mon père, dans le ciel que vous habitez, vos regards se sont détournés de moi pour que pareille honte afflige votre maison et souille votre enfant! Arrière, Bertel! arrière, assassin! ne voyez-vous point que vous me faites horreur?

« Bertel resta debout obstinément devant la pauvre désespérée.

« — Avant de me répéter l'ordre de fuir et de ne plus vous revoir; avant de me dire encore que je vous fais horreur, Stierna, écoutez-moi bien; si je sors de cette maison, ce sera pour mourir.

« — Pour mourir?

« — Oui, vous avez déjà perdu une âme, vous en perdrez deux.

« — Mon Dieu! mon Dieu! que vous ai-je fait pour que vous m'infligiez de si cruelles épreuves?

« — Croyez-vous que j'ai lutté contre mes remords, que j'ai repoussé les pensées de suicide qui me poursuivaient par un autre motif que l'amour que j'éprouve pour vous? Au milieu de l'enfer de mon cœur luisait parfois un bonheur qui en suspendait les souffrances. Ce bonheur. c'était de vous voir, c'était d'entendre votre douce voix. Vous me chassez, peut-être faites-vous bien, et vous montrez-vous charitable. J'aurai maintenant le courage de mourir. . .

« — Vous avez raison ; restez, il le faut, monsieur. Puisque je suis la cause involontaire de votre crime, je dois en subir l'expiation, et prendre ma part de vos remords. Restez, et que Dieu vous donne le repentir comme il m'a donné à jamais le désespoir.

« — Le repentir! le remords! oh! Dieu n'a point attendu votre prière pour me les donner. Vous ne savez donc pas que les nuits sont pour moi sans sommeil, qu'une fièvre lente me dévore sans cesse! qu'un nom bruit toujours à mes oreilles? que ce nom se tient constamment sur mes lèvres prêt à s'échapper avec l'aveu de mon crime? Le remords! Si vous pouviez comprendre ce que les remords me font souffrir, au lieu de l'horreur que je vous inspire, vous me prendriez en pitié ; vous me tendriez la main pour me consoler, et vous mêleriez mon nom aux prières que vous adressez à Dieu ; vous crieriez en disant : « Seigneur, grâce pour lui, mon Dieu! »

« La compassion fut en effet le sentiment que Stierna ne tarda point à éprouver pour Bertel. Après les premiers moments d'horreur et d'effroi, elle réfléchit qu'il était malheureux, et malheureux à cause d'elle. Dès lors, une dangereuse pitié la préoccupa vivement, et tint sans relâche sa pensée fixée sur le jeune homme, le jour comme la nuit ; car le sommeil avait quitté désormais la chambre de la vierge. Elle s'affligeait de la faute et des remords de Bertel, elle demandait à Dieu, pour lui, le pardon, et cherchait par mille moyens affectueux à donner au coupable quelque espoir dans la miséricorde divine. Elle lui prodiguait l'intérêt et l'indulgence. Pour lui rendre sa faute moins lourde, elle en prenait généreusement la moitié et voulait la porter avec lui.

« Cette communauté de secret et de repentir, cette sublime et volontaire complicité, ne tardèrent point à devenir un sentiment plus tendre que ne le croyait elle-même Stierna, et contre lequel elle ne se tenait point en garde. Jamais une parole tendre n'était sortie de leurs lèvres, mais quand Stierna voyait Bertel plus pâle que d'habitude et en proie aux spasmes du désespoir, elle serrait furtivement sa main et attachait sur lui ses grands yeux bleus brillants d'une céleste compassion.

« Sur ces entrefaites, la mère de Bertel tomba dangereusement malade ; il fut obligé de partir brusquement pour la revoir encore une fois avant que la mort ne la séparât à jamais de son fils. Il pleurait avec tant d'amertume, il souffrait si vivement, que Stierna, d'elle-même, promit de lui écrire tant que durerait son absence, et tint sa promesse. Elle ne parlait, dans ses lettres, que de la mourante, de Dieu, d'espérance et de pardon au ciel ; mais elle n'écrivait pas moins chaque jour, et, pour ainsi dire, durant chaque jour entier à Bertel.

« Quand revint le professeur, sa mère était morte ; il ne restait plus au malheureux personne en ce monde pour l'aimer. Stierna s'efforça de lui rendre moins cruel cet isolement. Si bien qu'un jour, assis près de la grande cheminée où resplendissait la haute flamme d'un sarment de sapin ; ils se surprirent, oublieux du passé et leurs mains unies, parlant avec espérance de bonheur et d'avenir.

« Bien des épreuves et des années les séparaient, hélas ! du jour où ils pourraient réaliser les beaux rêves qu'ils faisaient. Ils étaient tous les deux trop pauvres pour pouvoir de longtemps se marier. Bertel ne possédait d'autre fortune que son traitement de professeur, et il lui restait à acquitter, avec ce même revenu, des dettes assez considérables que lui avait laissées sa mère en mourant. Mais qu'importaient le temps et les épreuves à ceux-là dans les cœurs desquels l'espoir succédait au désespoir, et qui du moins pouvaient entrevoir, si loin qu'elle fût, la félicité dans l'avenir ? Le souvenir de Ole revenait bien parfois les troubler comme un reproche, mais il leur semblait cependant que le pardon descendait du ciel sur eux goutte à goutte. Devant la magnifique splendeur de l'amour, la sombre lueur du remords s'effaçait.

« Une année s'écoula de la sorte, pour Stierna et pour Bertel, dans les extases d'une puissante et pudique tendresse. Dame Magnussen savait et approuvait les fiançailles secrètes des deux jeunes gens, quoiqu'ils ne lui en eussent point fait confidence. C'est ainsi qu'elle-même avait aimé son mari longtemps avant que son mariage ne devînt possible. De pareilles unions mystiques sont communes dans le Nord, où règne si durement la pauvreté. Avec un noble pacte d'amour au cœur, un jeune homme lutte courageusement contre les difficultés de la vie, et conquiert, sinon de la fortune, au moins un peu d'aisance. Alors il vient la déposer aux pieds de celle qui l'attendait sans défiance, même quand le temps et la distance les séparaient.

« Moins à plaindre, Stierna et Bertel vivaient sous le

même toit, l'un près de l'autre, et quoiqu'ils n'eussent jamais échangé un baiser, ils portaient des regards de désir, mais non d'impatience, vers l'époque lointaine qui devait amener leur mariage.

« Cette situation, qui semblerait impossible et périlleuse dans nos mœurs françaises, devenait toute simple et pleine de charme à Copenhague. La vie se passait pour eux en enivrements suaves et doux des deux amants : le corps sommeillait, l'âme seul vivait.

« Du reste, ils ne se voyaient guère plus souvent que par le passé. Les heures des repas, et parfois une veillée de famille, les réunissaient seulement.

« Bertel donnait une grande partie de ses soirées à l'étude de la physique, goût que lui avaient inspiré les instruments laissés par le père de Stierna, et longtemps oubliés dans une petite chambre où l'on rassemblait tous les débarras de la maison. Le soir, il aimait à parler des phénomènes de cette science à laquelle il se livrait passionnément, et il initiait la jeune fille aux mystères de ce nouveau monde fantastique et de cette nature inconnue.

« Tout était merveilles pour Stierna, que la prudence de son père avait sagement laissée dans une charmante ignorance, et à laquelle il n'arrivait point de sortir, deux fois par an, du logis; encore ne le faisait-elle qu'avec sa mère. Le passé, le présent, l'avenir, la vie réelle, enfin, consistait pour elle dans Bertel, dans sa mère, dans sa petite maison et dans le souvenir de Ole; cette dernière pensée, qui devenait chaque jour plus vague et plus lointaine.

« Plus une pareille existence était douce, plus le coup

qui la bouleversa frappa douloureusement la jeune fille. Dame Magnussen tomba gravement malade, et bientôt il ne resta plus d'espoir de la guérir. Cette femme forte, selon l'Évangile, et qu'une existence de vertu avait depuis longtemps préparée à une sainte mort, ne se sentit d'inquiétude, en ce moment redoutable, que pour l'enfant qu'elle abandonnait sur la terre; encore cette inquiétude se consolait-elle par la pensée de l'amour qu'elle savait à Bertel pour Stierna. Elle les appela, un matin, près de la couche où bientôt elle allait mourir, et leur prit à tous deux la main.

« — Bertel Granh, dit-elle d'une voix faible mais distincte, vous aimez Stierna, et Stierna vous aime. Je lui laisse donc un protecteur ici-bas, et je puis quitter la terre sans crainte. Vous avez voulu me cacher beaucoup de mystères que je connaissais, mes enfants; mais je sais que les secrets, même les plus innocents, aiment à se tenir dans l'ombre. Que Dieu vous bénisse comme je vous bénis, mon fils !... Stierna !...

« Ils tombèrent à genoux; car c'était devant un cadavre qu'ils priaient et qu'ils pleuraient.

« Le lendemain du jour où les restes mortels de dame Magnussen furent déposés dans le cimetière, Stierna, appuyée sur le bras de Bertel, se rendit en pleurant chez une vieille parente, pour y passer le temps de son deuil et attendre le moment où elle pourrait épouser son fiancé. Ce moment ne devait pas être éloigné, car Bertel espérait acquitter, dans l'année, toutes les dettes de sa mère, et il ne lui resterait seulement alors à réunir que la petite somme nécessaire pour sa mise en ménage; les amants se séparèrent donc sur le seuil de la vieille tante.

« Il fut convenu, avant de se séparer, que le professeur viendrait rarement rendre visite à sa promise.

« Il est vrai que Bertel prit l'engagement de passer, chaque jour, en allant et revenant de l'Université, sous les fenêtres de Stierna, et que Stierna ajouta qu'elle serait toujours à la fenêtre.

« Les fiancés se voyaient donc deux fois par jour, à onze heures, lorsque le professeur revenait de l'Université le matin, et à deux heures, lorsqu'il y retournait pour les classes de l'après-midi.

« A son premier départ et à son second retour, l'obscurité les privait impitoyablement de ce bonheur.

« Stierna savait inventer d'ingénieux prétextes pour se trouver appuyée sur le balcon de la fenêtre, quand approchait un de ces doux moments si vivement attendus de la journée. Elle voyait venir au loin Bertel, qui ne marchait qu'avec lenteur pour tenir plus longtemps ses yeux attachés sur la jeune fille. Arrivé en face d'elle, ils échangeaient un doux et long regard; puis le cœur palpitant, l'un continuait sa route, tandis que l'autre, émue et souriante, feignait de travailler avec ferveur à quelque ouvrage de couture, mais en réalité suivait de l'oreille le bruit des pas qui s'éloignaient.

« La vie des amants, pendant six mois, se résuma entière dans ces deux rendez-vous quotidiens et dans la visite que Bertel faisait, tous les quinze jours environ, chez la vieille parente de Stierna. Ils aimaient beaucoup mieux leur rapide mais libre entrevue à la fenêtre, que ces solennelles visites, durant lesquelles il fallait soigneusement renfermer leur amour au fond du cœur, pour que ce doux secret de leurs âmes ne tombât pas au pouvoir d'une curiosité bourgeoise et tracassière. Stierna décomptait donc avec les charmantes angoisses de l'attente le moment où Bertel lui apportait du bonheur pour la journée entière. Bertel oubliait la fatigue et les ennuis de sa laborieuse profession sous le regard consolant et tendre qu'il recevait en passant sous le balcon.

« La veuve de M. Magnussen était morte vers l'automne. A la fin de l'été, Stierna se sentit devenir vaguement inquiète et triste, car plusieurs fois Bertel, en se rendant à l'Université, s'était trouvé en retard de quelques minutes, et avait passé presque en courant sous les fenêtres de sa fiancée, pour ne point arriver après l'ouverture des classes, qu'annonçaient les derniers tintements de la cloche.

« Un autre jour, elle sentit ses yeux s'emplir de larmes en remarquant la préoccupation du jeune homme qui ne se souvint de regarder vers la fenêtre qu'après l'avoir laissée de cinq ou six pas derrière lui. Ces témoignages de distraction et de tiédeur se renouvelèrent à diverses reprises. Le coupable ne semblait que s'acquitter d'un devoir ou suivre une habitude, en venant recevoir le tendre salut de sa fiancée. Stierna lutta longtemps contre sa propre conviction avant d'accepter cette douloureuse pensée, mais enfin elle ne put en méconnaître la réalité fatale, car deux jours de suite Bertel passa sans lever la tête.

« Tandis qu'elle cherchait avec désespoir à s'expliquer la cause d'un si funeste changement, quelques amis de la vieille parente vinrent dîner chez cette dame le jour des fêtes de Noël. La plupart des convives appartenaient à l'Université.

« Le soir, quand on eut quitté la table pour entourer le foyer, l'entretien tomba sur une chaire de professeur Extraordinaire devenue vacante. On parla de concurrents qui se présentaient pour l'obtenir, et personne ne prononça le nom de Bertel. Or, s'il eût conquis cette place, les honoraires du jeune homme se fussent trouvés doublés, et rien ne s'opposait plus à son mariage.

« — Je croyais que le docteur Bertel Granh avait plus de droits qu'un autre à solliciter cette chaire? objecta en rougissant Stierna, qui ne pouvait maîtriser ses émotions et rester plus longtemps sous le poids du doute qui l'accablait.

« — Certes vous avez raison, ma jolie demoiselle, répliqua un des vieux professeurs ; mais depuis que le docteur Granh a fait un héritage considérable, il ne se soucie plus d'occuper une chaire qui lui nécessiterait de nouvelles et laborieuses études ; il se dispose même à jouir librement de sa fortune ; car il est venu demander, hier, pendant que je me trouvais chez le recteur, un congé illimité. C'est mon neveu Chrétien qui fera l'intérim de la chaire de médecine dont le docteur Granh est titulaire.

« — Le docteur Granh n'a donc reçu que depuis peu de jours la nouvelle de cet héritage ? demanda Stierna qui ne pouvait encore croire à tant d'ingratitude et de trahison.

« — Voici quatre mois que toute la ville de Copenhague en parle. Il n'est point étonnant que vous ne sachiez rien de cette nouvelle ! Vous vivez dans une solitude si profonde et si retirée !

« Pâle, hors d'elle-même, éperdue, la jeune fille s'élança hors de l'appartement et courut, folle de désespoir, à la maison où s'étaient passés jadis, pour elle, tant d'heureux instants, et que maintenant Bertel habitait seul.

« Elle frappa, personne n'ouvrit. Elle appela, personne ne répondit.

« A la fin une voisine mit la tête à la fenêtre et cria :

« — Il n'y a plus personne dans cette maison. Le docteur Bertel Granh est parti tout à l'heure, en voiture de poste, pour un long voyage.

« Stierna tomba évanouie. »

Le vieillard s'était interrompu et ne s'apercevait pas qu'il avait cessé de parler. Ses regards erraient vaguement dans l'espace et semblaient y poursuivre des souvenirs pleins d'amertume et de désespoir. L'eau ruisselait sur son front chargé de rides profondes : sa prunelle verdâtre brillait de la flamme sinistre que jette l'œil de l'ange maudit. Plusieurs minutes s'écoulèrent. Tout à coup il s'éveilla en sursaut de ce rêve sans sommeil, et regarda autour de lui avec étonnement, comme s'il fût surpris de se trouver à Spa, près d'un étranger. Il lui fallut quelque temps encore pour rectifier ses idées et faire concorder, avec le présent, le passé qui naguère se tenait ressuscité devant lui. Un sourire, plein de sarcasme pour la faiblesse de l'organisation humaine et pour lui-même, plissa ses lèvres, tandis qu'un mouvement de honte et de colère faisait hausser ses épaules.

« Connaissez-vous Stokholm ? demanda-t-il au Français, brusquement, et dans l'intention évidente de se soustraire, par un effort violent, aux pensées douloureuses qui le poignaient.

— Non, répliqua celui à qui s'adressait cette question.

— Si j'étais un poëte comme vous, je ferais une brillante description de cette capitale de la Suède. Je ne suis pas poëte, et je vous dirai seulement qu'il y a, sur une colline, à Stokholm, un quartier habité par les plus pauvres habitants de la ville, et qui se nomme le Mozebake. Des sentiers escarpés, fangeux, étroits, à pic, et souvent même des escaliers de bois, voilà les rues du Mozebacke! Je vous laisse à penser ce que sont les maisons! Il s'en trouvait surtout une plus pauvre et plus hideuse que les autres; mais elle avait en échange l'avantage de rester la plus isolée, et d'abriter pour seuls habitants des ouvriers qui sortaient au point du jour et rentraient à la nuit tombée. Tout en haut, comme des yeux noirs, s'ouvraient, au sommet de ce bouge, deux lucarnes rondes. Elles servaient à donner de l'air et de la lumière, — quel air et quelle lumière! mon Dieu! — à deux misérables greniers. Personne, dans le quartier, ne savait qui les habitait, et personne ne se souciait de le savoir.

« Une vieille femme, espèce de crétine, moitié sorcière et moitié idiote, était la seule créature vivante qui se trouvât en rapport avec les locataires des mansardes. Chaque matin, elle déposait des aliments sur le seuil de leurs portes et recevait en échange une pièce de monnaie.

« Un soir, une explosion terrible éclata dans l'un des greniers, et une grande flamme s'échappa par la lucarne, de manière à jeter l'alarme dans tout le quartier du Mozebacke. On accourut, on enfonça la porte, et on trouva un jeune homme étendu sans mouvement au milieu d'instruments de forme étrange et à demi brisés par l'explosion. L'hôte de la chambre voisine ne s'était point ému de l'épouvantable secousse qui avait failli faire écrouler la vieille maison. Moitié par crainte pour lui, moitié pour procurer du secours au mourant, ceux qui accoururent frappèrent à sa porte ; il n'ouvrit point et on l'appela sans obtenir de réponse. Les gens du peuple ne se montrent point d'ordinaire prodigues de patience. On commençait donc à briser la porte à coups de hache, quand elle tourna enfin sur ses gonds et laissa voir une figure à laquelle il ne restait plus rien d'humain ; d'affreuses cicatrices la sillonnaient en tous sens et laissaient à peine intacts les yeux et la bouche. Cet être, car personne n'osait lui donner le nom d'homme, entra dans la chambre où gisait son voisin, et jeta à sa vue un cri qui rappelait la voix sinistre de la hyène. Il s'approcha du mourant, le ranima, baigna d'eau fraiche son visage, et se pencha pour mieux jouir de son réveil. Quand l'autre, sorti de son évanouissement, se souleva et se trouva tout à coup face à face avec celui qui l'avait rendu à la vie, il détourna la tête, joignit les mains et s'écria :

« — Mon Dieu ; ayez pitié de moi ! Ne faites point peser sur moi votre juste colère ! ne me livrez point à l'éternité de l'enfer !

« — Tu vis encore, Bertel Granh ? reprit le hideux inconnu. Ce n'est pas en face de Satan que tu te trouves, mais en face de Ole Matthiœsen. Rassure-toi ! En échange d'un frivole amour, tu m'as donné le génie, et, je l'espère, bientôt une gloire sans rivale. Je te pardonne tout, tout jusqu'aux cicatrices hideuses faites par le coup de pistolet que je me suis tiré dans la tête pour tenir la promesse que je t'avais jurée. On m'a relevé mourant comme je te relève en ce moment, on m'a sauve la vie comme je te la sauve, et depuis ce temps une idée fixe, une idée sublime me préoccupe et m'a fait renoncer avec joie à toutes les ridicules passions des hommes. Je serai le bienfaiteur de l'univers entier. On m'élèvera des statues; la face du monde sera renouvelée, et c'est Ole Matthiœsen qui opérera ce mirale. L'œuvre est accomplie! la lumière ne tardera point à briller.

« Tout cela fut dit rapidement en langue latine : Ole se tourna ensuite vers ceux que l'explosion avait attirés.

« — Mes maîtres, leur fit-il en suédois, nous vous remercions. Vos soins sont désormais inutiles. Je retrouve un de mes anciens amis dans celui que vous êtes venus secourir ; et s'il avait besoin de secours, il trouverait en moi le plus actif empressement. Mais, vous le voyez, le voici debout, et remis de la secousse causée par l'explosion qui vous avait alarmés.

« Chacun se retira. Ole et Bertel restèrent seuls. Ole promenait silencieusement ses regards autour des objets brisés qui gisaient dans le grenier. C'étaient des ustensiles de chimie et des instruments de physique. L'explosion avait pour cause un flacon de gaz hydrogène qui s'était brusquement enflammé.

« Matthiœsen resta longtemps plongé dans une morne et muette rêverie. A la fin il rompit le silence.

« — Écoute-moi bien, Bertel! dit-il. A cause de toi j'ai attenté à mes jours. Si tu vis encore, c'est à moi que tu le dois!

« — Oui, Ole; aussi je te demande mon pardon à deux genoux! Je voudrais pouvoir te prouver ma reconnaissance, fût-ce au prix de ma propre existence.

« — Eh bien! tu le peux.

« — Comment?

« — En faisant de nouveau le pacte que nous avons fait jadis à Copenhague.

« — Stierna est libre, Ole, tu peux l'épouser, interrompit Bertel avec un soupir.

« — Stierna! reprit avec violence Matthiœsen! Stierna! Il s'agit bien vraiment d'une femme! Bertel Granh, pourquoi, dites-le-moi, avez-vous foulé aux pieds cette passion insensée qui vous avais fait jouer votre vie contre celle d'un ami? Vous vous taisez? Je le sais, moi! c'est pour l'amour de la science et par la soif de la gloire.

« — Oui, je l'avoue.

« — Une idée, une grande idée te préoccupe.

« — Oui! Comme celle dont tu me parlais tout à l'heure, elle doit régénérer l'univers et valoir un nom éternel à celui qui la réalisera.

« — Sais-tu, Bertel, la pensée qui m'est venue en présence de tous ces débris d'instruments de physique? C'est que nous poursuivions la même idée. Une voix secrète et maudite murmure à mon oreille que jadis, rivaux en amour, nous le sommes aujourd'hui en gloire? S'il en est ainsi, Bertel, il faut que l'un de nous meure!

« — Tu as raison, répondit Bertel sans hésiter. Écoute-moi donc. N'as-tu pas gémi quelquefois en songeant aux longues nuits qui désolent le Danemark? N'as-tu pas pensé que celui qui créerait un second soleil prendrait place, après Dieu, dans l'admiration et la reconnaissance des hommes?

« — C'est là ton idée? ricana Matthiœsen en haussant les épaules. Je me sens rassuré, elle est ridicule et impossible, voilà tout.

« — Impossible! s'écria Bertel en ramassant deux vases que l'explosion avait épargnés. L'un de ces deux flacons, qui se terminent chacun par un étroit tuyau, contient, le premier, de l'oxygène, et l'autre de l'hydrogène. Les deux flammes, en s'unissant dans la combustion, ne donnent qu'une lueur bleuâtre; mais laisse-moi en approcher un corps réfractaire, ce morceau de craie, par exemple, et regarde!

« Aussitôt jaillit une clarté resplendissante que l'œil ne pouvait regarder en face, même furtivement.

« Ole, ébloui, détourna la tête. Bertel triomphait.

« — Tu le vois, mon second soleil ne te paraît déjà plus un rêve creux! Mais ce n'est encore là qu'une œuvre grossière et imparfaite. Cette clarté ne se reproduit pas d'elle-même; les gaz s'épuisent, le corps réfractaire perd ses propriétés. Il faudrait sans cesse un homme versé dans la science pour surveiller l'appareil et pour empêcher une explosion. Moi, je veux créer un soleil qui soit, aux proportions près, aussi brillant, aussi durable que le soleil de Dieu. Écoute-moi bien, Ole.

« Le fluide du soleil se comporte comme le fluide électrique. Il produit les phénomènes de la lumière et de la chaleur, lorsqu'il frappe les objets et qu'il éprouve un obstacle quelconque dans son mouvement rapide. Donc le soleil est un corps opaque qu'entoure une atmosphère d'électricité lumineuse.

« En partant de ce principe, j'ai découvert que les corps devenaient phosphorescents par l'effet de la chaleur et des décharges de l'électricité.

« J'ai reconnu de plus que les corps non conducteurs du fluide électrique gardaient plus longtemps que les autres cette phosphorescence.

« Ceci posé, regarde-moi bien, Ole ! Cette fois, suis mon opération avec toute l'attention dont tu es capable, car un prodige va s'opérer.

« Je place au milieu de ce globe de verre un morceau de carbone, corps réfractaire.

« Je fais aboutir à ce carbone deux fils de platine qui se trouvent en rapport avec les deux pôles d'une pile voltaïque sèche.

« Remarque-le ; ces fils de métal tiennent aux colonnes mystérieuses de la pile ; colonnes enfermées dans un cylindre de soufre et composées tour à tour de minces feuilles de zinc, d'argent et de papier.

« J'obtiens le vide dans le globe à l'aide de la machine pneumatique. Ole, à genoux, voici un soleil !

« Ole ne put réprimer un cri d'admiration ! C'était un soleil, un soleil véritable.

« — Tu le vois, reprit Bertel, je touche à l'accomplissement de mon œuvre. Il ne s'agit plus que d'opérer sur une vaste échelle l'application de ma sublime découverte. Voici les moyens d'assurer cette exécution :

« Je vais faire construire, en lames de cuivre, un ballon de cent cinquante pieds de diamètre.

« Ce ballon sera rempli de gaz hydrogène, épuré avec un soin extrême et dégagé, autant que possible, de tous corps étrangers.

« Au-dessous de ce ballon j'attache un appareil semblable (mais avec des proportions gigantesques) à celui que tu vois et dans lequel resplendit un petit soleil. Soleil véritable, du reste, comme le soleil du ciel, puisqu'il se compose également d'un corps opaque et d'une enveloppe d'électricité lumineuse.

« Les piles voltaïques s'alimenteront aisément; la terre n'est qu'un vaste réservoir d'électricité. Deux éternels courants magnétiques ne la traversent-ils pas d'un pôle à l'autre? et notre grand Oersted n'a-t-il pas démontré que le magnétisme n'était autre chose que l'électricité dans une de ses transformations?

« Mon ballon n'a rien à redouter des agents extérieurs, puisqu'il est construit d'un métal solide, rendu inaltérable et indestructible par une préparation chimique des plus faciles à composer : je le recouvrirai de cette préparation, qui le protégera contre les plus légères oxydations.

« A l'intérieur, l'hydrogène ne saurait s'échapper, puisque l'enveloppe qui le tient prisonnier reste impénétrable au dedans comme au dehors, même pour le gaz le plus subtil.

« Enfin un cable de métal, qui servira en même temps de conducteur aux piles galvaniques, suffira pour tenir mon appareil à l'ancre dans le vide des airs.

« Tu le vois, Ole, ces théories sont certaines. J'ai créé

un soleil! Bientôt il n'y aura plus de nuits pour le Danemark. Le Danemark, affranchi désormais de l'obscurité, n'aura presque plus rien à redouter des rigueurs de l'hiver. Qu'en dis-tu, Ole?

« — Je dis que ton invention me semble belle, grande, utile ; qu'elle étonnera l'Europe, mais qu'elle n'est rien à côté de la mienne.

« — Quelle est donc la tienne? demanda Bertel, qui se sentit mordre au cœur par la jalousie, en voyant la sérénité avec laquelle Ole l'avait écouté.

« — Cela va t'affliger, car ma découverte rend la tienne à peu près inutile.

« — Parle.

« — J'ai trouvé le moyen de vivre sans manger.

« — Sans manger?

« — Oui; j'ai découvert que la nourriture était un préjugé.

« — Et par quoi remplaces-tu l'alimentation?

« — Par rien. Depuis longtemps je méditais ce problème. Enfin, j'ai essayé de ne plus manger, voilà tout, et j'ai réussi. Comme le philosophe de la Grèce pour prouver le mouvement, je marche. Déjà depuis douze jours je n'ai rien approché de mes lèvres ; je sens un peu de faiblesse corporelle, il est vrai, mais, en revanche, jamais mon intelligence n'a été plus brillante et plus riche ! Dégagée des entraves physiques, l'âme agit dans toute sa puissante liberté.

« — Mais ton idée est extravagante, Ole ! Tu vas mourir de faim.

« — Voilà douze jours que je n'ai mangé et je me porte à ravir.

« — C'est une idée insensée!

« — Pas plus insensée que ton soleil..

« — Mais mon soleil existe, et je t'en donne des preuves.

« — Et ne t'en donné-je point, moi qui parle, qui pense, qui raisonne, qui agis, débarrassé de la gêne de la nourriture depuis douze jours. Adieu? Bertel.

« — Non! s'écria ce dernier, non, je ne te laisserai pas accomplir un suicide insensé. Ole, je ne te quitterai pas avant d'avoir obtenu que tu prennes quelque nourriture. »

« Ole tira un poignard.

« — Reconnais-tu cette arme? demanda-t-il avec un sourire sinistre. Je la tenais à la main la nuit où tu vins me trouver dans ma chambre chez dame Magnussen. Tu veux détruire ma gloire, aujourd'hui, comme tu as voulu, jadis, détruire mon existence. Si tu fais un pas, je te frappe, je te tue.

« En disant cela, le malheureux fou quitta Bertel, rentra dans son grenier, s'y enferma et barricada sa porte, en dedans, à l'aide d'énormes poutres.

« Pendant deux jours Bertel entendit, à travers le mur qui les séparait, le bruit de la voix et des pas de Ole.

« Ce temps écoulé, il n'entendit plus rien.

« Plein d'effroi, il alla prévenir de ses craintes un magistrat. On brisa la porte et l'on trouva Ole Matthiœsen étendu mort sur son grabat. A ses pieds gisait un manuscrit intitulé : *Du préjugé de la nourriture*.

« Lorsque Bertel rentra dans sa cellule, il tomba sans force sur le grabat qui lui servait de lit.

« Un doute affreux s'était emparé de son cœur, de sa pensée, de tout son être.

« En présence de la conviction insensée de Ole, en face de la persévérance obstinée avec laquelle le malheureux avait cru à son absurde système, jusqu'à la fin de son agonie, Bertel se demandait si, lui aussi, ne poursuivait pas un mensonge, une utopie pleine de démence? Le doute, et quel supplice est plus affreux que le doute, monsieur! le doute l'étreignait de ses exécrables serres, l'étouffait et achevait de lui troubler la raison.

« Son supplice était horrible.

« Tout à coup il ressaisissait avec rage le rêve coupable auquel il avait immolé son devoir, sa conscience, son bonheur, son existence entière! Il s'y cramponnait, il voulait y sacrifier jusqu'à la dernière faculté de sa vie, jusqu'à la dernière pensée de son âme! Un moment après, il maudissait sa folle idée fixe, il en riait avec amertume, il se répétait : « Insensé! insensé! »

« Dans cette lutte, dans ce doute, dans cette fièvre, il sentait, en réalité, ses forces mentales s'affaiblir et sa raison perdre de sa lucidité. Des mots sans suite s'échappaient malgré lui de ses lèvres, des idées tronquées, avortées, incomplètes, incohérentes, passaient dans son cerveau et le remplissaient de tumulte et désordre.

« Le péril était fatal et immense. S'il ne mettait fin, par une résolution énergique et prompte, à cette crise redoutable, sa vie et son intelligence allaient succomber! Alors, monsieur, par un effort surhumain, Bertel foula désespérément aux pieds ses idées de science et de gloire! Il jura, par le salut de son âme et sur le cadavre de Ole, d'y renoncer à jamais; d'en détourner la tête chaque fois que le démon les évoquerait devant lui ! Mais ces idées, plus obstinées que jamais, le poursuivaient, le harcelaient, l'entouraient d'un cercle infernal, et tournoyaient autour de lui en répétant :

« Le second soleil ! le second soleil ! »

« Dans l'espoir de se soustraire à ce supplice, Berthel partit en toute hâte pour Copenhague. Il le savait, là il trouverait une créature céleste, celle qui l'avait déjà protégé contre le remords ! Il voulait abjurer à ses pieds d'orgueilleuses erreurs, demander un pardon qu'il aurait obtenu, et s'abriter sous les ailes d'un ange contre le désespoir et la folie...

« Hélas ! Stierna était morte ! morte en priant Dieu pour Bertel !

« Depuis lors, monsieur, bien des années se sont écoulées sans que Bertel ait retrouvé un peu de paix et de repos. Traqué par une horde de démons invisibles, il marche toujours devant lui, sans s'arrêter, comme Ashvérus. A sa droite et à sa gauche, se tiennent deux idées également funestes : le souvenir plein de remords de Stierna et la folle conviction que la création d'un second soleil était une œuvre grande, sage, sublime ! En vain, monsieur, depuis le jour où il a renoncé à cette ridicule folie, il a refusé d'ouvrir un livre de physique ; en vain il a évité soigneusement le contact des savants qu'il a rencontrés sur son chemin; partout une voix lui répète : *Tu pouvais créer un second soleil !*

« Et cette voix a raison, monsieur, du moins je le pense, objecta l'écrivain. Ne vivons-nous pas dans un siècle où la physique marche à grands pas et fait des miracles ? L'électricité et son étude ont ouvert un monde nouveau. A l'aide de l'électricité, M. Becquerel, cet illustre savant, a créé de véritables pierres précieuses. J'ai vu de petits saphirs sortis de ses laboratoires; même pour le lapidaire le plus habile et le plus exercé, ils ne différaient en rien de la pierre précieuse telle que la nature la produit. M. Jacobi a fait de l'électricité un véritable statuaire qui prend l'empreinte des œuvres les plus délicates avec une précision impossible à un adroit sculpteur. Enfin, monsieur, le soleil de Bertel lui-même, tandis que le professeur danois le repoussait comme une rêverie absurde, était inventé par Humphrey Davy, et perfectionné par Faraday. Ces deux célèbres physiciens ont usé de moyens à peu près semblables aux procédés de Bertel, et arrivent aux mêmes résultats.

« Quant au ballon de cuivre, il a été calculé et prouvé possible par un des plus habiles physiciens de notre temps, M. Prechtel, directeur de l'Institut polytechnique de Vienne. Ce savant a même fait les devis de la construction du ballon ; il faudrait dépenser, pour l'établir, le prix d'une frégate.

« Vous le voyez, si l'amant de Stierna ne se fût point découragé, s'il eût repoussé le doute, s'il n'eût point cédé à la peur, s'il eût eu en lui-même une foi inébranlable, si enfin la folie de Ole ne l'eût point troublé, avec du temps, de la patience et de la volonté, il eût assurément immortalisé son nom et créé un second soleil. »

L'étranger qui avait laissé tomber sa tête dans ses mains et qui l'y tenait caché, la releva enfin, et montra des traits plus sillonnés, plus abattus, plus livides que jamais.

« Bertel, s'il en est ainsi, dit-il d'une voix sépulcrale, accepte avec résignation ses déconvenues en expiation de sa trahison envers Stierna. Si la faute est grande, le châtiment est terrible ! »

En achevant ces paroles, il se leva, se détourna pour cacher les larmes qui coulaient de ses yeux éteints sur ses joues basanées, et s'éloigna précipitamment.

Le journaliste français le chercha en vain, le soir, à la promenade de *sept heures,* au bal, dans les salons de jeu, au spectacle, partout, enfin. Il ne trouva nulle part l'inconnu ; personne ne put lui donner de ses nouvelles.

Le lendemain matin, on apprit que le vieillard avait quitté les eaux de Spa, non-seulement sans en prévenir personne, mais encore en laissant tous ses bagages et une somme d'argent considérable dans la chambre qu'il occupait à l'auberge où il s'était logé.

HISTOIRE

JACQUES CHAMPION

En 1830, il y avait, dans une petite ville de province, une pauvre femme qui végétait, seule, délaissée, oubliée. Elle menait cette vie triste, parce que la mince pension qui formait toute sa fortune ne lui permettait pas d'habiter Paris. Cette femme avait été jeune, belle, illustre, entourée de tout ce que la gloire et la fortune ont de délicieux. Plus d'un de nos artistes célèbres lui doit les encouragements qui l'ont aidé à vaincre les obstacles sous lesquels n'avortent que trop de jeunes talents ; non-seulement elle trouvait des conseils, des consolations, des espérances, de l'aide, des secours pour tous ceux qui venaient à elle, mais encore elle allait au-devant des misères cachées et qui n'osaient se montrer. Elle se servait de son immense crédit pour tous, jamais pour elle : on aurait dit que tant de bonheur ne devait jamais avoir de terme. Au milieu de ces triomphes et de ces enivrements, un soir, soit illusion, soit réalité, elle crut voir que le public, la veille encore si plein d'enthousiasme pour elle, qui s'extasiait aux chants de sa voix, qui pleurait à ses sublimes inspirations de grande tragédienne, se montrait pour elle froid et ingrat. Elle quitta la scène, le cœur brisé. C'est inutilement que ses amis s'efforcèrent de lui rendre quelque courage. En vain lui prouvèrent-ils que l'actrice qu'on lui opposait ne parviendrait jamais à la vaincre, que c'était une rivale, mais non pas un successeur. Elle répondit, comme l'infortuné Nourrit, qu'elle ne saurait même supporter la présence d'une rivale, et déclara son immuable résolution de renoncer au théâtre. A peine eut-elle mis à exécution cette fatale volonté, que tout changea pour elle et devint froid et abandonné. La cour de flatteurs qui se pressait à ses pieds ne reparut plus que chez sa rivale; peu à peu les rangs des amis sur lesquels elle comptait devinrent clairsemés, et son salon, naguère plein de tout ce que Paris renfermait d'illustre, ne compta plus qu'un petit nombre de fidèles quand même.

De tous ceux qui l'abandonnèrent ainsi, de tous ceux qui la quittèrent avec la prospérité, l'ingrat qui causa le plus de peine à la cantatrice fut un vieillard qui, chaque jour, venait prendre place à sa table, et pour lequel elle avait des égards et des recherches de soins que ne justifiaient ni les humbles apparences du bonhomme, ni son intelligence peu brillante, ni son nom tout à fait obscur. M. Champion n'en occupait pas moins, toujours et quelle que fût la célébrité des hôtes qu'elle recevait, la place d'honneur près de la maîtresse de la maison. Elle ne souffrait pas qu'on hasardât la moindre plaisanterie sur les interminables narrations auxquelles se complaisait son favori; elle voulait qu'on imitât la déférence qu'elle lui témoignait. Quand on l'interrogeait sur les motifs d'une pareille conduite, elle coupait court aux questions par un silence sérieux qui ne permettait pas d'insister. Les habitués de madame *** avaient fait bien des suppositions et bien des recherches pour arriver à savoir ce qu'était M. Champion et comment la célèbre actrice se trouvait en rapport avec lui. Mais les investigations s'étaient bornées à découvrir ce que ne cachaient ni M. Champion ni sa protectrice : qu'elle l'avait ramené des Pays-Bas, après un voyage à Naples, à Florence, à Rome et à Rotterdam.

Je vous l'ai dit, l'abandon de M. Champion lui fut la plus douloureuse ingratitude de toutes celles qui la frappèrent. A chaque désertion nouvelle, elle disait :

« Ah! cela m'étonne moins que de la part de M. Champion! »

Ne pouvant même croire à la réalité de cette trahison, elle envoyait au logis du vieillard; elle faisait prendre des informations sur lui. A toutes ces démarches on lui répondait que M. Champion avait quitté l'appartement qu'il occupait et dont sa bienfaitrice payait le loyer. Sans vouloir donner sa nouvelle adresse, il avait même pris de nombreuses précautions pour qu'on ne parvînt pas à la connaître.

Cependant tous les malheurs imaginables tombaient à

la fois sur l'infortune cantatrice : une banqueroute lui enlevait le peu qu'elle était parvenue à économiser durant sa prospérité ; un procès triste et scandaleux la frappait dans la personne de sa fille unique, et l'administration de son théâtre lui contestait la légalité de sa pension de retraite. Après bien des luttes, après bien des craintes, après avoir bien des fois passé de longues heures d'attente dans l'antichambre des gens de lois, il fallut se résigner à une transaction et ramasser l'aumône qu'on lui jetait. Une aumône à elle, mon Dieu!... Elle s'arma d'une résignation plus douloureuse que le désespoir, vendit son hôtel, ses tableaux et son riche mobilier. Puis elle partit seule pour l'exil que je vous ai dit, sans pouvoir verser une larme. Pourtant cette larme eût bien soulagé sa tête brûlante et sa poitrine oppressée.

Au milieu de ce triste départ, elle eut encore un souvenir pour M. Champion. Elle le recommanda à l'ami qui, seul, la conduisit jusqu'à la voiture publique qui devait l'emmener.

« Tâchez de découvrir M. Champion et veillez sur lui, dit-elle. Sa disparition cache quelque mystère. Il avait trop besoin de moi pour m'abandonner de la sorte! » ajouta-t-elle avec amertume.

Celui qu'elle avait chargé de ce soin promit sincèrement de s'en acquitter. Mais telle est la vie parisienne que l'on y oublie vite les résolutions les mieux arrêtées et les promesses les plus réelles. Il resta préoccupé tout un jour de la pensée de M. Champion et du dernier mandat laissé par la bienfaitrice du vieillard. Le lendemain, des incidents imprévus l'empêchèrent de faire des recherches. Le surlendemain il en arriva de même, et la semaine n'était pas écoulée qu'il ne pensait plus à rien de tout cela.

Deux années après le départ de l'actrice, elle fut obligée de revenir à Paris pour je ne sais quelle nouvelle entrave survenue dans le payement de sa pension. Comme elle traversait dans la diligence, en retournant vers la petite ville qu'elle habitait, le faubourg Saint-Antoine, et qu'elle jetait un dernier regard sur Paris, elle aperçut, à une fenêtre de grenier, M. Champion qui semblait préoccupé de quelques travaux d'écriture. Elle se pencha à la portière, elle lui fit signe de la main, elle l'appela, mais il ne la vit point, il ne l'entendit pas davantage, et la diligence emmena rapidement l'exilée.

A peine arrivée à sa destination, elle écrivit à l'ami auquel deux années auparavant elle avait recommandé son protégé. Elle désigna si bien la maison à la fenêtre de laquelle elle avait vu M. Champion ; elle donna tant de détails et de renseignements que cette fois il fut facile de le découvrir et d'arriver jusqu'à lui. Le vieillard habitait un de ces bouges, particuliers à la misère parisienne, et dont on ne peut se faire une idée sans les avoir vus de ses propres yeux. Au nom de sa bienfaitrice, il manifesta un trouble extrême, s'émut jusqu'aux larmes et s'informa vivement de sa situation. Quand le visiteur lui eut dit sa pauvreté, et combien elle souffrait de l'abandon et de l'oubli de celui auquel elle ne cessait de penser, malgré son ingratitude, le vieillard s'écria :

« Oh ! monsieur, ne croyez pas que j'aie été ingrat ! Non. Je connaissais la position de fortune de ma bienfaitrice ; je savais que j'allais lui devenir à charge, qu'elle ne pourrait plus, sans s'imposer des privations, continuer de venir à mon aide. Alors, par reconnaissance et non par ingratitude, monsieur, je me suis éloigné ; j'ai fui ; je suis venu habiter en secret ce faubourg, où je parviens à peine à gagner de quoi pouvoir m'acheter du pain. Pour cela, monsieur, il me faut passer ma journée à enseigner l'écriture et l'arithmétique aux enfants des ouvriers qui peuplent ce quartier. Vous sentez qu'on ne paye pas cher un professeur septuagénaire, et qu'il me faut bien des leçons pour gagner les vingt francs du terme de mon loyer et les quinze livres que je paye par mois à la cabaretière qui me nourrit ! Mais Dieu me donne la force de supporter toutes ces souffrances, et j'attends avec résignation qu'il m'appelle dans un monde meilleur. »

Il y avait dans la manière dont s'exprimait M. Champion une noblesse et un courage sans ostentation qui émurent le jeune homme.

« Monsieur, dit-il avec effusion et en tendant la main à M. Champion, permettez-moi de remplacer près de vous notre amie commune. Désormais, chaque mois, une petite pension... »

Le rouge monta au visage vénérable de l'indigent ; il répondit avec un ton grave qui ne permettait pas d'insister :

« Monsieur, jamais je ne recevrai l'aumône d'un étranger. J'ai pu accepter autrefois l'aide d'une amie à laquelle j'avais rendu en Hollande et en Italie quelques services ; mais d'elle seulement. Je vous remercie de l'intérêt que vous me témoignez pour l'amour d'elle ; mais je ne veux et je ne puis rien devoir désormais qu'à mon travail. »

En disant cela, il salua le jeune homme et se remit à transcrire des factures, que l'avait chargé de relever sur ses livres de commerce un mercier qui demeurait dans le voisinage.

La cantatrice, informée par une lettre des résultats de la visite faite à M. Champion, trouva, malgré sa pauvreté, les moyens de former une petite somme d'argent et de l'envoyer, par un mandat sur la poste, à son vieil ami. Quelques soins ingénieux qu'elle eût mis à écrire la lettre dont elle accompagna ce don, elle ne put fléchir le courageux infortuné, qui lui renvoya le mandat.

« Ne m'affligez pas, écrivait-il, ne m'affligez pas en insistant de nouveau pour me faire garder cet argent. Vous n'avez pu vous le procurer qu'au prix d'une privation : le pain que j'en achèterais me resterait au gosier ; je ne saurais jamais l'avaler. Laissez-moi lutter seul contre l'adversité. Vous savez bien que l'adversité est le lot de ma famille. »

Deux ou trois années s'écoulèrent encore, durant lesquelles le jeune homme jusque-là obscur, grâce à son activité, à son talent et aux événements qui se succédèrent, devint un de nos plus célèbres avocats. Un jour qu'une affaire importante l'appelait à la sixième chambre, et qu'il attendait qu'on appelât la cause dans laquelle il devait plaider, il se mit par oisiveté et machinalement à lire la liste des affaires qui se trouvaient au rôle. Le nom de Jacques Champion frappa ses regards. Le prévenu était accusé de vagabondage. Ce nom de Champion rappela à l'avocat le vieillard que jadis lui avait recommandé l'actrice célèbre. Il prit quelques informations, sut qu'il s'agissait en effet d'un homme âgé, que cet homme était détenu préventivement à la Force, et après l'audience il se rendit à la prison.

Ses pressentiments ne l'avaient point trompé ; c'était bien le courageux vieillard qui, trois années auparavant, avait si noblement refusé les secours que l'on offrait à sa misère. Presque octogénaire, vaincu par les souffrances du froid et de la faim, ramassé évanoui dans la rue, il avait fallu transporter le malheureux à l'infirmerie. Le jeune homme se pencha sur le chevet du malade accablé par la fièvre, et prononça le nom de l'actrice célèbre. Le vieillard tressaillit, souleva ses paupières et tourna la tête pour regarder celui qui venait de parler. Il reconnut le jeune homme dont il avait reçu autrefois la visite.

« Oh ! merci ! lui dit-il en s'efforçant de sortir de sa couche et de lui tendre une main roidie et froide. Merci! pour ne m'avoir pas laissé mourir sans une consolation, sans un souvenir ami ! Si vous saviez combien l'on souffre d'un pareil isolement ! Sentir que l'on va quitter la vie sans que personne s'intéresse à nous !... N'avoir près de soi qu'un infirmier indifférent qui vient de temps à autre voir si tout est fini, et qui, lorsque tout sera fini, jettera un pan de drap sur le visage du cadavre sans même balbutier une prière ! Oh ! c'est affreux ! Je suis habitué depuis de longues années à l'isolement... eh bien ! je ne pouvais me faire à cette affreuse pensée de mourir abandonné. Merci d'être venu ! »

Et il serra de nouveau la main de l'avocat.

Puis après quelques instants de silence :

« Comment avez-vous su que j'étais ici? » demanda-t-il.

L'avocat lui répondit qu'il avait lu son nom sur la liste des prévenus traduits en police correctionnelle.

Le vieillard cacha son visage dans ses deux mains.

« La police correctionnelle, mon Dieu ! Voilà donc le dénoûment qui doit terminer l'histoire fatale de ma famille ! Au nom du ciel, monsieur, épargnez-moi cette honte ! Je suis résigné à tout ; je ferai ce que l'on voudra pour me soustraire à cette humiliation. J'ai refusé jadis vos aumônes, je les demande, je les sollicite, je les implore à mains jointes. Monsieur, réclamez-moi aux juges ! Au nom de Dieu, au nom de votre mère, détournez de ma tête cette exécrable honte.

— Hélas ! je ne puis vous réclamer qu'à l'audience, la loi le veut ainsi. L'affaire est inscrite au rôle, il faut qu'elle soit jugée.

— A la police correctionnelle, reprit le vieillard. Ainsi, il faut que je rende publique la faute de ma mère ! Il faut que je proclame à haute voix l'avilissement de ma maison ! Il faut que je dise à tous le secret que j'avais confié à ma seule bienfaitrice ! »

Par un effort fiévreux, il se souleva brusquement sur son lit, se pencha à l'oreille de l'avocat et lui dit d'une voix basse et saccadée :

« Je me nomme Jacques Stuart. Je suis le fils du prince d'York. Vous me regardez avec surprise ! Vous ne voulez pas m'en croire ? Vous me supposez un insensé ? Prenez ces papiers, ajouta-t-il en tirant de dessous son chevet un vieux portefeuille, et en lui présentant un à un les lettres et les actes qu'il renfermait. Doutez-vous encore maintenant de ce que je vous dis ? »

Puis il continua :

« Asseyez-vous. Je vais vous dire l'histoire de ma vie, de cette vie fatale comme celle de tous les miens. Mais du moins, eux, c'était la hache qui les frappait ! S'ils tombaient, ils se brisaient dans leurs chute ; on les précipitait à bas d'un trône. Tandis que moi, sur le banc de la police correctionnelle, moi, accusé de vagabondage, moi, conduit là par le *panier à salade*, entre deux gendarmes, sur le banc des escrocs !... Oh ! mon Dieu, mon Dieu, épargnez-moi cette dérision ! »

Il passa la main sur son front, que baignait une sueur glacée, et chercha quelques instants à rappeler ses souvenirs.

« Monsieur, dans les environs de Rome demeurait un pauvre paysan italien, issu d'une famille française établie dans le village un siècle auparavant. La femme était accouchée depuis huit jours et avait perdu son enfant. Un soir elle entendit des vagissements sur le seuil de sa cabane. Elle sortit du lit où elle était souffrante et pleurant son fils, elle se traîna jusqu'à la porte, l'entr'ouvrit et aperçut sur la pierre un enfant âgé de deux jours à peine, et qui gisait là abandonné. Elle le prit, elle le serra contre sa poitrine, elle lui présenta son sein. Le pauvre orphelin s'y attacha, et ce fut alors seulement que Giuseppa remarqua la richesse des langes de l'enfant et la bourse pleine de pièces d'or qui se trouvait dans le petit berceau du pauvre exposé.

« Quand son mari rentra des champs, elle lui conta cette singulière aventure. Giacomo approuva l'adoption qu'elle voulait faire du petit garçon, et je trouvai ainsi un père et une mère. — Car cet enfant, c'était moi!

« Quinze années s'écoulèrent sans que mes parents adoptifs m'eussent rien révélé du mystère de ma naissance. Seulement, il consacrèrent à me donner quelque éducation l'or qu'ils avaient trouvé dans mon berceau, et, grâce à ce désintéressement, j'appris à lire et à écrire, par les soins d'un abbé, vieil instituteur. Un soir que je revenais de prendre ma leçon, je vis ma mère Giuseppa essuyer ses yeux; Giacomo, mon père, semblait triste et préoccupé. La pauvre femme se jeta dans mes bras et me tint longtemps serré contre sa poitrine en versant d'abondantes larmes.

« Giacomo me dit enfin :

« — Mon garçon, il faut que je te révèle un secret que tu n'aurais jamais connu si la nécessité ne nous obligeait à te le révéler. Tu n'es pas notre fils.

« — Qu'importe! leur dis-je; ne m'avez-vous pas élevé et aimé comme votre enfant?

« — Tu es le fils de grands et hauts seigneurs; de seigneurs puissants et riches!

« — Qu'importe! ne m'ont-ils pas abandonné?

« — Avant de les juger, il faut que tu les entendes, Jacques, reprit-il sévèrement. Nous allons partir pour Rome sur l'heure. Voici une lettre de ton père qui te réclame. Une voiture nous attend à l'entrée du village. Partons. »

« J'embrassai Giuseppa éperdue, et nous nous mîmes en route.

« Mon père adoptif et moi, nous ne savions point où l'on nous menait. La lettre adressée à Giacomo et que j'avais relue plusieurs fois, rappelait seulement différentes circonstances de mon abandon, énumérait, comme signe de reconnaissances, les objets dont on m'avait entouré, et ajoutait que si j'étais encore vivant, on eût à m'amener à Rome, sous la conduite du domestique de confiance porteur du billet. La voiture s'arrêta devant une maison de simple apparence. Nous descendîmes, et le domestique nous introduisit devant un vieillard qui jeta sur moi des regards mélancoliques.

« — Mon enfant, me dit-il, il eût mieux valu pour vous que vous restassiez le fils d'un paysan, que de faire le fatale héritage du nom qui vous échoit aujourd'hui.

« Mon frère, Charles-Édouard Stuart, prétendant à la couronne d'Angleterre, vient de mourir sans postérité et me laisse ainsi le pesant fardeau de ses droits au trône d'Angleterre. Notre Saint-Père le pape m'a relevé aussitôt de mes vœux religieux, car un roi ne saurait être prêtre. Du cardinal d'York, le souverain pontife a donc fait le roi Henri-Benoît Stuart.

« Mon premier devoir, Jacques, est de légitimer votre naissance, car, vous aussi, vous deviendrez Prétendant et vous perpétuerez la longne série des infortunes de notre famille. Vous êtes mon fils !

« Jugez de ma surprise et de mon émotion.

« Je voulus me jeter dans ses bras ; il me tendit silencieusement et avec froideur sa main, que je baisai.

« — Ma mère ! demandai-je enfin quand je fus un peu revenu du trouble qui m'accablait.

« Le duc d'York leva le doigt et me montra le ciel.

« — Elle est morte, dit-il, morte en vous donnant le jour ! Sa mort a été l'expiation de ma faute. »

« Il me fallut quitter dès lors ma joyeuse vie de paysan italien pour devenir un prince anglais. Rêvant la folle pensée de remonter un jour sur le trône de mes aïeux, je résolus d'acquérir l'éducation que nécessitait mon rang illustre, et consacrai tous mes instants à l'étude. Mon père agissait à mon égard avec la froideur d'un étranger. Il voyait en moi un héritier et non un fils. Aussi fût-ce avec joie que je reçus de lui l'ordre de partir pour l'Angleterre et pour la France. Avant de se séparer de moi, le duc d'York me défendit expressément de jamais révéler mon nom.—Voici, me dit-il, les titres qui attestent la légitimité de votre naissance et la famille illustre des droits de laquelle vous héritez. Mais conservez ce secret jusqu'au moment favorable de le dire hautement, si toutefois l'occasion s'en présente jamais. Il est inutile d'exposer sans besoin à la dérision les malheurs de notre race.

« Je partis; je visitai, obscur et inconnu, la ville où mes ancêtres avaient régné. Le nom de Stuart n'éveillait nulle part, à Londres et à Édimbourg même, ni intérêt ni sympathie. Personne ne songeait à tirer l'épée pour la vieille cause. Cette cause n'était plus qu'un souvenir historique, qu'un écho du passé!

« A plusieurs années de là, je quittai l'Angleterre pour la France. Le Directoire y succédait à la Convention, et je me jetai dans une conspiration politique, espérant que, si la cause des Stuarts de la France réussissait, il pourrait en advenir quelque chance favorable à la cause des Stuarts d'Angleterre. Je fus dénoncé par un de mes complices et jeté dans une prison d'où je ne sortis qu'en 1808. Alors, je résolus de partir pour l'Italie et d'aller rejoindre mon père. Il me fallut entreprendre ce long voyage à pied, car je me trouvais sans ressources.

« Enfin, après bien des souffrances et des fatigues, après des périls sans nombre, j'arrivai à Rome. Depuis un an mon père n'était plus. Sans nouvelles de moi depuis dix ans, il m'avait cru mort, et son testament léguait sa fortune, fort médiocre du reste, à des établissements religieux. Sans argent, sans crédit, au milieu d'une occupation étrangère, c'eût été folie que de chercher à faire valoir mes droits. Je me remis donc en route pour la France, toujours sous le nom du paysan qui m'avait élevé. Alors je commençai une vie errante et misérable, dans laquelle il n'y eut que deux phases de repos : les dix années que je passai à professer à l'université belge et celles que me procurèrent l'hospitalité de mon illustre amie, à laquelle j'avais rendu quelques services durant mon séjour dans les Pays-Bas. Je fus obligé de recourir à cette hospitalité, car la restauration hollandaise me chassa de la Belgique avec tous les étrangers, moi fils exilé d'un roi déchu ! Vous savez le reste de mon histoire. Au nom du ciel, faites que ce triste drame n'ait point pour dénoûment l'humiliation de la police correctionnelle ; faites-le, monsieur, je vous le demande en grâce. »

L'avocat avait écouté avec tristesse ce long récit des vicissitudes par lesquelles la fortune achevait d'écraser la famille des Stuarts.

« Rassurez-vous, dit-il ; demain je vous réclamerai au tribunal, monsieur, et vous retrouverez la liberté. Je vous donnerai un asile honorable chez moi, au nom de notre amie commune. Aucune condamnation, pas même celle qui frappe l'indigence, ne flétrira le nom que vous portez. Adieu! Bon courage, à demain. »

En effet, le lendemain 17 février 1835, l'huissier chargé de la lecture du rôle appelait devant la sixième chambre :

« Jacques Stuart, dit Champion, prévenu de vagabondage! »

L'avocat s'avança pour réclamer son malheureux client, et lui abréger, autant que possible, les angoisses de l'audience. Tandis qu'il le cherchait des yeux, le procureur du roi prit le dossier du prévenu et dit :

«Messieurs, le prévenu est mort cette nuit à la prison de la Force.

— Le tribunal ordonne que la cause sera rayée du rôle, » ajouta le président.

LES DAMES AU VOILE NOIR

Pendant l'été de 1835, vers cinq heures, quand la chaleur du jour commençait à devenir moins vive, deux jeunes hommes, l'un Français, l'autre Italien, se promenaient lentement sur le boulevard de l'Opéra. Chacune des femmes qui passaient près de ces lions attiraient leurs regards et devenaient presque toujours l'objet d'un éloge ou d'une plaisanterie. L'Italien surtout, dont les traits réguliers et la facile tournure faisaient un charmant cavalier, accompagnait ces observations d'un sourire singulièrement fat et qui formait un contraste bizarre avec la mélancolique expression de sa physionomie. Tandis qu'ils devisaient gaiement, en jeunes hommes habitués aux succès, ils aperçurent une femme, le visage caché sous un voile épais, et qui se hâtait de traverser précipitamment le boulevard. Le Français, charmé de l'élégante distinction du costume de l'inconnue, et à qui un coup d'œil avait suffi pour remarquer sa piquante démarche, voulut hâter le pas pour la suivre.

L'Italien l'arrêta.

« Non point, caro mio, dit-il. Respectons le mystère dont s'entoure une femme voilée. Toutes ces charmantes qui font sur le boulevard une délicieuse exhibition à découvert de leurs jolis visages nous appartiennent, et nous pouvons les regarder effrontément en face. Mais suivre celle-là qui se détourne de la foule, qui se dérobe aux regards, ce serait un manque de loyauté.

« — Je ne vous croyais point capable de tels scrupules, mon cher Bellini, répliqua le Français en riant.

« — Je n'ai point toujours professé une doctrine aussi rigoureuse, répondit le jeune maëstro. C'est une leçon douce et sévère qui me l'a value, et j'ai fait serment de ne plus désormais m'en départir.

« — Savez-vous que vous excitez ma curiosité? ne pouvez-vous m'avouer quelle ravissante donna vous a converti si dévotement à la religion des femmes voilées?

« — Si, vraiment! Allumons des cigarettes et écoutez-moi.

« Quoique Florence soit une capitale, Florence n'en ressemble pas moins, sous maints rapports, à une petite ville. Les plus frivoles incidents y occupent la curiosité générale, et il est à peu près impossible d'y dérober sa vie privée aux ardentes investigations qui entourent chacun, et particulièrement les étrangers. Cependant, à l'époque où j'habitais Florence, c'est-à-dire il y a sept ou huit ans, une famille était parvenue à déconcerter tous les espionnages et à garder intact le secret dont elle s'entourait.

« Cette famille habitait le palais Guigni, et n'en sortait jamais qu'en voiture ; encore n'était-ce que pour se rendre le matin, de très-bonne heure, à l'une des premières messes célébrées dans l'église de Santa-Felicita. Parfois, quand la nuit couvrait la ville, les dames faisaient une promenade, mais leur calèche évitait les lieux fréquentés et se dirigeait toujours vers quelque route solitaire où l'on ne pouvait la suivre sans importunité flagrante. Au reste, à la promenade comme à l'église, des voiles noirs dérobaient, aux regards les plus habiles, les visages des deux inconnues. Cependant on avait observé, dans le court trajet qu'elles parcouraient à pied, depuis l'entrée de l'église jusqu'à la chapelle où elles allaient s'agenouiller, des indices d'où l'on pouvait tirer diverses suppositions. L'une d'elles semblait âgée, tandis que tout attestait la jeunesse de sa compagne. Il y avait, dans la démarche de cette dernière, un charme méridional, remarquable même à Florence, cette patrie des plus belles Italiennes. On avait encore remarqué la grâce de son petit pied, enfermé dans un joli soulier de satin noir, et les formes exquises de ses mains, toujours hermétiquement recouvertes de gants mignons. Deux valets, un cocher, une femme de chambre et un majordome mulâtre qui les accompagnait partout, formaient leur maison. Quand les domestiques allaient faire des emplettes en ville, ils répondaient poliment, mais d'une manière évasive, aux questions qu'on leur adressait sur leurs maîtresses, payaient comptant jusqu'aux moindres bagatelles, et se retiraient en laissant aux curieux leur ignorance et leur désappointement.

« Il en fallait moins pour mettre tout Florence en rumeur et la tenir en alerte. Chacun s'évertuait donc à combiner des ruses et à faire des expéditions pour conquérir cette Toison-d'Or ; mais les Argonautes ne purent découvrir seulement de quelle façon les inconnues étaient arrivées à Florence. Venaient-elles de l'étranger ou de l'intérieur de l'Italie? Une chaise de poste ou un bâtiment avaient-ils servi de dragon à ces magiciennes? Rien n'avait pu révéler, même ces insignifiants détails! Jamais un mot n'était sorti de leurs lèvres pour apprendre, du moins, à quelle nation elles appartenaient! Jamais on ne les avait entendues parler aux domestiques. Tous d'ailleurs, y compris le majordome mulâtre, s'exprimaient en bon italien, et ne paraissaient que depuis peu de temps au service des deux étrangères.

« Pour complaire aux beaux yeux noirs d'une charmante donna, je résolus de pénétrer le mystère de ce dédale dont les plus hardis n'avaient pu même franchir le seuil extérieur. C'était d'ailleurs une entreprise qui souriait à mon audace ; or mon audace, mio caro, était extrême à cette époque. Jeune, encouragé par des succès qui dépassaient mes espérances, accueilli avec une rare faveur, je ne doutais guère que la réussite pût ne pas sourire à une de mes tentatives, quelle qu'elle fût. Je me mis donc à l'enquête des dames inconnues.

« Pour commencer les hostilités, il fallut me lever au point du jour, afin de me trouver, avant les étrangères, à l'église de Santa-Felicita, voisine de leur palais, et où elles venaient, comme je vous l'ai dit, entendre régulièrement, chaque matin, la première messe. Après être arrivé trop tard deux ou trois fois, je pris le parti de ne point me coucher et de passer la nuit devant le portail de la paroisse. Je me plaçai près du bénitier dès qu'on ouvrit les portes, et j'attendis. Mon attente ne dura point longtemps. Un quart d'heure s'était à peine écoulé, que je vis entrer celles qui me préoccupaient si vivement. Je leur présentai l'eau bénite ; elles reçurent cette marque de politesse avec une sorte de stupéfaction, me firent une profonde révérence et se hâtèrent de gagner la chapelle. En sortant, elles me retrouvèrent encore à mon poste devant le bénitier, et les doigs étendus vers elles. Ma persistance parut les contrarier vivement ; elles rejoignirent très-vite leur voiture, et quelque précipitation que je misse à vouloir leur donner la main et à les aider à gravir le marchepied je ne pus arriver que pour voir s'éloigner, au galop, le carrosse ; car c'était un véritable carrosse, et, dans sa simplicité élégante, d'une allure aristocratique.

« Le lendemain, je revins à l'église avant l'ouverture des portes, mais inutilement, car les étrangères ne parurent plus. Un pareil désappointement m'accueillit les autres jours. Les dames au voile noir allaient entendre la messe à d'autres églises, sans en adopter exclusivement une seule, comme par le passé.

« J'avais perdu une première bataille, mais je m'organisai bien vite pour en livrer une seconde.

« Je dirigeai mes attaques vers la résidence même de mes adversaires, et je choisis le palais Guigni comme but de mes opérations belligérantes. Chaque soir, je venais errer sous les fenêtres, dans l'espérance de surprendre, à travers les volets toujours hermétiquement clos, quelque indice qui pût me mettre sur la trace du secret des inconnues. Tout ce que j'y gagnai fut l'achat fait par mes ennemies de deux gros dogues qu'on lâchait dans la cour de ronde qui ceignait le palais. Les affreux aboyeurs semblaient me sentir d'un mille de distance ; à peine approchais-je du quartier qu'ils se mettaient à pousser des hurlements. Dès qu'ils donnaient le signal, le majordome mulâtre, armé d'un fusil, commençait à monter la garde.

Un fusil et un Argus, il en aurait fallu beaucoup moins pour piquer au vif un jeune homme, comme j'étais alors, ardent et habitué à voir réussir ses moindres caprices. C'était en réalité le premier obstacle que je rencontrais dans la vie, et quelque indifférent qu'il dût m'être au fond, il n'en devint pas moins, pour moi, une idée fixe qui me rendit presque malheureux. J'essayai de gagner les domestiques ; mais les émissaires que je leur envoyai eurent beau leur offrir de l'or, ils les trouvèrent incorruptibles. Il me fallut donc renoncer provisoirement à découvrir le secret des femmes voilées, et quoique j'y pensasse sans cesse, quoique mes amis m'accablassent, surtout la donna aux yeux noirs, d'épigrammes sur mon peu de succès, je ne persistai pas moins à ne plus m'occuper d'elles pendant quatre mois entiers.

« Ce temps écoulé, par une belle nuit, je m'armai d'une échelle de corde ; je mis dans ma poche deux grosses boulettes de viande empoisonnée, et j'emplis d'or ma bourse. Comme le doit faire tout héros de roman, je joignis à cet attirail un poignard et deux petits pistolets.

A peine arrivé près du mur d'enceinte, les dogues se mirent à aboyer : je leur jetai les boulettes. Bientôt un râle faible m'apprit que je n'avais rien à redouter des pauvres animaux. Aussitôt je jetai mon échelle de corde, que deux crampons de fer, noués à son extrémité, accrochèrent à la crête du mur. Je m'élançai résolûment, et je me trouvai face à face avec un grand gaillard qui me terrassa, me jeta à terre, et plaça sur ma poitrine le plus large pied que jamais j'ai vu de ma vie ; le tout accompagné d'une mine féroce, d'un visage jaune et d'un poignard qui brillait désagréablement, je l'avoue, à la clarté de la lune.

« Au bruit de la courte lutte qui m'avait jeté à terre, une des deux inconnues accourut.

« — Qu'ordonne Votre Majesté, et que faut-il faire de ce voleur? demanda le sacripant, qui me tenait sous son pied.

« A ce mot de Majesté, j'oubliai mon péril pour tourner la tête et regarder l'inconnue ; mais le pied s'appuya si lourdement sur ma poitrine que je jetai un cri de douleur.

« — Que venez-vous faire ici ? me demanda celle à qui l'on donnait le titre de reine.

« — Je suis un étourdi et non pas un voleur, répliquai-je. Si des périls ne semblaient me menacer, je regretterais ma folle équipée, et je vous en demanderais le pardon.

« — Comment vous nommez-vous?

« — Bellini.

« — Quoi ! vous êtes ce jeune maëstro qui vient d'obtenir tant de succès par la représentation d'un opéra buffa, et vous exposez votre vie pour surprendre le secret insignifiant de deux pauvres femmes qui n'ont rien de commun avec vous? Reconduisez, monsieur, ajouta-t-elle au domestique, en forme de péroraison.

« Elle me fit une profonde révérence. Je me retirai un peu étourdi de ma chute, et plus encore des manières pleines de dignité dont l'étrangère avait usé à mon égard.

« En m'éloignant, je voulus du moins jeter à la dérobée un regard sur elle ; mais elle tenait caché, comme d'habitude, son visage sous un voile noir. Le majordome m'ouvrit la porte, me poussa dehors, et me montra son poignard. Puis j'entendis les verrous se tirer, le double tour grincer dans la serrure, et je restai là, fort sot de l'issue de mon équipée.

« Rentré chez moi, et quand le dépit de mon insuccès se fut un peu calmé, je trouvai plus de charme que jamais au secret que je poursuivais. En réalité, j'avais fait une découverte et une découverte qui me payait quasiment de tous mes efforts et de ma triste aventure. Je savais que j'avais affaire à une reine ! Mais, qu'elle était cette reine? Parmi les royautés exilées qui peuplaient alors l'Italie, où devais-je chercher le nom de la mystérieuse majesté : Le hasard, ou du moins des efforts moins violents et moins directs, pouvaient seuls me mener désormais à la découverte de l'énigme. Comme un patient chasseur à l'affût, je me mis donc à attendre, et à ne point perdre de vue l'objet de ma convoitise.

« Trois ou quatre mois s'écoulèrent encore sans que j'osasse même passer devant le palais Guigni. Agir autrement eût été me montrer indigne de la leçon si noble et si sévère que m'avait donnée l'inconnue. D'ailleurs, elle avait poussé la délicatesse jusqu'à ne laisser rien transpirer de ma mésaventure dans Florence, où cette anecdote aurait pu me valoir passablement de ridicule. Cependant, un matin, je ne sais qu'elle réminiscence de curiosité si vive et si impérieuse s'empara de moi que, malgré mes efforts pour y résister, elle l'emporta sur mes scrupules. Je pris donc, en dépit de moi-même, le chemin qui menait au palais. A ma grande surprise, les fenêtres et les jalousies n'en étaient point fermées. Les deux battants de la porte s'épanouissaient largement ouverts, et deux petits enfants, assis sur les degrés, me regardèrent en souriant. Je m'approchai : ces enfants vinrent me sauter au cou et m'embrasser. C'étaient ceux de mon excellent ami le basso cantante Gieronimo.

« Surpris, déconcerté, je me crus un moment la dupe d'une mystification du chanteur. Un moment de réflexion suffit pour me rappeler que, trois mois auparavant, Gieronimo chantait à Naples, et que, par conséquent, s'il habitait Florence, ce ne pouvait être que depuis peu de jours. Effectivement, il accourut aux cris de ses enfants, vint me recevoir, et m'apprit qu'il était arrivé la veille et qu'un heureux hasard lui ayant fait trouver vacant le palais Guigni, il s'était empressé de le louer sur-le-champ.

« — Et ne savez-vous rien des personnes qui habitaient avant vous cette maison ? lui demandai-je.

« — Je n'en sais rien, et je me soucie peu d'en savoir quelque chose, me repartit le joyeux basso. Les locataires étaient délogés depuis quinze jours quand j'ai pris possession du palais. »

Ainsi, je le croyais du moins, c'en était fait de mes découvertes et du secret que je cherchais ! Il fallait y renoncer pour toujours ! Les héroïnes mystérieuses dont se préoccupait si vivement mon imagination m'échappaient, hélas ! Vers quels lieux s'étaient-elles dirigées ? Je crois que si j'eusse pu le savoir, je me serais mis, sur l'instant, en route à leur poursuite. Heureusement je n'en savais rien, et le souvenir de cette piquante mystification s'amortit peu à peu dans ma mémoire.

« Cependant, je dois en faire l'aveu sincère, chaque fois que la pensée s'en remontrait à mon imagination, et cela ne laissait pas que d'arriver souvent, je ressentais un dépit d'une disgracieuse vivacité. Chacun des détails humiliants de la scène nocturne se montraient les uns après les autres ; le large pied du majordome pesait encore sur ma poitrine ; le mot majesté bourdonnait à mes oreilles, et j'entendais la voix étrangère de l'inconnue ordonner, d'un ton de reine véritable, que l'on « reconduisît monsieur. » Le rouge me montait au visage, je me mordais les lèvres, et j'avais besoin de me mettre au piano pour chasser ces désobligeantes réminiscences.

« Quelques années s'écoulèrent et puis je partis pour Pise. »

Ici le maëstro interrompit le récit qu'il faisait, et regarda son compagnon en souriant.

« Est-ce tout ? demanda ce dernier : n'avez-vous jamais rien découvert de vos belles mystérieuses ?

— Ah ! reprit Bellini avec une douce taquinerie, je me réjouis de voir que le démon de la curiosité vous aiguillonne à votre tour ! N'est-ce pas, continua-t-il plus malicieusement encore, n'est-ce pas qu'on éprouve une véritable impatience devant ce mystère ? que l'on voudrait, pour tout au monde, pouvoir soulever le rideau épais qui couvre ce *sanctum sanctorum ?* Une reine, une reine qui se cache, qui se dérobe à tous les regards, qui recherche l'ombre et le silence ; qu'un bravo garde la nuit, une femme qui se lève, dès le point du jour, pour aller déposer, aux pieds de Dieu, ses souffrances et ses malheurs sur la terre d'exil ! Quel champ pour l'imagination ! Et toutes ces choses fantastiques, à Florence, la belle ville italienne, avec son doux ciel et ses milles prestiges ! Vous êtes un homme du nord, vous, caro mio : je ne fais que vous raconter sur le boulevard de Gand, l'énigme où je jouais, moi, un rôle ; vous ne savez mon aventure que depuis une minute, et déjà votre œil brille d'impatience et de curiosité. Or, cher ami, moi, j'ai lutté, contre ce secret, durant des mois et des années ! Non-seulement ma curiosité, mais encore mon amour-propre s'y trouvaient intéressés ! Jugez de mes sensations par les vôtres, comme on peut apprécier la chute de Niagara par un verre d'eau qu'on épanche.

— Mais enfin, vous avez fini par pénétrer le mystère ? Je vous demande merci ! Je vous supplie de me tirer de peine et d'abréger mes épreuves !

— Allons, dit-il, qu'il soit fait selon vos désirs ! mais vous rendrez miséricordieux, pour mon nouvel opéra, ce gros garçon qui vient à nous. »

Et il salua de la main, ou plutôt il appela vers lui un jeune homme dont la physionomie spirituelle prenait je ne sais quel caractère bizarre de sa longue chevelure, et d'une redingote surchargée de brandebourgs. C'était Théophile Gautier. Il fallut se résigner à parler de toute autre chose que de l'inconnue de Florence. Cependant, le compagnon de Bellini l'avoua à sa grande honte, l'esprit naïf et délié de l'auteur de *Fortunio*, son adorable dévergondage, son élégante excentricité, ne purent lui faire oublier tout à fait la reine du palais Guigni. A la fin même, il ne put y tenir!

« J'ai à parler à Bellini, dit tout bas au poëte l'impatient, excusez-moi, cher Théophile, et partez bien vite. »

Félicien David passait : Gautier pris le bras de son ami et quitta le maëstro.

« L'inconnue! l'inconnue! cria l'ardent curieux, vite! dites-moi, quelle était cette reine? »

Mais déjà un autre importun (que Dieu et l'art me pardonnent ce double blasphème) avait pris le bras de Bellini! Giacomo Meyerbeer parlait au maëstro italien. Avec sa douce voix, légèrement accentuée de germanisme, il contait une de ces anecdotes qui lui sont habituelles, dont l'esprit du narrateur forme tout le charme et dans lesquelles il trouve moyen d'être piquant et railleur, sans blesser personne, même légèrement. C'était à en mourir de dépit, que de se sentir amusé, malgré soi, par Meyerbeer, et distraire d'une pensée dont on n'aurait pas voulu s'éloigner. Bellini souriait malicieusement, provoquait sans cesse de nouvelles anecdotes et retardait ainsi la révélation de son mystère.

La Providence envoya, par commisération pour le pauvre désappointé, mademoiselle Cornélie Falcon, alors dans toute la splendeur de son sublime talent. L'auteur des *Huguenots* s'empressa d'aller saluer la belle *Valentine.*

« Maintenant à nous deux ! s'écria le pauvre curieux. Je ne vous laisse plus aborder personne. Vous allez me confesser tout votre secret. »

Bellini tira sa montre.

« Six heures ! dit-il : on m'attend chez moi... Et la personne qui m'attend n'est point de celles avec lesquelles l'inexactitude soit excusable, ajouta-t-il avec un sourire. Adieu, cher, je vous dirai une autre fois la fin de mon histoire. »

Il monta en cabriolet et partit au galop.

A quinze jours de là, un cercueil, qui renfermait Bellini, se dirigeait lentement vers le cimetière du Père-Lachaise ?

... Vers la fin du mois de janvier 1840, l'omnibus qui conduit de la barrière Blanche à l'Odéon emmenait, vers le théâtre des Italiens, une cargaison complète de passagers. Il y avait, ce jour-là, répétition générale d'un nouvel opéra buffa, et il était facile de voir que presque tous les voyageurs se rendaient à cette répétition. Trois des plus jolies choristes de l'Opéra occupaient les places du fond et se renfermaient dans leur dignité de cantatrices sans avoir l'air de connaître le moins du monde deux des charmants petits rats qui, le soir, montrent près d'elles leur minois chiffonné et leurs jolies jambes. Un de nos peintres les plus célèbres souriait aux gentilles bayadères, tandis qu'un critique redoutable se mettait pour elles en frais de spirituels propos. Car il n'est point de célébrités avec lesquelles les reines au petit pied de l'Opéra — ceci soit dit sans jeu de mots — ne traitent de puissance à puissance. Deux statuaires, un compositeur, quelques personnages insignifiants et un chef de bureau de ministère qui, ce jour-là, remettait au lendemain les affaires sérieuses, complétèrent successivement la Babel ambulante de la Chaussée-d'Antin au faubourg Saint-Germain. Enfin, il monta un dernier voyageur, le seizième. Chacun se serra, se pressa, se casa, et le conducteur, après avoir secoué vivement le cordon, cria le mot sacramentel : — *Complet.*

Tandis que l'omnibus prenait une allure plus rapide, le receveur en veste bleue commença le recouvrement de sa recette.

La plupart des tributaires remettaient leurs trente centimes, enveloppés dans un morceau de papier, destiné à préserver, du contact impur du cuivre, la virginité de leurs gants. Pendant que tous ces paquets mignons passaient des mains du conducteur dans la poche de sa veste brodée, le dernier venu portait tour à tour les siennes de son gilet à son habit, et de son habit à son gilet, avec l'embarras comique d'une personne qui a oublié ou perdu sa bourse. Son front cuivré et qui semblait porter les derniers indices d'une race africaine, se couvrit d'une vive rougeur, et ses yeux jetèrent autour d'eux des regards effarés. Aussitôt, un homme jeune encore, que le hasard avait placé près de l'étranger s'empressa de lui offrir la petite somme qui devait le tirer d'ennui.

Le mulâtre reçut cette offre avec une reconnaissance beaucoup plus vive que n'en méritait un si mince service, et insista vivement pour connaître l'adresse de celui dont il était devenu le débiteur.

Le lendemain, en effet, plongé dans son grand fauteuil, et fort occupé à suivre, les yeux fixés sur le brasiér de sa cheminée, les mille fantaisies que formaient et détruisaient les charbons capricieux, l'écrivain entendit annoncer un nom qui lui était inconnu, et vit entrer l'étranger de la veille. Après avoir renouvelé ses remercîments avec toute l'exubérante reconnaissance d'un méridional, l'étranger jeta les yeux sur les nombreuses figurines qui se groupaient au fronton de la bibliothèque, sur la cheminée, dans l'étagère, partout enfin. Puis avisant un buste de Bellini :

« De toutes les célébrités que voilà, dit-il, je n'ai connu que ce maëstro, et dans de bien bizarres circonstances, je vous l'assure. »

L'histoire que le pauvre Bellini lui avait contée, quelques jours avant une mort prompte et fatale, revint alors à la mémoire de l'écrivain; une sorte d'intuition lui révéla qu'il allait enfin en apprendre le dénoûment.

« A Florence, n'est-ce pas? demanda-t-il; dans le palais Guigni?

— D'où pouvez-vous savoir ces détails? reprit l'étranger; je ne les croyais connus que du maëstro et de moi.

— Bellini me les a contés.

— Ils sont bien singuliers, n'est-il pas vrai? continua l'étranger en se levant pour partir.

— Monsieur, se hâta d'ajouter l'écrivain, je dois vous en faire l'aveu : je ne sais que la première partie de cette aventure; j'ignore quelle était la reine mystérieuse qui disparut tout à coup de Florence, et que le maëstro retrouva plus tard à Pise.

— Les deux étrangères qui habitaient le palais Guigni; et qui excitèrent si vivement la curiosité du signor Bellini, étaient la veuve et la fille d'un pauvre cuisinier; — de pis encore : d'un esclave.

— Mais vous lui donniez le titre de majesté.

— C'est, que, en effet, le cuisinier, l'esclave, le marchand de porcs devint roi. Oüi, monsieur, j'ai assisté au sacre de ce monarque. Je vous l'assure, jamais prince ne put former des rêves plus brillants et plus glorieux, au sein d'un pouvoir absolu, et dont tout semblait assurer la durée! Mais laissez-moi, interrompit-il, continuer la suspension qui vous tient en haleine depuis longtemps. Votre curiosité excitée vous donnera de l'indulgence pour le récit que je vais vous faire dans une langue qui n'est pas la mienne, et que je parle avec difficulté. Je vais reprendre les événements où vous me dites que le seigneur Bellini les a laissés.

« Le premier soin du maëstro, en arrivant à Pise, fut de demander un appartement et de se mettre au lit; il venait de faire une longue route qui l'avait péniblement fatigué. Il commençait à peine à fermer les yeux, lorsqu'on se prit à faire de la musique dans une pièce voisine. D'abord, il maudit ce concert intempestif; mais bientôt il se consola de l'impossibilité de dormir, en entendant une voix fraiche et d'une merveilleuse pureté, chanter avec un goût exquis, une cavatine de la *Norma*. Telle était l'excellence de la méthode et l'éclat de l'exécution, qu'il se leva, se vêtit à la hâte et avec l'enthousiasme d'un dilettante; sans réfléchir à l'étrangeté de cette démarche, il courut précipitamment chez la cantatrice : celle-ci, vêtue de blanc, se tenait assise au piano, et tournait le dos à la porte. Elle ne put donc voir entrer Bellini, et le bruit de l'instrument l'empêcha d'entendre qu'un étranger se trouvait là.

« C'était une jeune fille d'une tournure charmante et d'une grâce exquise. Quand elle eut fini de chanter, elle se leva, regarda derrière elle, et jeta un cri à l'aspect de l'inconnu qui s'était introduit dans l'appartement.

« Ce cri de surprise fut répété par Bellini. La cantatrice était une négresse.

« A ce bruit, deux nouveaux acteurs accoururent : l'un, c'était moi, monsieur; dans l'autre, le signor Bellini reconnut, dès les premiers mots qu'elle prononça, la vieille dame dont il avait escaladé la maison à Florence. Comme la jeune fille, elle était de race africaine.

« — Signor Bellini, dit-elle, soyez cette fois le bienvenu. Nous n'avons point à Pise les mêmes motifs de mystère qu'à Florence. Je m'estime heureuse de recevoir chez moi l'auteur de la *Norma*, quoique sa visite ressemble quelque peu à une apparition. Mais il était sans doute écrit là-haut, ajouta-t-elle en souriant, que nos premières entrevues seraient accompagnées de tout le fracas d'un véritable mélodrame. J'espère, cependant, que nos relations n'en deviendront pas moins bonnes et simples désormais.

« Elle présenta un fauteuil à Bellini, qui, d'abord un peu déconcerté, finit par déployer, pour faire tout à fait oublier sa double étourderie, la grâce chatoyante et irrésistible de son esprit charmant et de sa parole emmiellée. Quoiqu'il ne connût pas encore le nom de la dame noire, il ne lui donna pas moins le titre de majesté, qu'il m'avait entendu lui adresser dans la nuit bizarre de Florence.

« — Signor, interrompit-elle, ne me donnez pas un titre dont je n'ai pu déshabituer la fidélité d'un vieux serviteur. Je ne suis plus qu'une pauvre exilée. Le malheur m'a fait durement expier la couronne que mon front a portée quelque temps, il est vrai. Cette fatale couronne a coûté la vie à mon mari et a fait massacrer sous mes yeux mes propres fils. N'appelez pas majesté la veuve du roi Henri Christophe, car ce mot sinistre évoque pour elle le souvenir de toutes les fatalités qui l'ont frappée.

« Mais j'ai fait serment de ne jamais prononcer un mot de ces temps douloureux, reprit-elle après un moment de silence. Marie, mets-toi au piano et chante au signor Bellini la cavatine de la *Sonnambula*.

« Peu à peu la reine reprit une sérénité apparente : quelqu'un qui ne l'eût point connue comme moi eût pu croire qu'elle avait tout oublié en la voyant faire les honneurs de son salon avec une aisance et une grâce accomplies.

« En effet, monsieur, cette femme digne du rang élevé où le sort l'avait placée, quoiqu'elle ne fût d'abord qu'une pauvre esclave arrachée au Congo, s'était montrée digne de l'homme extraordinaire qui en avait fait son épouse.

« Né dans l'île de Grenade, Christophe était entré dès l'âge de onze ans au service du comte d'Estaing, lorsque cet officier s'empara de cette possession anglaise. Il suivit son maître au siége de Savannah, et de là au cap Français. Dans une sortie des ennemis, il sauva la vie au comte, qui l'affranchit. Christophe, au milieu des Européens, n'avait point tardé à prendre leurs idées, et à sentir le besoin de s'élever au-dessus de la misérable condition des autres noirs. Maître de sa personne, il résolut de se conquérir de la fortune, et il se livra d'abord au commerce des bestiaux.

« Il entra ensuite comme majordome à l'hôtellerie de la *Couronne*, qui, grâce à l'activité de Christophe, ne tarda point à devenir la plus fréquentée du Cap. La révolution de Saint-Domingue éclata sur ces entrefaites ; le majordome de la *Couronne* trouva le secret de ne se faire d'ennemis ni parmi les noirs ni parmi les blancs. Son adresse et son tact merveilleux triomphèrent de toutes les difficultés d'une pareille position, et il la conserva longtemps. Enfin, lorsqu'il vit les nègres se livrer aux horreurs et aux crimes où les entraînait leur stupide férocité, il résolut d'y mettre un terme et de donner une direction moins fatale à ce terrible torrent qui écrasait tout sur son chemin. Bientôt il eut sous ses ordres un corps nombreux d'insurgés que rallièrent autour de Christophe son intelligence et sa bravoure.

« Toussaint-Louverture sentit la nécessité de s'assurer l'appui d'un pareil homme, le nomma général de brigade et le chargea d'aller combattre l'audacieux Moïse, dont personne jusque-là n'avait pu réprimer la révolte. Christophe eut recours à la ruse, s'empara de Moïse, et fut nommé à sa place commandant du Nord.

« Christophe rétablit l'ordre dans ces pays, jusque-là sans cesse bouleversés, et il commençait même à créer une civilisation parmi toutes ces hordes naguère effrénées, lorsqu'une armée française parut devant le Cap. Elle était commandée par le général Leclerc.

« A cette époque, Christophe m'attacha, comme secrétaire, à sa personne : je ne saurais vous dire quelle admiration et quel attachement il m'inspira. Il lutta, seul avec des barbares indisciplinés, contre l'armée régulière des Français, sauva du carnage que voulaient en faire les noirs une partie de la population blanche, obtint une amnistie pour lui et les siens, et attendit patiemment des événements qu'il prévoyait inévitables. Le temps venu, il se rallia à Dessalines, qui prit le titre d'empereur et se fit appeler Jacques Ier ; l'armée française, affaiblie, fut forcée de se rembarquer ; et Dessalines, qui se livra à tous les excès d'une démence féroce, reçut la mort.

« Toutes les voix s'unirent pour proclamer président et généralissime de l'État d'Haïti le seul homme de la colonie pur de sang et capable de ramener un peu d'ordre dans ces contrées désolées. Christophe, après de longues luttes, dont il sortit victorieux, obtint des résultats presque impossibles, et devint roi sous le nom d'Henri Ier.

« Élevé en France, monsieur, j'avais vu la cour de Louis XVI encore dans toute sa splendeur ; je vous assure que l'ex-cuisinier Christophe avait su donner à la sienne une organisation qui n'offrait rien de ridicule et qui ne manquait pas de dignité. A l'exemple de Napoléon, le nouveau souverain voulut que le droit divin consacrât son pouvoir, et les cérémonies du couronnement se célébrèrent avec une grande pompe dans l'église du Cap ;

enfin, Christophe, devenu roi, organisa une noblesse, et donna des décorations et des titres aux plus braves et aux plus intelligents de sa cour.

« On a beaucoup ri, chez vous, des ducs de la Marmelade, des comtes de la Limonade, des barons de Boucan, des ducs de la Pailleterie et des chevaliers du Coco! Mais n'avez-vous pas eu en Europe les princes de Bouillon, les chevaliers du Chardon, l'ordre de la Toison d'or, de la Jarretière, et mille dénominations aussi burlesques que les titres des seigneurs noirs?

« La reine, au milieu de ses grandeurs, restait simple et bonne, comme au temps où elle était femme de chambre d'une créole. Initiée par sa maîtresse à l'éducation européenne, elle n'usait de son influence sur le roi que pour en obtenir des actes de clémence, et elle s'occupait de l'éducation des trois enfants qui lui restaient. Elle avait perdu Ferdinand, l'aîné de ses fils, de la manière la plus douloureuse. Le général Leclerc avait emmené avec lui ce jeune homme, qui se faisait remarquer par son intelligence rare. A peine débarqué en France, il tomba malade. Le général Leclerc, sans prendre plus de souci du fils que lui avait confié en pleurant une pauvre mère, le jeta au seuil de je ne sais quel hôpital, et le laissa mourir dans le plus complet abandon. C'était là un sujet de larmes intarrissables pour la malheureuse reine, qui ne trouvait de consolation qu'au milieu de sa famille.

« De 1806 à 1809, le gouvernement du roi Henri Ier sembla prendre un caractère de stabilité réelle. Le monarque faisait construire des forts, donnait des lois à ses sujets, organisait une armée et tenait courageusement tête à la France, qui voulait s'emparer du royaume d'Haïti comme d'une colonie qui lui appartenait.

« Christophe avait deux sécrétaires intimes : un mulâtre nommé Job et moi. Il nous tenait enfermés, aux heures de travail, dans deux cabinets qui se trouvaient chacun aux extrémités de pavillons opposés du palais Sans-Souci. Il dictait ses ordres à l'un de nous et allait lire ensuite à l'autre ce que son collègue avait écrit.

« Un jour Job, gagné par les agents français, s'avisa de faire quelques variantes à un arrêté fort important. Christophe vint me faire lire cet acte, et voulut que je le répétasse trois fois. Quand il se trouva bien convaincu de la trahison de Job, il ordonna, sans autre explication, qu'on le fusillât sur-le-champ. Cette exécution terminée, il revint dans le cabinet où je travaillais, déposa sur ma table une somme d'or considérable, et me dit ensuite avec le plus grand sang-froid du monde, et comme s'il se fût agi de la pluie et du beau temps :

« — A propos, j'ai fait fusiller votre collègue Job; il me trahissait.

« Puis il se mit à me dicter des ordres.

« Le roi n'avait pas besoin de ces moyens violents pour m'inspirer de la fidélité. Cette fidélité prenait sa source dans mon admiration pour lui et dans ma vénération pour la reine. On ne pouvait la connaître sans l'aimer.

« Christophe continuait à donner au royaume qu'il avait fondé tous les éléments de durée possible. Il appela près de lui les hommes de talent à qui les réactions de 1815 rendaient dangereux le séjour de la France. Quelques savants et plusieurs officiers de distinction se rendirent à ses offres, et le secondèrent dans ses efforts civilisateurs. Mais il était dit que la puissance de Henri Ier, subite et merveilleuse comme celle de Napoléon, s'écroulerait de même et ne laisserait que des ruines.

« Vers le mois de mai 1820, une insurrection éclata sur les frontières du royaume, à Saint-Marc. Le roi envoya une armée pour réprimer les rebelles. Cette armée, par la trahison de ses chefs, prit parti avec ceux qu'elle devait combattre. Quand on lui apprit une si fatale nouvelle, j'étais près du roi, retenu au lit par une attaque de paralysie locale. Dès les premiers mots, il se fit attacher sur un cheval et voulut marcher contre les insurgés à la tête des troupes qui lui restaient ; mais ses forces le trahirent ; les douleurs de la maladie lui firent perdre connaissance, et il se vit forcé de laisser partir ses soldats sous les ordres de Joachim, l'un de ses parents. La présence de Christophe eût été la victoire, car aucun des traîtres n'eût osé combattre contre celui auquel ils obéissaient depuis tant d'années. Il n'était point là, et une nouvelle défection ôta tout espoir de salut au monarque. Je fus chargé, monsieur, de lui annoncer cette fatale nouvelle. . . . .

« Le roi, quand j'entrai dans son cabinet, discutait paisiblement avec son médecin, le docteur Scott, sur les parties les plus vulnérables du corps humain. Pâle, tremblant et le corps agité par un mouvement convulsif, je lui appris, tout bas à l'oreille, la défection de l'armée commandée par Joachim. Il m'écouta avec un sang-froid stoïque. . . . .

« — Puisque le peuple d'Haïti n'a plus confiance en moi, dit-il, je sais ce qu'il me reste à faire. Laissez-moi seul, je vous prie, j'ai besoin de quelques instants de réflexion.

« Je sortis avec le docteur. Le roi se leva et ferma le verrou de sa porte. Tout à coup nous entendîmes une double explosion d'armes à feu. J'enfonçai la porte ! Il ne restait plus de Christophe qu'un cadavre. Il s'était tiré un coup de pistolet dans le cœur et s'était fracassé la tête.

« A ce bruit funèbre, la reine accourut et se jeta en pleurant sur les restes de son mari. Tout à coup une pensée affreuse vint traverser son désespoir.

« — Mes enfants ! s'écria-t-elle, mes enfants ! Il faut sauver mes enfants !

« — Madame, lui dis-je, un bâtiment anglais se tient dans le port, prêt à mettre à la voile pour l'Europe ; allez-y chercher un asile. Hâtons-nous ! Votre salut dépend peut-être de quelques secondes. »

« En disant cela, je pris dans mes bras la jeune princesse Marie et courus en toute hâte vers le port. La reine me suivit avec ses deux fils ; mais déjà le bruit de la mort du roi s'était répandu dans la ville, et une horde effrénée nous barra le passage. Assez heureux pour gagner une chaloupe, je conduisis, au vaisseau anglais, à force de rames et au milieu des balles, la reine et sa fille. Les deux fils du roi périrent en protégeant la fuite de leur mère évanouie.

« Vous connaissez le reste de cette triste histoire, monsieur. La reine, après avoir tour à tour visité l'Angleterre, l'Allemagne et l'Italie, résolut d'abord de fixer sa demeure à Florence. Elle espérait, à force de solitude et de mystère, se soustraire à la politique inquiète de ce pays; mais il fallut bientôt que les deux pauvres femmes, qui ne demandaient d'autre privilége que de pouvoir pleurer et prier en liberté, quittassent cet asile pour se rendre à Pise. Leur départ arriva, vous le savez; peu de temps après l'expédition romanesque du signor Bellini.

« En 1830, la reine mourut et la princesse entra dans un couvent avec le dessein d'y prendre le voile. Séparé de ceux que j'avais servis jusqu'au dernier moment avec fidélité, je résolus alors, monsieur, de visiter, la France, que je ne connaissais point, et voici huit ans que je l'habite. Excusez-moi de vous avoir si longuement parlé de ma maîtresse; je ne le fais jamais sans émotion, » ajouta-t-il en essuyant une larme qui coulait sur ses joues vénérables.

Lors d'une seconde visite, une carte laissée chez l'écrivain lui apprit le nom de l'ancien secrétaire du roi Christophe.

Il se nommait George, comte de la Salade.

HISTOIRE D'UNE PIPE EN ÉTAIN

ET DE TROIS HAUSSE-COLS.

Je vous l'ai déjà raconté, un célèbre bibliophile, M. Boulard, ancien maire de Paris, ne pouvait rencontrer un volume in-folio sans l'acheter immédiatement : « On ne réimprime plus de livres de ce format, disait-il ; l'épicier en fait une telle consommation, qu'avant un siècle ils auront disparu ou passé à l'état d'extrême rareté. Sauvons donc de leur destruction tous les in-folio qu'un hasard providentiel place sur notre route ! »

M. Boulard mit si bien à exécution cette idée, qu'à sa mort il laissa douze maisons remplies littéralement d'in-folio, c'est-à-dire du rez-de-chaussée aux combles.

Je connais, de par le monde, un ethnologiste, qui, tout en faisant bon marché de sa manie, n'en raisonne pas moins à peu près comme le digne M. Boulard : « La poudre et les armes à feu remplacent par toute la terre l'arc et la massue; le sauvage le plus sauvage préfère une grossière chemise de matelot au costume pittoresque de son île natale : collectionnons donc des flèches, des arcs, des tomahaws, des pagnes, des colliers et des manteaux de sauvages. » Si bien qu'aujourd'hui il me prend peur qu'il ne finisse par se vêtir de paletots décrépits pour augmenter sa collection de défroques exotiques.

Or, l'autre jour, cet ethnologiste, qui du moins, pour atténuer sa manie, peut alléguer la franchise avec laquelle il la proclame, consultait la riche bibliothèque américaine d'un ami bibliophile.

Or, tandis que l'amateur de livres étalait avec amour ses trésors devant l'amateur de bibelots exotiques, ce dernier se sentait invinciblement attiré vers des objets accrochés d'une manière assez négligente dans l'embrasure d'une fenêtre. C'étaient un vieux foulard façonné en turban, une pipe en étain, une cuiller en bois, une ceinture en laine bleue tigrée de verroteries blanches, un collier de perle de Trieste, trois hausse-cols en ferblanc, et enfin une selle bizarre. Poudreux autant que de raison, ce trophée sentait de dix lieues son sauvage. . . .

L'homme aux livres suivait d'un œil malicieux les regards fascinés de son ami. . . . .

« Ah ! lui dit-il, avec une perfide négligence, vous regardez le costume d'Ascéola, le dernier chef de la Floride et des Séminoles ? » . . . .

Celui à qui s'adressaient ces mots fatidiques se sentit pris d'un battement de cœur. Son cruel interlocuteur, *haud ignarus mali*, tint en suspens pendant deux bonnes minutes le pauvre diable qui contemplait et convoitait amoureusement la dépouille américaine.

« Mon cher ami, emportez tout cela chez vous, dit enfin le bibliophile : je vous en fais cadeau. »

Le collectionneur pâlit et rougit, mais il ne se fit pas répéter deux fois la donation qu'il venait d'entendre ; il sauta sur le trésor historique avec une joie d'enfant et une cupidité de larron. Sans un sentiment de pudeur, sa proie sous le bras, il se fût à l'instant enfui chez lui, pour accrocher plus vite dans son cabinet cette nouvelle conquête.

Le bibliophile, qui lisait dans la pensée d'un camarade qu'il connaît et qu'il aime depuis plus d'un quart de siècle, lui frappa en riant sur l'épaule :

« Au revoir ! dit-il ; tenez ! Emportez encore ce portrait d'Ascéola ; demain je vous enverrai une lettre du colonel Hook, de qui je tiens ces reliques, et qui attestent leur authenticité. »

Quelques heures après, l'heureux ethnologiste montrait à un peintre de ses amis le précieux costume du chef des Séminoles. L'artiste dit, avec une apparente bonhomie :

« Un de mes amis, Herkenraat, a vu mourir Ascéola. »

Rencontrer le même jour la défroque d'Ascéola et un biographe de ce sauvage, pour le coup, cela tenait du fantastique ! Mais la vie réelle ne consiste-t-elle pas toujours dans une série d'incidents invraisemblables, et qu'on traiterait d'absurdes dans un roman, comme l'écrit quelque part Walter Scott.

« Je sais sur le bout des doigts l'histoire de votre héros, reprit le peintre, en éclairant sa figure fine d'un sourire quelque peu triomphant. Je vais vous la conter, ajouta-t-il en se mettant à l'aise dans un fauteuil et en plaçant délicatement sur un coussin son pied endolori par les rhumatismes.

« En 1839, je me trouvais chez Temminck, le célèbre directeur du musée de Leyde, dont la science déplore depuis quelques jours la perte. Pendant que nous étions là à deviser ensemble, comme je devise en ce moment avec vous, arriva notre ami commun, le négociant Herkenraat. Depuis la veille, de retour de son vingt-cinquième voyage dans l'intérieur des États-Unis, il rapportait à Temminck une immense quantité de curiosités destinées au musée de Leyde. Après nous les avoir montrées, il déposa triomphalement sur la table une petite caisse fermée à clef et du fond de laquelle il tira un crâne humain.

« — Voici, Temminck, ce que je vous rapporte de plus rare, dit-il : c'est la tête d'Ascéola.

« Ni Temminck ni moi ne savions quel était cet Ascéola. Nous le demandâmes à Herkenraat.

« — Ascéola est tout bonnement un héros comme l'antiquité elle-même en compte peu, répondit-il ; son nom signifie, en langue floridienne : *Le grand buveur de liqueur noire*, c'est-à-dire le bon conseiller. Dans la tribu des Creeks, les chefs, avant de délibérer, boivent abondamment une infusion extraite d'une herbe qui jouit des mêmes propriétés que l'émétique, et qui, disent-ils, purifie et fortifie le corps.

« La tribu des Séminoles, à laquelle appartenait d'abord Ascéola, se composait de Creeks, avec lesquels Ascéola, dès l'âge de douze ans, combattit les Redsticks (Bâtons rouges) au secours desquels vinrent les troupes américaines, commandées par les généraux Jackson et Floyd. Cédant à la force, une partie des Creeks mit bas les armes et se soumit ; le reste de la tribu préféra l'exil, et se réfugia dans la Floride, où le grand buveur de liqueur noire se retira près de la petite baie de Péas, et y vécut des produits de sa chasse jusqu'en 1832.

« A cette époque, le gouvernement américain, par suite d'une convention nommée le traité de Payne, voulut faire évacuer la Floride aux indigènes, et obliger ces derniers à retourner sur les bords du Mississipi. Les Séminoles refusèrent d'obéir ; ils exigèrent un territoire qui leur convînt mieux et ne les rendît pas voisins de leurs anciens ennemis, les *Bâtons rouges*. On le leur refusa ; ils gagnèrent du temps, et Ascéola, qui n'était alors que second chef de sa tribu et qui marchait sous les ordres du roi Bleu (Holatto Micco), se rendit comme transfuge dans le camp américain. Grâce à sa rare intelligence, il ne tarda point à attirer l'attention des officiers supérieurs, et ceux-ci finirent même par le charger de surveiller en secret les tribus voisines. Ascéola trompa les Américains comme l'espion de Fenimore Cooper trompait les Anglais. Tout en feignant de servir les Yankees, il travaillait secrètement à soulever les indigènes contre le gouvernement des États-Unis. Il y parvint, grâce à un acte de cruauté commis par les oppresseurs de sa race.

« Une grande famine régnait dans les tribus sauvages,

entourées de troupes qui leur rendaient impossibles la chasse, la pêche et la culture de la terre. Quelques Long-Swamp (long marécage), poussés par la faim, commirent d'insignifiants maraudages sur la ferme d'un propriétaire américain. Après un combat assez vif, celui-ci s'empara de deux des délinquants, leur lia les mains et les pieds, et, tout gravement blessés qu'ils fussent, les jeta dans une grange, où il les laissa pendant trois jours, sans panser leurs blessures, et sans même leur donner d'aliments. Leurs chefs les réclamèrent, mais en vain. Alors Ascéola rassembla et harangua les indigènes; ceux-ci, à sa voix, déterrèrent leurs armes, se peignirent des couleurs de guerre, et marchèrent droit à la ferme, qu'ils incendièrent après avoir repris leurs prisonniers.

« Effrayé des conséquences de cet acte violent, le chef d'une tribu voisine voulut déserter la cause de ses frères, et prit, en toute hâte, la route du fort de Brooke, où il comptait se placer sous la protection américaine. Ascéola se mit à sa poursuite, l'arrêta, lui barra le passage, et l'adjura de ne pas abandonner les Indiens. Charley Almathla résista. Après avoir épuisé les prières, Ascéola déclara qu'il recourrait à la force plutôt que de laisser commettre une si lâche défection. Ils se jetèrent l'un sur l'autre, et, quelques instants après, Ascéola, debout, près du cadavre de Charley, attestait ses dieux qu'il tuerait ainsi tous les traitres.

« Dès ce moment, Ascéola fut proclamé grand chef des Séminoles.

« A la suite de ces trois événements, une guerre acharnée éclata, dans laquelle périrent le major Dacle, le général Thompson, et tout le petit corps d'armée que commandaient ces deux officiers. Terrible dans ses vengeances, Ascéola portait autour de lui le meurtre et l'incendie; pendant cinq ans, avec un petit nombre d'indigènes mal armés, non-seulement il tint en échec, mais encore il décima les troupes nombreuses et plusieurs fois renouvelées que le gouvernement des États-Unis envoya contre lui.

« En 1837, las de cette guerre interminable et qui coûtait déjà la vie à tant de soldats, le général Jessup fit proposer à Ascéola une entrevue pour traiter de la paix, ou du moins de l'échange des prisonniers.

« Ce dernier, après avoir reçu un sauf-conduit signé de la main du général Hermandez, se rendit avec confiance au camp de ses ennemis : ses deux femmes l'accompagnaient, et trois indigènes sans armes composaient son escorte.

« Après une longue conférence avec Hermandez, qui ne lui proposa que des conditions inacceptables, Ascéola voulut se retirer. Le général Jessup survint et lui déclara qu'il était son prisonnier.

« Le sauvage croisa ses bras sur sa poitrine et regarda face à face, pendant quelques secondes, son déloyal ennemi, qu'il obligea à baisser les yeux.

« — J'aime mieux être trahi que traître ! dit-il.

« Puis il détacha une des deux plumes noires et blanches qui ornaient sa coiffure :

« — Tiens, dit-il à Hermandez, porte ceci au grand-père (les sauvages désignent par ce nom le président des États-Unis), et dis-lui ce qui vient de se passer ! Ajoute que si j'avais eu des armes on ne m'aurait pas pris vivant. Enfin, demande-lui qu'il étende une main protectrice sur les Séminoles; car bientôt Ascéola sera dans le monde des esprits; Ascéola dont la mort restera éternellement un sujet de honte pour les blancs!

« J'étais présent à cette entrevue, dit Herkenraat, et je ne saurais vous exprimer avec quelle noblesse s'exprima Ascéola, qui parlait d'ailleurs assez purement l'anglais. C'était un beau jeune homme de trente et un ans, et dont la figure mâle s'encadrait dans de longs cheveux noirs. Son costume pittoresque faisait valoir une taille souple et élevée; on m'a dit, plus tard, que du sang européen coulait dans ses veines, et qu'il avait pour aïeul un Écossais. Son œil de feu, ses pommettes saillantes, le ton rouge de sa peau, attestaient cependant dans toute sa pureté le sang de la race indigène.

« Dès le premier jour de la captivité d'Ascéola commença un drame étrange et terrible. Le chef captif s'enveloppa de son manteau de peau de buffle, et refusa de prendre des aliments. Il passait les journées, immobile, entre ses deux jeunes femmes qui pleuraient silencieusement; le regard fixe, il ne proférait pas une parole, il ne faisait pas un mouvement. L'ordre arriva de le transférer à Charleston; il se laissa emporter comme un cadavre. On l'interna ensuite dans l'île de Sullivan, sans que cette demi-apparence de liberté ébranlât en rien l'inexorable résolution du chef. En vain le président Van Buren lui promit-il de le faire bientôt conduire sur les rives du Mississipi; en vain les personnages les plus importants de la république le conjurèrent-ils de vivre; ils ne parvinrent qu'à arracher de ses lèvres ces paroles : « Honte éternelle « aux traîtres ! ».

« Après dix-huit jours, une violente inflammation de gorge vint causer de vives souffrances au martyr volontaire. Ses deux femmes s'agenouillèrent pour le supplier de les laisser du moins verser quelques gouttes d'eau fraîche sur ses lèvres enflammées ; elles ne purent rien en obtenir. La nuit suivante, Ascéola, par un mouvement convulsif, se dressa debout sur sa couche funèbre, leva les bras vers le ciel, et s'écria : « Honte éternelle aux « Américains ! honte et malheur ! ». Puis il tomba mort.

« Quelque peu loyale que soit d'ordinaire la politique américaine, et si blasé qu'on soit sur sa manière de faire, la mort d'Ascéola et la trahison commise à son égard émurent l'esprit public aux États-Unis. Mais ce mécontentement ne se manifesta guère que par des symptômes insignifiants et qui s'effacèrent bientôt. Aussi n'ai-je point trouvé grand obstacle à exhumer la tête d'Ascéola et à vous l'apporter, mon cher Temminck, pour que vous la placiez dans le musée de Leyde, non loin des reliques de Guillaume le Taciturne ; ces deux hommes sont dignes l'un de l'autre !

« Eh bien ! dit l'artiste en se soulevant sur son fauteuil, que dites-vous de mon histoire ?

— Je dis, répondit son ami, je dis que les Américains ont été et seront toujours des Américains, et qu'Ascéola est un héros. »

Le peintre hocha la tête, sourit, retourna à son chevalet et se remit à travailler.

Le bibliophile envoya le lendemain à l'ethnologiste

des notes fort curieuses sur Ascéola, sur les Séminoles et sur la guerre à mort qui leur fut faite, après qu'on leur eut enlevé leur chef.

Tous les auteurs américains qui parlent du *grand buveur de liqueur noire* cherchent à excuser la trahison dont il a été victime ; ils allèguent, les uns, que les sauvages eux-mêmes ne respectaient pas généralement les lois de la guerre; les autres, qu'après tout il ne valait pas la peine d'y regarder de si près et d'y mettre tant de façon avec des Peaux-Rouges.

Quoi qu'il en soit de cette honnête logique, les Séminoles, tout privés qu'ils étaient de leur chef, n'en firent pas moins une résistance héroïque, et luttèrent jusqu'au dernier, recourant à la ruse quand la force leur faisait défaut, et ne reculant devant aucun moyen pour détruire leurs ennemis. Ceux-ci, dans le but de poursuivre et d'atteindre au fond de leurs retraites les plus inaccessibles jusqu'au dernier des Indiens de la Floride, songèrent à employer les chiens dont on se sert en ce pays de liberté pour chasser les esclaves noirs. Les chiens se refusèrent à poursuivre au flair et à dévorer les Peaux-Rouges ; on dut donc renvoyer en Virginie les meutes qu'on en avait fait venir à grands frais.

Ces derniers détails résultent d'une caricature publiée à New-York par Robinson, avenue Washington, et qui porte cette légende : *Le ministre de la guerre offrant un étendard au 1er régiment des limiers de la république.* Elle représente le colonel Poinsett donnant à un régiment de chiens en uniforme un drapeau sur lequel se trouve peint un dogue tenant dans sa gueule une tête de Peau-Rouge.

De son côté, le rédacteur du *Globe*, le journaliste Blair, s'agenouille devant le régiment des dogues, et leur adresse un speech.

En résumé, à l'heure qu'il est, que reste-t-il du héros qui combattit si vaillamment pour son indépendance nationale, qui ne succomba qu'à la trahison, et qui mourut en appelant un opprobre éternel sur la félonie des Américains?

Un exemplaire, peut-être unique, d'une caricature, quelques oripeaux dans une collection d'ethnologie, un crâne perdu au milieu des raretés sans nombre d'un musée hollandais, et ces quelques lignes fugitives qui seront oubliées demain, en supposant toutefois qu'on les lise aujourd'hui!

FIN DU QUATRIÈME ET DERNIER VOLUME.

TABLE

ARCHÉOLOGIE

VOYAGEURS

MARTYRS

HISTOIRE

FIN DE LA TABLE.

PARIS. — IMP. SIMON RAÇON ET COMP., RUE D'ERFURTH, I.

www.ingramcontent.com/pod-product-compliance
Ingram Content Group UK Ltd.
Pitfield, Milton Keynes, MK11 3LW, UK
UKHW020257230726
13925UKWH00001B/89

9 782016 152669